Mikroskopische Diagnostik pflanzlicher Nahrungs-, Genuß- und Futtermittel, einschließlich Gewürze

Springer

Berlin
Heidelberg
New York
Barcelona
Budapest
Hongkong
London
Mailand
Paris
Santa Clara
Singapur
Tokio

Heinz Hahn   Ingeborg Michaelsen

Mikroskopische Diagnostik pflanzlicher Nahrungs-, Genuß- und Futtermittel, einschließlich Gewürze

Zeichnungen von Angela Jungen

Mit 84 Abbildungen in 256 Einzeldarstellungen
und 59 Tabellen

Springer

Professor Dr. HEINZ HAHN
INGEBORG MICHAELSEN

Universität Hamburg
Institut für Angewandte Botanik
Abteilung Warenkunde
Marseiller Straße 7
D-20355 Hamburg

ISBN-13:978-3-540-60052-7

Die Deutsche Bibliothek - CIP-Einheitsaufnahme

Hahn, Heinz:
Mikroskopische Diagnostik pflanzlicher Nahrungs-, Genuss- und Futtermittel einschließlich Gewürze/(Heinz Hahn ; Ingeborg Michaelsen). - Berlin ; Heidelberg ; New York ; Barcelona ; Budapest ; Hong Kong ; London ; Mailand ; Paris ; Tokyo ; Springer, 1996
ISBN-13:978-3-540-60052-7 e-ISBN-13:978-3-642-61417-0
DOI: 10.1007/978-3-642-61417-0

NE: Michaelsen, Ingeborg:; HST

Einbandgestaltung: Konzept & Design, Werbeagentur, 68549 Ilvesheim
Satz: U. Kunkel, 74934 Reichartshausen
SPIN-Nr. 10061927 31/3137 - 5 4 3 2 1 0 - Gedruckt auf säurefreiem Papier

Vorwort

Das Buch faßt den Unterrichtsstoff eines zweisemestrigen Kurses zusammen, der den Studenten der Lebensmittelchemie und der Biologie (Hauptfach Angewandte Botanik) nach dem Grundstudium im Institut für Angewandte Botanik, Hamburg, angeboten wird.

Die Darstellung der mikroskopischen Merkmale von Pflanzen bzw. Pflanzenteilen, aus denen Produkte für Nahrungs- und Futtermittel hergestellt werden, steht im Vordergrund. Die Kenntnis dieser Merkmale des authentischen Materials ist die Voraussetzung für die mikroskopische, diagnostische Untersuchung von entsprechenden Handels- und Verarbeitungsprodukten. Informationen zur Botanik der dargestellten Pflanzen und Anleitungen zu ihrer Präparation sowie Hinweise zu Handels- und Verarbeitungsprodukten vervollständigen den Lernstoff.

Im Hauptteil ist eine Synopsis von Text und Abbildungen gegeben, ergänzt durch Erfahrungen aus der Praxis, so daß

- der **Anfänger** sich die diagnostischen Merkmale erarbeiten kann,
- der **Fortgeschrittene** sein Ergebnis anhand der Abbildungen oder auch nur mit Hilfe des Textes rasch überprüfen kann,
- der **Praktiker** in einem lebensmittelchemischen Labor, einem Labor einer landwirtschaftlichen Untersuchungs- und Forschungsanstalt oder der Industrie, das Qualitätszertifizierungen durchführt, nützliche Hinweise zu speziellen diagnostischen Differenzierungen im Praxis- und Methodenteil findet. Für diesen Kreis wurden auch einige Methoden der warenkundlichen Diagnostik aufgenommen und Spezialliteratur in den Text eingefügt.

Dieses Praktikumsbuch erleichtert den Einstieg in die mikroskopische Diagnostik, erschließt die Stoffülle der Handbücher (z.B. „Moeller-Griebel" und „Gassner") und auch die Details der Monographien (Melchior und Kastner „Gewürze" u.a.). Das Buch soll sowohl Anfängern, fortgeschrittenen Studenten und Praktikern von Nutzen sein. Wohl wissend, wie schwierig es ist, auch nur „zween Herren" zu dienen, hoffen wir trotzdem, daß es diesen verschiedenen Wünschen und Bedürfnissen gerecht wird.

Herrn Dr. Czeschlik vom Springer-Verlag danken wir für seine Vorschläge, mit denen aus der Idee für die geplante, aber nicht durchführbare Neuauflage eines Handbuches, dieses Arbeitsbuch entstanden ist, Frau Claudia Mählmann für die sorgfältige Ausführung der Fotografien und Frau Manuela Aselage für ihre Hilfe bei der Durchsicht des Manuskripts.

Hamburg, Dezember 1995 H. Hahn, I. Michaelsen

Inhaltsverzeichnis

1 Karyopsen der Getreide

1.1 Wirtschaftliche Bedeutung

Weizen, Reis, Mais und Gerste zählen zu den wichtigsten Weltwirtschaftspflanzen. Von mehr regionaler Bedeutung sind verschiedene Hirsen, Hafer und Roggen. **Weizen** wird bevorzugt in den gemäßigten Zonen, z.T. auch in den Subtropen aller Erdteile angebaut, **Reis** in den Tropen und Subtropen, wobei ca. 90% der Weltproduktion in Ostasien gewonnen wird. Obwohl der **Mais** ursprünglich aus den trocken-heißen Gebieten Mittelamerikas stammt, werden heute verschiedene Sorten auch in Mitteleuropa angebaut, vor allem als Viehfutter. Die **Gerste** verdankt ihre große Bedeutung der Verwendung als Braugerste. Insbesondere in Afrika werden verschiedene **Hirsen**, vor allem *Sorghum*-Arten (im beschreibenden Text nicht behandelt), als Brotgetreide verwendet. **Hafer** und **Roggen** werden überwiegend in den kälteren Zonen Europas angebaut, ersterer dient vor allem der Tierernährung (Pferde, Geflügel), letzterer der Brotbereitung.

Die führende Stellung des Weizens bei den Getreiden (Tabelle 1.1) beruht vor allem darauf, daß nur aus Weizenmehl durch Zugabe von Wasser ein viskoelastischer, kohäsiver Teig hergestellt werden kann, der vielfältig verbackbar ist. Hierfür ist der beim Anteigen sich bildende Kleber verantwortlich, der aus verschiedenen hochmolekularen Proteinen besteht. Karyopsen anderer Getreide enthalten wenig oder keinen Kleber; die z.T. vorhandene Backfähigkeit daraus hergestellter Mehle beruht auf anderen Komponenten (Belitz u. Grosch 1987).

Tabelle 1.1. Weltproduktion der wichtigsten Getreide (FAO 1990)

Art	Weltproduktion [10^9 kg]	Hauptproduktionsländer und BRD [10^9 kg]
Weizen	595,2	UdSSR 108; China 96; USA 74,5; BRD 15,7
Reis	518,5	China 188; Indien 112; Indonesien 44
Mais	475,4	USA 201; China 87; Brasilien 21; BRD 1,5
Gerste	180,4	UdSSR 57; Kanada 13,5; Frankreich 10; BRD 15
Sorghum-Hirsen	58,2	USA 14,5; Indien 12,5; China 5,3
Hafer	43,7	UdSSR 18,8; USA 5; Kanada 3,5; BRD 2,1
Roggen	37,0	UdSSR 21; Polen 6; BRD 4

Handels- und Verarbeitungsprodukte

Vollständige Getreidekörner. Gegebenenfalls werden sie auch entspelzt, gewalzt (Getreideflocken), grob zerkleinert (Schrote), vermahlen (Vollkornmehle). Handelsprodukte: Z.B. Haferflocken, Weizenschrot, Weizenvollkornmehl.

Geschälte (Frucht- und Samenschale entfernt) und mehr oder weniger grob zerkleinerte Getreidekörner. In grobe Stücke zerkleinerte Getreidekörner (Grütze), durch Schleifen abgerundete Getreidekörner (Graupen), grob zerkleinerte und vom Embryo befreite Getreidekörner (Grieß). Handelsprodukte: Z.B. Gerstengrütze, Weizengrieß.

Vermahlene Getreidekörner (Mehl). Als wichtigstes Produkt der Brotgetreide enthält Mehl bei geringem Ausmahlungsgrad nur die vermahlenen Endospermzellen der Karyopse mit Spuren von Aleurongewebe und „Schalenteilen" (Frucht- und Samenschale), deren Anteile bei hoher Ausmahlung stark zunehmen. Der Ausmahlungsgrad korreliert mit der Typenzahl des Mehls (geringe Ausmahlung z.B. Type 405, hohe Ausmahlung z.B. Type 1700). Die Typenzahl gibt den Mineralstoffgehalt an, d.h. den Rückstand in mg pro 100 g Mehl nach Veraschung (Arens 1992) (Tabelle 1.2).

Tabelle 1.2. Mittlere Zusammensetzung (%) von Weizenmehlen (Belitz u. Grosch 1987)

Mehltype	Stärke	Protein	Lipide	Ballaststoffe	Mineralstoffe
Type 405 (Ausmahlung ca. 40–56 %)	84,2	11,7	1,0	3,7	0,4
Type 1700 (Ausmahlung ca. 100 %)	66,0	14,8	2,3	10,9	1,7

Getreidestärke. Aus dem Endosperm verschiedener Getreide werden die Stärkekörner ausgeschlämmt. Handelsprodukte: Weizen-, Mais-, Reisstärke (bzw. Quellstärken, die durch Hitzebehandlung aufgeschlossen werden).

Keime. Den von der Karyopse abgetrennten Embryonen können noch Teile des Endosperms und der Frucht- und Samenschale anhaften. Handelsprodukte: Z.B. Weizenkeime (z.T. gewalzt); Maiskeime, aus Maiskeimen hergestelltes Maiskeimextrudat, das z.B. zu Maiskeim-Crispies verarbeitet wird.

Nebenprodukte der Schälmüllerei. Die Schälkleien enthalten hauptsächlich Spelzenteile, daneben Haare des Korns, zurücktretend Teile der Frucht- und Samenschale, des Aleurongewebes, des Endospermgewebes (Stärke) und des Keimlings. Schälkleien werden wegen des hohen Ballaststoffgehaltes als Rauhfutter verwendet. Handelsprodukt: Z.B. Haferschälkleie.

Nebenprodukte der Müllerei. Das sind Produkte mit relativ hohem Anteil an Frucht- und Samenschalen und zurücktretendem Anteil an Endospermgewebe (Stärke). Das Verhältnis von Frucht- und Samenschalen zu Endospermgewebe und Stärke ist abhängig vom Ausmahlungsgrad. Kleie (Weizen): überwiegend Frucht- und Samenschale, Stärkegehalt unter 18 %; Futtermehl: Stärkegehalt mind. 34 %; Nachmehl: Stärkegehalt mind. 44 % (Sülflohn 1994). Handelsprodukte: Z.B. Weizenkleie, Roggenkleie, Weizenfuttermehl.

Polierabfälle. Bei der Reisbearbeitung fallen Nebenprodukte an. Sie enthalten überwiegend Teile der Frucht- und Samenschale („Silberhäutchen"), Aleurongewebe, Keimlingsgewebe, geringe Mengen Endospermgewebe und Stärke. Handelsprodukt: Reisfuttermehl.

Nebenerzeugnisse der Ölgewinnung. Bei der Ölgewinnung insbesondere aus Mais- und Weizenembryonen fallen Rückstände mit relativ hohem Anteil an entfettetem Keimlingsgewebe an. Handelsprodukte: Z.B. Maiskeimextraktionsschrot, Maiskeimexpeller, Weizenkeimkuchen.

Nebenerzeugnisse der Stärkegewinnung. Produkte, die bei der Stärkegewinnung, vorzugsweise aus Mais, anfallen. Sie enthalten Teile der Frucht- und Samenschale, Endospermgewebe, aus dessen Zellen die Stärke mehr oder weniger ausgeschlämmt ist, Keime, zu einem geringen Anteil Kleber und Quellwasserbestandteile. Handelsprodukte: Z.B. Maiskleberfutter (im Handel auch Maisglutenfeed, abgeleitet von der englischen Bezeichnung „Cornglutenfeed").

Kleber (Gluten). Das ist ein Gemisch verschiedener Proteine, die aus den Zellen des Endosperms isoliert werden. Handelsprodukte: Z.B. Mais-, Weizen-, Reiskleber.

Nebenerzeugnisse des Gärungsgewerbes. Hierzu gehören:

- Beim Mälzen anfallende Wurzelkeime (überwiegend Keimwurzeln der gekeimten Getreidekaryopse). Handelsprodukt: Malzkeime.
- Unlösliche und nicht verzuckerte Kornbestandteile des Malzes nach Herstellung der Würze. Handelsprodukt: Treber (Rückstände ohne Hefe).
- Nach der Destillation der vergorenen Maische verbleibende Kornbestandteile. Handelsprodukt: Schlempe (Rückstände mit Hefen).

1.2 Botanik

Kl.: **Monocotyledoneae,** Einkeimblättrige Bedecktsamer; Fam.: **Poaceae,** Echte Gräser (Süßgräser).

Arten (Reihenfolge nach Darstellung): *Triticum aestivum* L. (Weizen), *Secale cereale* L. (Roggen), *Zea mays* L. (Mais), *Hordeum vulgare* L. (Gerste), *Avena sativa* L. (Hafer), *Oryza sativa* L. (Reis).

Die stärkereichen Körner der Getreide (Weizen, ganzes Korn: 59,4 % verwertbare Kohlenhydrate; 11,5 % Protein; 2,0 % Fett; 1,8 % Mineralstoffe; 13,2 % Wasser) (Souci et al. 1989) sind botanisch nicht als Samen zu bezeichnen, sondern als Früchte, da neben Embryo, Nährgewebe und Samenschale (Bestandteile des Samens) zusätzlich Gewebe der Fruchtknotenwand an der Bildung des Getreidekorns beteiligt sind. Sie werden zu einer trokken-harten Fruchtwand (Perikarp) wie bei den Nüssen (z.B. Haselnuß) und sind zusätzlich mit der Samenschale verwachsen (Abb. 1.2 und 1.3). Aufgrund dieser Besonderheiten ist das Getreidekorn eine Sonderform der Nußfrucht und wird als **Karyopse** bezeichnet.

Karyopsen von Gerste, Hafer, Reis und verschiedenen Hirsen werden zusätzlich von **Spelzen** (umgewandelte Blätter aus dem Blütenbereich (Abb. 1.1) mehr oder weniger fest umschlossen („Spelzgetreide", Tabelle 1.4).

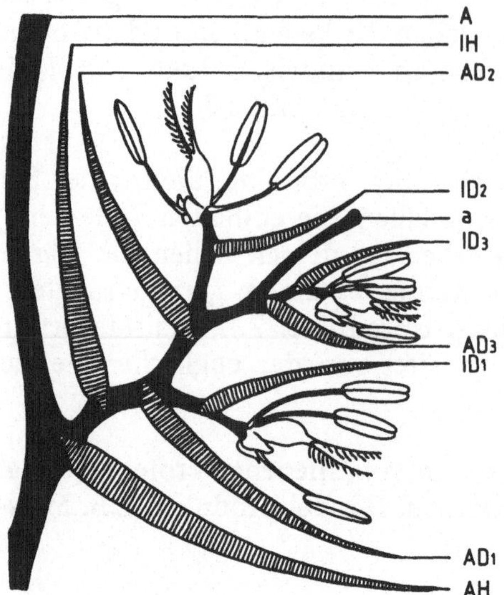

Abb. 1.1. Aufriß eines dreiblütigen Gras-Ährchens. *A* Ährenachse, *a* Ährchenachse, *AH* äußere Hüllspelze, *IH* innere Hüllspelze der 1., 2., 3. Blüte, *AD1, 2, 3* Deckspelze der 1., 2., 3. Blüte, *ID1, 2, 3* Vorspelze der 1., 2., 3. Blüte; Staubblätter und Fruchtknoten mit Narben nicht bezeichnet. (Nach Hegi 1935 verändert)

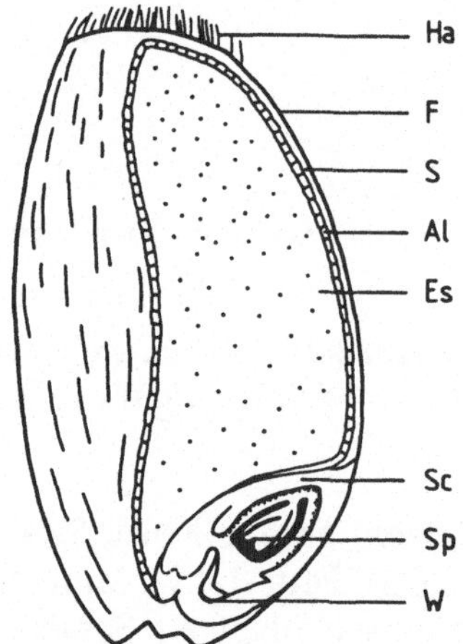

Abb. 1.2. Längsschnitt durch eine Weizenkaryopse (schematisiert); *Ha* Haarschopf, *F* Fruchtschale, *S* Samenschale, *Al* Aleuronschicht, *Es* Endosperm, *Sc* Scutellum, *Sp* Sproß, *W* Würzelchen

1.3
Bau und mikroskopische Diagnostik der Karyopsen und Spelzen

Untersuchungsmaterial

Getreidekörner von Weizen, Mais, Reis etc. Vor Verwendung evtl. mehrere Stunden in Alkohol-Glycerin zum Einweichen einlegen. Lufttrockene Getreidekörner sind ebenfalls geeignet, wegen ihrer Sprödigkeit aber schwieriger zu schneiden.

Reagenzien

Alkohol-Glycerin, Jod-Kaliumjodidlösung, Bradford-Reagenz, Chloralhydratlösung, Phloroglucin-HCl-Lösung, Sudanglycerin (siehe Kap. 8).

Präparation und Beobachtungen

Allgemeine Hinweise für die Präparation siehe Kap. 8.1.

- **Querschnitte durch die Karyopse (quer zur Längsachse) durch die äußeren Schichten bis ins Endosperm**
  Untersuchung im Wasserpräparat: Nachweis der Stärkekörner im Durchlicht. In polarisiertem Licht leuchten die Stärkekörner auf dunklem Hintergrund auf, und im Schnittpunkt zweier dunkler Balken ist das Schichtungszentrum zu erkennen (Interferenzkreuz).
  Untersuchung in Jod-Kaliumjodidlösung: Blaufärbung der Stärkekörner (im Endosperm), Gelbfärbung der proteinhaltigen Aleuronkörner (in der Aleuronschicht).
  Untersuchung in Bradford-Reagenz plus Wasser (Verhältnis 1:4): Blaugrünfärbung der Aleuronkörner in der Aleuronschicht und von Protein in den Endosperm- und den Keimlingszellen. Bei Verwendung von Bradford-Reagenz zusammen mit stark verdünnter Jod-Kaliumjodidlösung (siehe Kap. 8.1) erhält man eine gleichzeitige Blaufärbung der Stärkekörner und Blaugrünfärbung der Aleuronkörner.
  Untersuchung in erhitzter Chloralhydratlösung: Quellung bzw. Verkleisterung der Stärkekörner, Zerstörung anderer störender Inhaltsstoffe sowie Aufhellung und Quellung der Zellwände. Eine Untersuchung der Gewebestrukturen wird dadurch erleichtert.
- **Querschnitte durch den Embryo des Maiskorns**
  Untersuchung in Jod-Kaliumjodidlösung oder Bradford-Reagenz plus Wasser (siehe oben): Gelb- bzw. Blaugrünfärbung des Proteins in den Zellen.
  Untersuchung in erhitzter Chloralhydratlösung: Nachweis der unterschiedlichen Zellstrukturen vom Scutellum und der Keimwurzel.
  Untersuchung in Sudanglycerin: Rotgelbfärbung der Fetttropfen.
- **Flächenschnitte durch die Karyopse**
  Untersuchung in den verschiedenen Reagenzien wie beim Querschnitt.
- **Quer- und Flächenschnitte bzw. Totalpräparate der Spelzen**
  (für Querschnitte ggf. in Kork oder Styropor einklemmen)
  Untersuchung in erhitzter Chloralhydratlösung im Durchlicht: Nachweis der verschiedenen Zellstrukturen; in polarisiertem Licht: Die Spelzen der verschiedenen Gramineen leuchten, bedingt durch unterschiedliche Dikke der Zellwand, verschieden stark auf.
  Untersuchung in Phloroglucin-HCl-Lösung (evtl. leicht erhitzen): Rotfärbung der verholzten Zellwände (Ligninreaktion).

Hinweis: Vergrößerungen der Abbildungen, wenn nicht anders angegeben, ca. 200fach.

Zusammenfassung wichtiger diagnostischer Merkmale des Getreidekorns

Längs- und Querzellen. Sie sind am deutlichsten auf dem Flächenschnitt zu erkennen. Beide Zellschichten der Fruchtwand sind rechtwinklig zueinander angeordnet. Die Längszellen sind längsgestreckt, die Querzellen verlaufen in Reihen quer dazu (Abb. 1.4 und 1.5).

Aleuronzellen. Eine geschlossene Zellschicht bildend. Zellen im Querschnittsbild meist viereckig und gefüllt mit Aleuronkörnern (Speicherproteine) (Abb. 1.3 und 1.6); Proteinnachweis: Gelbfärbung mit Jod-Kaliumjodidlösung, Blaugrünfärbung mit Bradford-Reagenz.

Stärkekörner. Sie können als Einzelkörner (linsenförmig oder von anderer Gestalt) oder als zusammengesetzte Körner auftreten. Es gibt Kleinkörner (2 bis 9 µm), Großkörner (20 bis 30 µm, vereinzelt 50 µm), und Zwischengrößen (Abb. 1.10). Stärkekörner können eine feine Schichtung und Spalten aufweisen; Stärkenachweis: Blaufärbung mit Jod-Kaliumjodidlösung.

Keimlingsgewebe. Das Keimlingsgewebe ist durch kleinzellige, meristemartig angeordnete Zellen (Abb. 1.7 A) sowie durch die größeren und etwas dickwandigeren, deutlich getüpfelten, rundlichen Zellen des Scutellums (Abb. 1.7 B) charakterisiert, das zusätzlich hochgewölbte Epidermiszellen aufweist. Die Zellen enthalten große Fetttropfen (sofern nicht extrahiert) und sind stärkefrei; Fettnachweis: Rotgelbfärbung mit Sudanglycerin.

Haare. Die Getreidekaryopse ist behaart (Ausnahme: Mais und Reis). Die Haare sind teilweise artcharakteristisch ausgebildet (Haarlänge, Zellwanddicke, Lumenweite) (Abb. 1.8).

Spelzen. Bei Getreiden mit fest umfassenden Spelzen wie bei Hafer, Gerste, Reis, Hirse (letztere nicht im Buch dargestellt) kommt diesen mit ihren charakteristischen Merkmalen (Wandausbildung der Epidermiszellen, Kurz- und Langzellen, Verholzung) ein zusätzlicher diagnostischer Wert zu (Abb. 1.9); Holznachweis: Zellwände kirschrot nach Zugabe von Phloroglucin-HCl-Lösung.

Hinweis: Die Spelzen sind nicht mit der Fruchtwand verwachsen, wie häufig angegeben wird. Diesem Sachverhalt entsprechen die dargestellten Abb. 1.14.1 bis 1.16.1 und 1.17.1 bis 1.19.1.
Die Größenangaben sind in µm; sie sind als ungefähre Maße für Vergleiche gedacht.

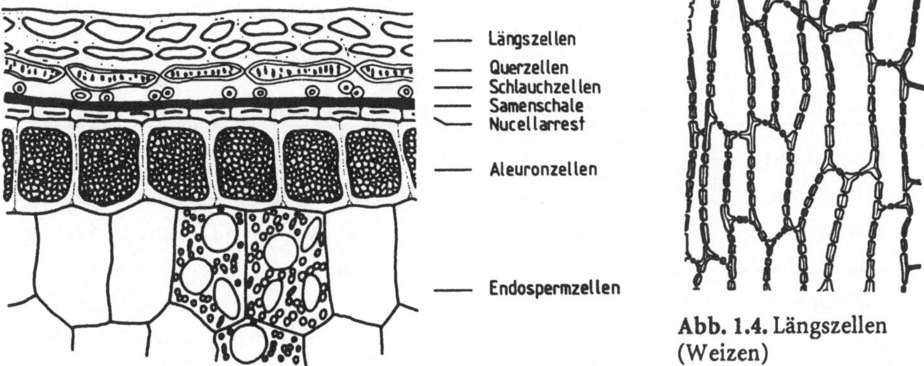

Abb. 1.4. Längszellen (Weizen)

Abb. 1.3. Querschnitt durch eine Getreidekaryopse (Weizen), (Längs-, Quer- und Schlauchzellen = Fruchtwand); Aleuronzellen mit Aleuronkörnern, Stärkekörner in Endospermzellen teilweise gezeichnet

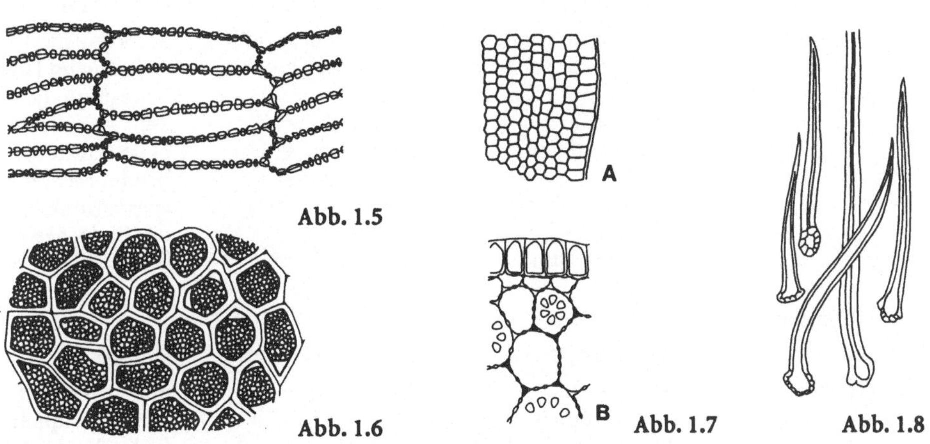

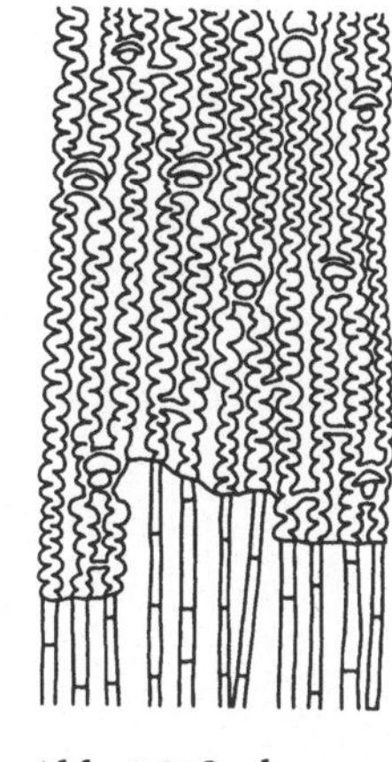

Abb. 1.5. Querzellen (Weizen) **Abb. 1.6.** Aleuronzellen (Aufsicht) **Abb. 1.7 A, B.** Keimlingsgewebe (Mais); **A** aus der Keimwurzel, **B** aus dem Scutellum (mit Epidermis) **Abb. 1.8.** Haare (Gerste)

Abb. 1.9. Spelzen (Gerste); Epidermiszellen mit gewellten Wänden, darunter Hypodermzellen

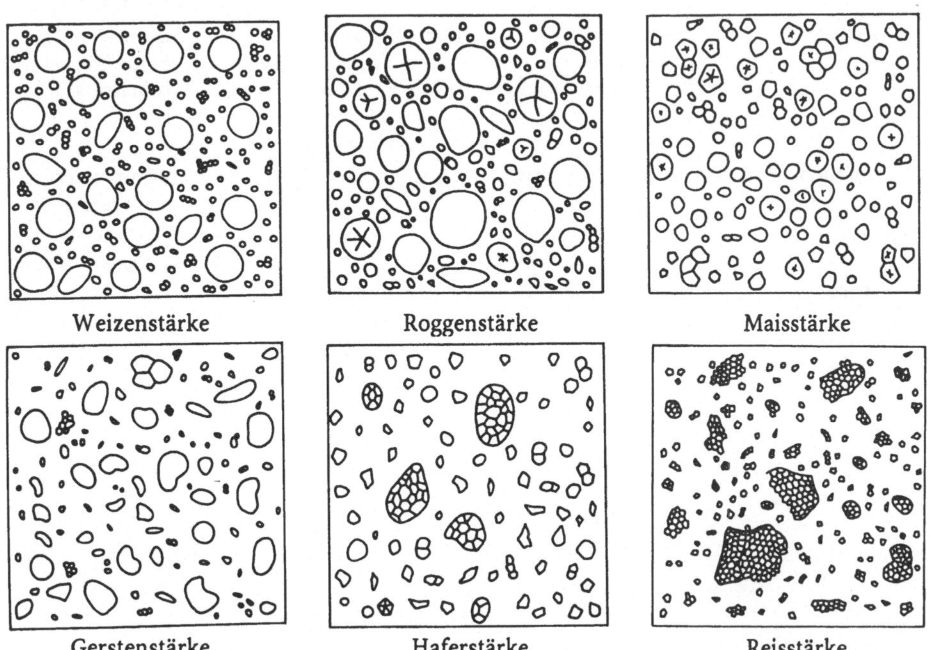

Abb. 1.10. Stärkekörner verschiedener Getreide

Tabelle 1.3. Mikroskopisch-diagnostische Merkmale von Weizen-, Roggen- und Maiskaryopsen

	Weizen *Triticum aestivum* L.	Roggen *Secale cereale* L.	Mais *Zea mays* L.
Querschnitt			
Längszellen	2- bis 3schichtig	2- bis 3schichtig	vielschichtig
Querzellen	einschichtig	einschichtig	mehrschichtig
Schlauchzellen	einschichtig	einschichtig	einschichtig
Aleuronzellen	einschichtig	einschichtig	meist einschichtig
Zellwand	dickwandig, ungetüpfelt	wie bei Weizen	wie bei Weizen
Zellinhalt	kleinkörnige Aleuronkörner	wie bei Weizen	wie bei Weizen
Endospermzellen	vielschichtig	vielschichtig	vielschichtig
Zellwand	dünnwandig	dünnwandig	dünnwandig
Zellinhalt	Stärkekörner rundlich, konzentrisch geschichtet, Groß- und Kleinkörner, kaum Zwischengrößen	Stärkekörner rundlich, konzentrisch geschichtet, Groß- und Kleinkörner mit Zwischengrößen, Stärkekörner mit Kernspalten („Mercedesstern“)	Stärkekörner kantig-vieleckig im Hornendosperm (äußerer Teil des Endosperms); Stärkekörner rundlich im Mehlendosperm (innerer Teil des Endosperms)
	Größe: 7–40 µm	Größe: 7–50 µm	Größe: 10–30 µm
Flächenschnitt			
Längszellen	längsgestreckt	längsgestreckt	längsgestreckt
Zellwand	mäßig verdickt kantig getüpfelt („Flaschenkorken“)	wenig verdickt perlschnurartig getüpfelt	mäßig verdickt kantig getüpfelt („Flaschenkorken“)
Querzellen	quer zu den Längszellen, reihenförmig	wie bei Weizen	quer zu den Längszellen, strangartig (o. Abb.)
Zellwand	mäßig verdickt, Tüpfelung wie Längszellen, Schmalseiten getüpfelt	mäßig verdickt, Tüpfelung wie Längszellen, Schmalseiten stark verdickt und ungetüpfelt	dünnwandig, keine Tüpfelung erkennbar
Schlauchzellen	diagnostisch unwichtig	diagnostisch unwichtig	dünnwandig, schlauchartig, ± gewunden („mycelähnlich“)
Haare	meist dickwandig und englumig	meist dünnwandig und weitlumig	keine Haare vorhanden

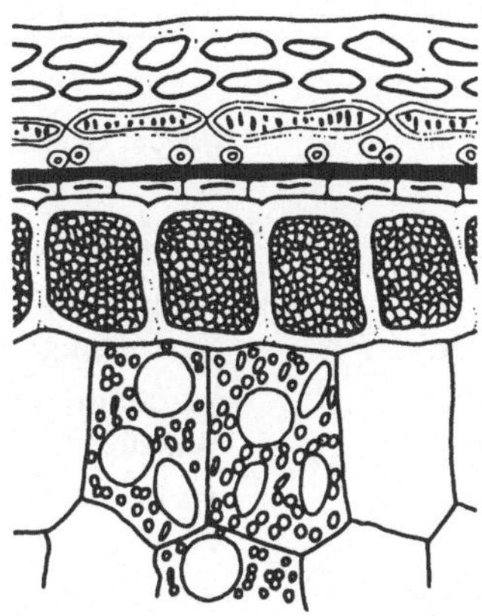

Abb. 1.11.1. Querschnitt durch eine Weizenkaryopse; Erläuterungen s. Abb. 1.3

Abb. 1.12.1. Querschnitt durch eine Roggenkaryopse; Erläuterungen s. Abb. 1.3

Abb. 1.13.1. Querschnitt durch eine Maiskaryopse; Erläuterungen s. Abb. 1.3

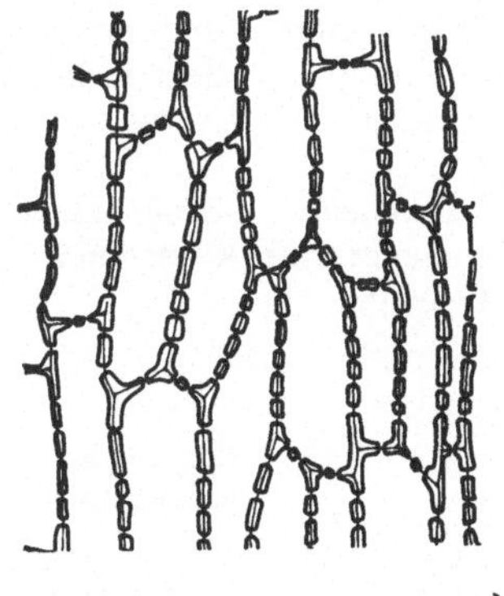

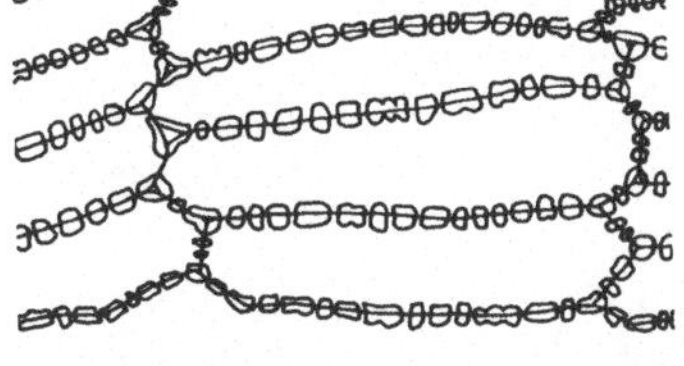

Abb. 1.11.2. Flächenschnitt durch eine Weizenkaryopse; Längs- und Querzellen mit kantig getüpfelten Wänden („Flaschenkorken")

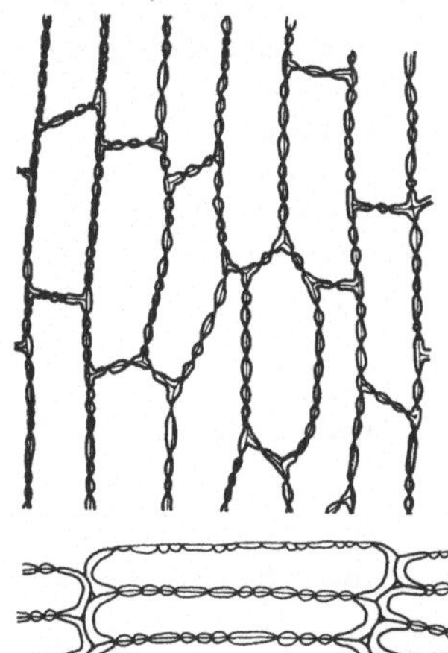

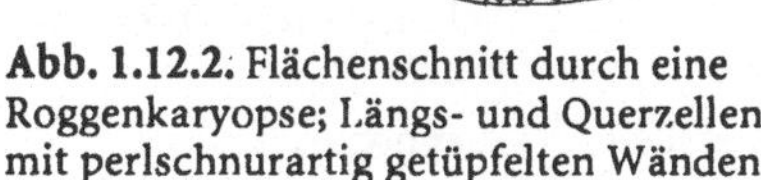

Abb. 1.12.2. Flächenschnitt durch eine Roggenkaryopse; Längs- und Querzellen mit perlschnurartig getüpfelten Wänden

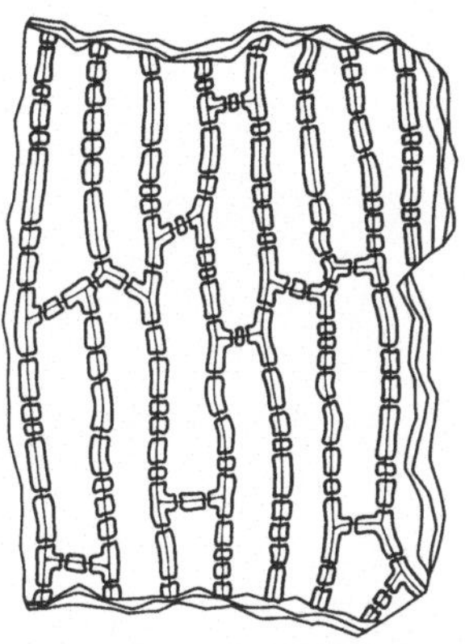

Abb. 1.13.2. Flächenschitt durch eine Maiskaryopse; Längszellen mit kantig getüpfelten Wänden („Flaschenkorken")

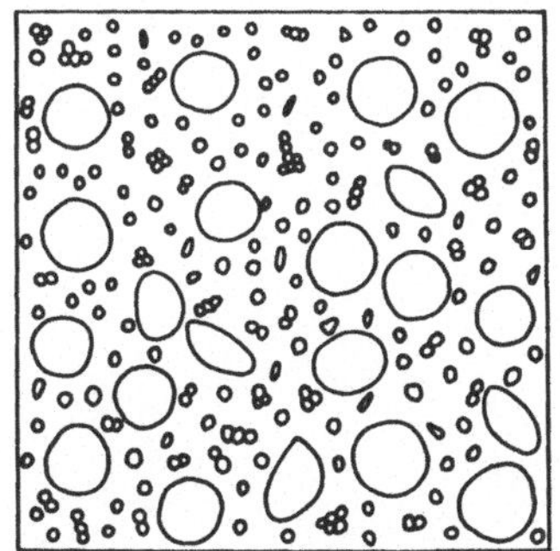

Abb. 1.11.3. Weizen-Stärkekörner

Abb. 1.12.3. Roggen-Stärkekörner, z.T. mit Kernspalten

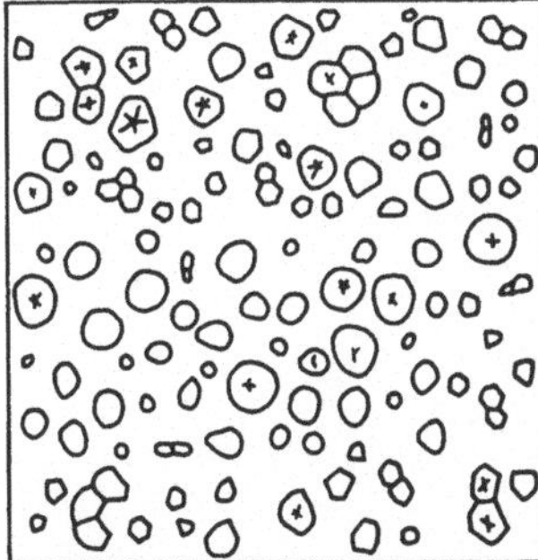

Abb. 1.13.3. Mais-Stärkekörner; oben: Kantig-vieleckige Körner aus dem Hornendosperm, unten: Überwiegend rundliche Körner aus dem Mehlendosperm

Tabelle 1.4. Mikroskopisch-diagnostische Merkmale von Gersten-, Hafer- und Reiskaryopsen

	Gerste *Hordeum vulgare* L.	Hafer *Avena sativa* L.	Reis *Oryza satina* L.
Querschnitt			
Längszellen	mehrschichtig (schwer erkennbar)	wie bei Gerste	wie bei Gerste
Querzellen	zweischichtig	einschichtig	einschichtig
Schlauchzellen	einschichtig	einschichtig	einschichtig
Aleuronzellen	2- bis 3schichtig	einschichtig	einschichtig
Zellwand	dick, ungetüpfelt	mittelstark, ungetüpfelt	rel. dünnwandig, ungetüpfelt
Zellinhalt	kleinkörnig (Aleuronkörner)	wie bei Gerste	wie bei Gerste
Endospermzellen	vielschichtig	wie bei Gerste	wie bei Gerste
Zellwand	dünnwandig	wie bei Gerste	wie bei Gerste
Zellinhalt	Stärkekörner rundlich bis nierenförmig, konzentrisch geschichtet; Groß- und Kleinkörner mit wenig Zwischengrößen Größe: 7–30 µm	Stärkekörner zusammengesetzt: groß, rund-oval; Teilkörnchen: klein, kantig; Füllstärkekörner klein, rundlich, eckig oder spindelförmig Größe: Teilkörnchen 7 µm, zusammengesetzte Körner 45–60 µm	Stärkekörner, zusammengeballte und Einzelkörnchen, Einzelkörnchen: sehr klein, vieleckig, kantig Größe: Einzelkörnchen 2–6 µm
Flächenschnitt			
Längszellen	längsgestreckt	längsgestreckt	diagnostisch unwichtig
Zellwand	dünnwandig, undeutlich getüpfelt	dünnwandig, schwach perlschnurartig getüpfelt; mit Haaransatzstellen bzw. Haaren	diagnostisch unwichtig
Querzellen	doppelt reihenförmig, quer zu den Längszellen angeordnet	diagnostisch unwichtig	diagnostisch unwichtig
Zellwand	dünn, ungetüpfelt, Schmalseiten unverdickt	diagnostisch unwichtig	diagnostisch unwichtig
Schlauchzellen	diagnostisch unwichtig	diagnostisch unwichtig	zartwandig („Wurm“-ähnlich)
Haare	dünnwandig, weites Lumen	dickwandig, weites Lumen, sehr lang (bis 2 mm)	keine Haare vorhanden

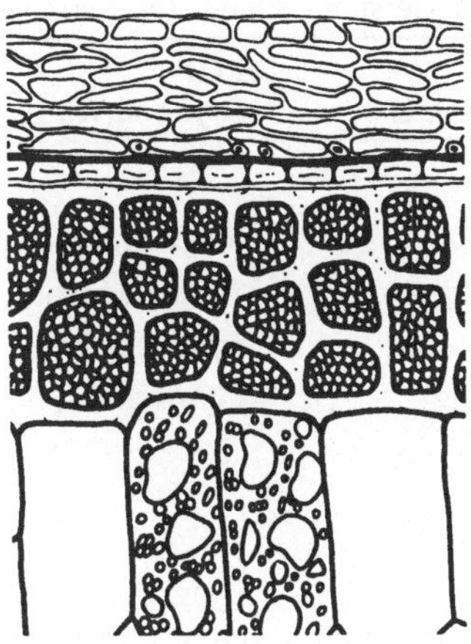

Abb. 1.14.1. Querschnitt durch eine Gerstenkaryopse; Erläuterungen s. Abb. 1.3

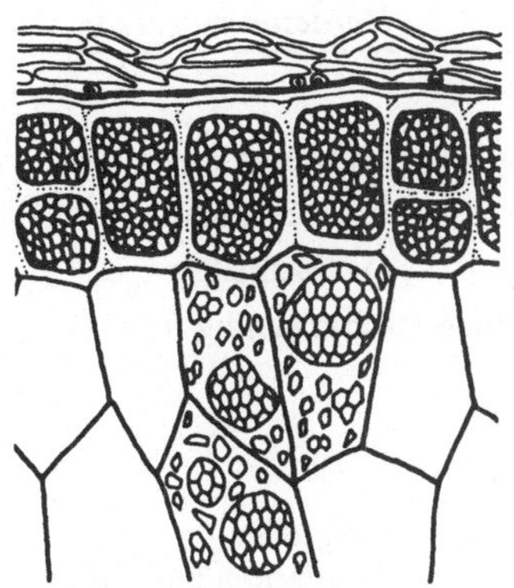

Abb. 1.15.1. Querschnitt durch eine Haferkaryopse; Erläuterungen s. Abb. 1.3

Abb. 1.16.1. Querschnitt durch eine Reiskaryopse; Erläuterungen s. Abb. 1.3

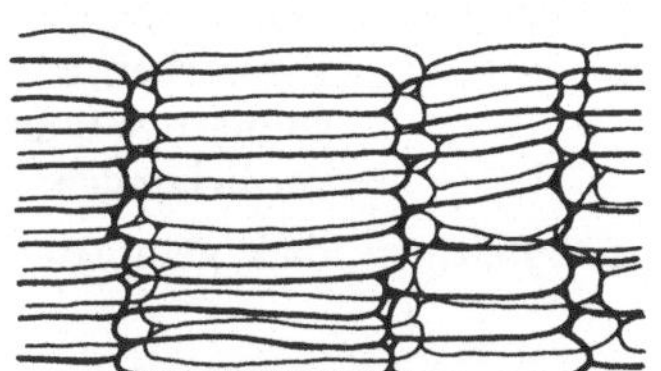

Abb. 1.14.2. Flächenschnitt durch eine Gerstenkaryopse; doppelte Querzellenschicht, Zellwände ungetüpfelt

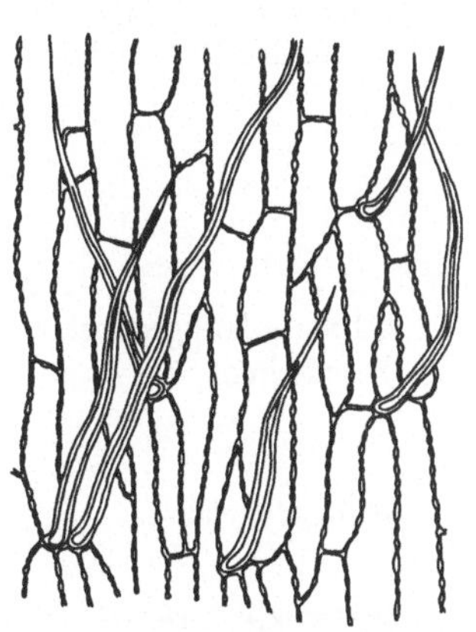

Abb. 1.15.2. Flächenschnitt durch eine Haferkaryopse; Längszellen mit Haaren

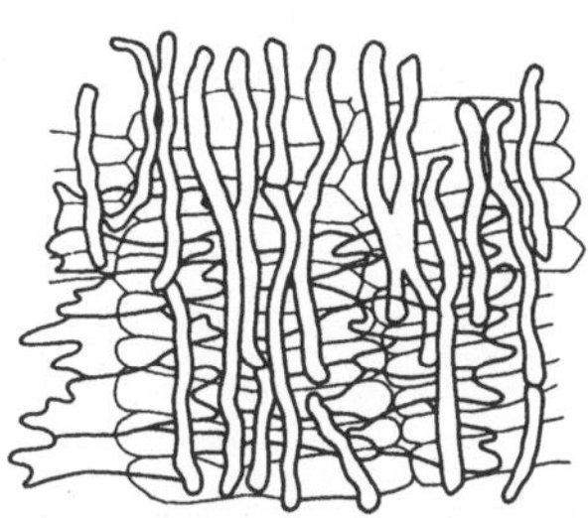

Abb. 1.16.2. Flächenschnitt durch eine Reiskaryopse; Schlauchzellen mit Querzellen

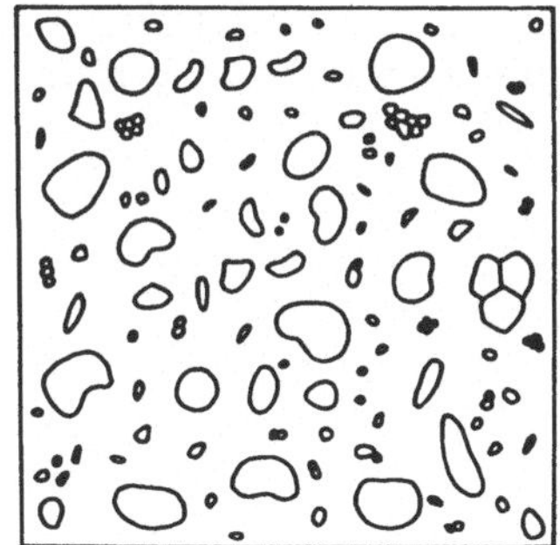

Abb. 1.14.3. Gersten-Stärkekörner

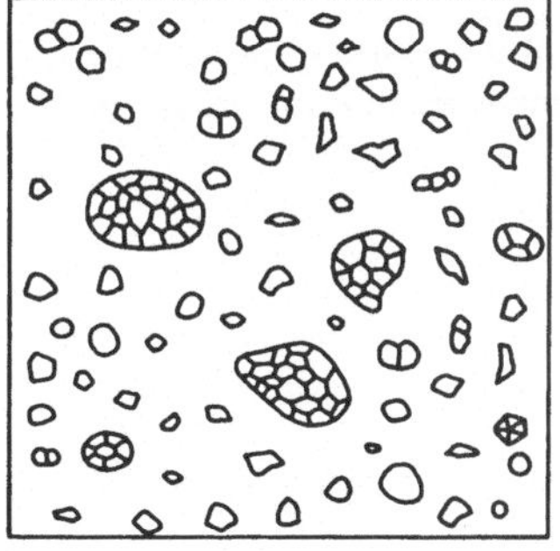

Abb. 1.15.3. Hafer-Stärkekörner; zusammengesetzte Großkörner, Teilkörner und Füllstärke

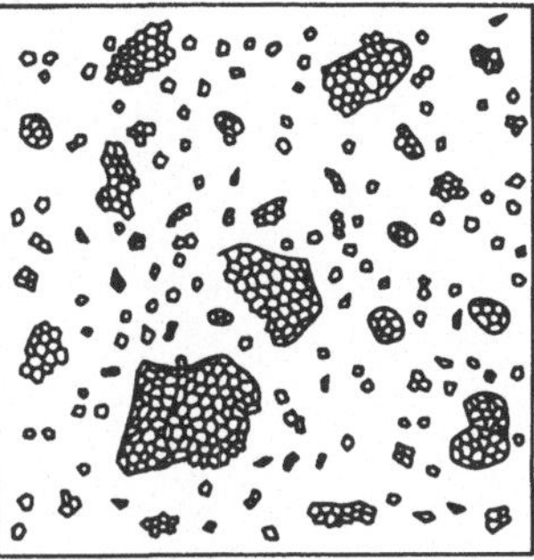

Abb. 1.16.3. Reis-Stärkekörner; zusammengeballte Körner und Einzelkörner

Tabelle 1.5. Mikroskopisch-diagnostische Merkmale von Gersten-, Hafer- und Reisspelzen

	Gerste *Hordeum vulgare* L.	Hafer *Avena sativa* L.	Reis *Oryza sativa* L.
Querschnitt			
Epidermis, außen	dickwandig	dickwandig	dickwandig
Hypoderm	1- bis 3schichtig	vielschichtig	2- bis 3schichtig
Parenchym	mehrschichtig	mehrschichtig	mehrschichtig
Epidermis, innen	dünnwandig	dünnwandig	dünnwandig
Flächenschnitt			
äußere Epidermis			
Zellform	Langzellen, dazwischen paarweise angeordnete Kurzzellen	Langzellen, dazwischen einzelne oder paarweise angeordnete Kurzzellen	Langzellen, dazwischen einzelne Kurzzellen, vereinzelt Haaransatzstellen und kurze, dickwandige Haare
Zellwand	stark verdickt, enggewunden (pol. Licht!)	stark verdickt, „zickzack"förmig gewellt, an den Biegungen knopfig verbreitert (pol. Licht!)	stark verdickt, breitwellig (pol. Licht!)
Hypoderm			
Zellform	schmale, langgestreckte Faserzellen	derbe, langgestreckte Faserzellen	derbe, langgestreckte Faserzellen, z.T. sägezahnartige Wandverdickungen
Zellwand	dick, getüpfelt	sehr dick, getüpfelt	dick, getüpfelt
innere Epidermis			
Zellform	gestreckte, ± rechteckige Zellen, Spaltöffnungen und kurze, kegelförmige, einzellige Haare	diagnostisch unwichtig	diagnostisch unwichtig
Zellwand	dünnwandig	diagnostisch unwichtig	diagnostisch unwichtig

Deckspelze und Vorspelze unterscheiden sich, abgesehen von der Dicke der Epidermiszellen und Hypodermfasern, nur unwesentlich.

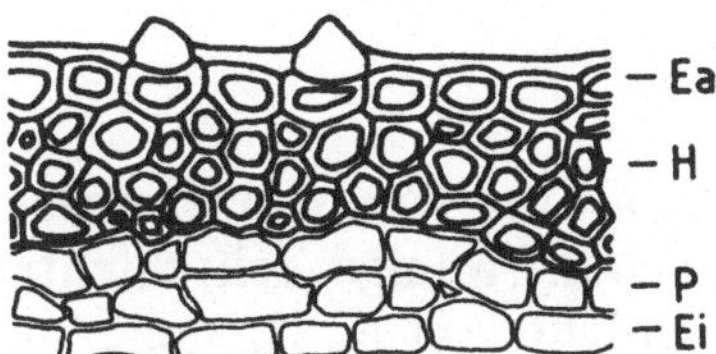

Abb. 1.17.1. Querschnitt durch eine Gerstenspelze; *Ea* Epidermis außen, *H* Hypodermfasern, *P* Parenchym, *Ei* Epidermis innen

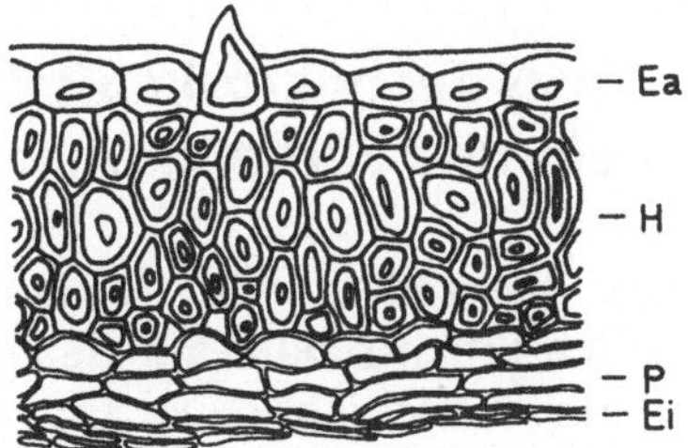

Abb. 1.18.1. Querschnitt durch eine Haferspelze; Erläuterungen der Abkürzungen s. Abb. 1.17.1

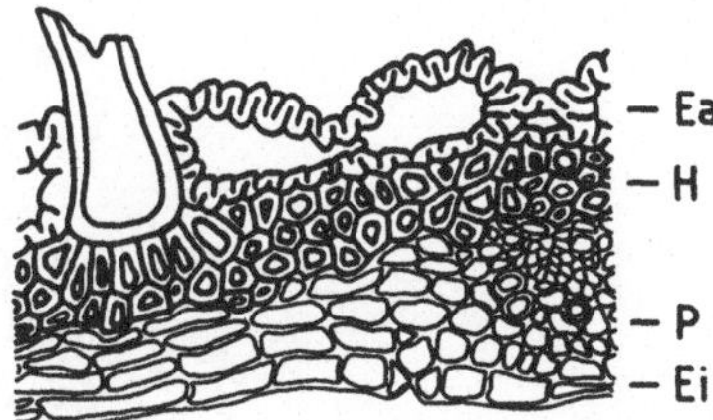

Abb. 1.19.1. Querschnitt durch eine Reisspelze mit Haaransatzstelle; Erläuterungen der Abkürzungen s. Abb. 1.17.1

Abb. 1.17.2. Flächenschnitt durch eine Gerstenspelze; äußere Epidermis und darunter Hypoderm (Faserschicht)

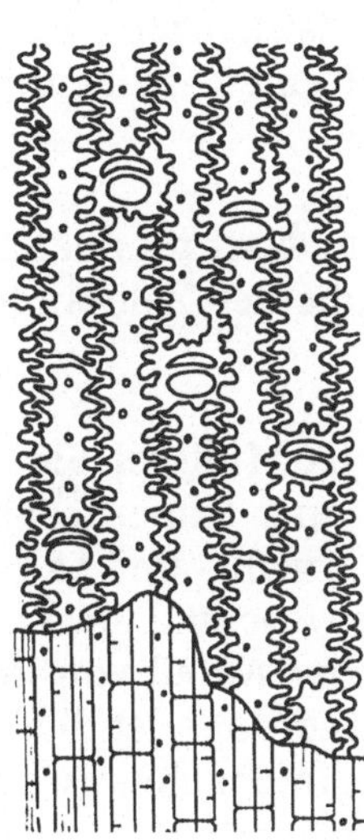

Abb. 1.18.2. Flächenschnitt durch eine Haferspelze; äußere Epidermis und darunter Hypoderm (Faserschicht)

Abb. 1.19.2. Flächenschnitt durch eine Reisspelze; äußere Epidermis und darunter Hypoderm (Faserschicht)

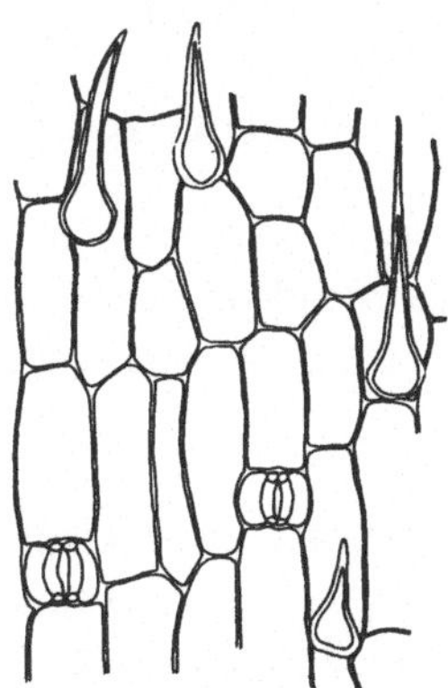

Abb. 1.17.3. Flächenschnitt durch eine Gerstenspelze; innere Epidermis mit Spaltöffnungen und Haaren

1.4
Aus der Praxis der mikroskopischen Untersuchung von Handels- und Verarbeitungsprodukten

Weizen

Längs- und Querzellen. Für die Charakterisierung von Weizenprodukten sind Teile der Fruchtschale mit den Längszellen (wenige Zellschichten im Gegensatz zur vielschichtigen Längszellenschicht von Mais, siehe unten), den Querzellen (einschichtig) sowie die kantig getüpfelten Wände („Flaschenkorken") ihrer Zellen von Bedeutung.

Stärkekörner. Sie sind teils groß und linsenförmig (auf der Kante stehend elliptisch), teils klein und kugelig. Zwischengrößen sind nur spärlich vorhanden. Ihr Aufbau ist konzentrisch; im polarisierten Licht erscheinen sie als helle Kreise mit einem Balkenkreuz, das durch den Kreismittelpunkt läuft.

Haare. Vor allem in Nachprodukten (Kleie, siehe unten) sind einzellige Haare mit stark verdickten Zellwänden und schmalem Lumen zu beobachten.

Nebenerzeugnisse der Müllerei. Sie werden gekennzeichnet durch das Verhältnis von Frucht- und Samenschalen zu Endospermgewebe und Stärke: Kleie (überwiegend Frucht- und Samenschale), Futtermehl (steigender Anteil an Endospermgewebe und Stärke gegenüber Frucht- und Samenschale), Nachmehl (erheblicher Anteil von Endospermgewebe und Stärke). Mikroskopisch sicher einzuordnen ist die Kleie, während für die Zuordnung von Futtermehl und Nachmehl chemische Kennzahlen (Stärkegehalt, Rohfaser) herangezogen werden.

Roggen

Längs- und Querzellen. Das Roggenkorn hat eine wenigschichtige Längszellen- und einzellige Querzellenschicht. Die Zellwände sind zarter als bei Weizen und zeigen eine perlschnurartige Tüpfelung. Die Schmalseiten der Querzellen („Fingerkuppen") sind stark verdickt und ungetüpfelt.

Stärkekörner. Sie ähneln denen des Weizens. Die Großkörner zeigen vereinzelt einen sternförmigen Spalt („Mercedesstern").

Haare. Die einzelligen Haare sind vor allem in Nachprodukten der Müllerei zu beobachten. Sie entsprechen denen des Weizens, haben aber eine dünnere Zellwand und ein breiteres Lumen.

Mais

Längs- und Querzellen/Schlauchzellen. Die im Gegensatz zu Weizen und Roggen dickere Fruchtwand ist durch die Vielschichtigkeit der Längszellen bedingt. Die strangartigen Querzellen kreuzen sich mit den gebogenen, myceländlichen Schlauchzellen und bilden so die innere Schicht der Fruchtschale.

Endospermgewebe/Stärkekörner. Die Stärkekörner sind in den Zellen der äußeren Endospermschicht (Hornendosperm) dicht gepreßt und haben eine scharf-polyedrische Form. In einem mikroskopischen Präparat in Chloralhydratlösung zeigt das Hornendosperm bei schwacher Erhitzung ein für Mais typisches Bild: Die aus den Kernhöhlen der verquellenden Stärkekörner austretenden Luftblasen sind als schwarze Punkte oder Flecken auf den schwach grau gefärbten Flächen der Endospermzellen zu sehen. Nach vollständiger Verkleisterung der Stärkekörner verschwinden diese, und die Endospermzellen zeigen ein zartes, feinmaschiges Netz aus granulierten Fäden, das die Form der ursprünglichen Stärkekörner nachzeichnet. Außer bei Reis (hier sehr viel zarter) ist dieses Phänomen bei den anderen Getreiden nicht zu beobachten, so daß es eine Unterscheidungsmöglichkeit zu erhitzten Endospermzellen anderer Getreide ist.

Im Inneren des Maiskorns (Mehlendosperm) sind die Stärkekörner rundlich und liegen locker nebeneinander.

Nebenerzeugnisse der Ölgewinnung. Die bei der Ölgewinnung anfallenden Rückstände weisen einen relativ hohen Anteil an Keimlingsgewebe auf. Das Keimlingsgewebe ist deutlich entfettet, d.h. Größe und Anzahl der Fetttropfen in den Zellen des Keimlingsgewebes sind reduziert. Auffallender Bestandteil dieser Produkte sind die großen, runden, deutlich getüpfelten Zellen des Scutellums (Verwechslungsmöglichkeit mit Erdnuß-Keimblattgewebe, siehe Kap. 3.3, Abb. 3.2.1 und Kap. 3.4.

Nebenerzeugnisse der Stärkegewinnung (Maiskleberfutter). Die Stärke der Endospermzellen ist mehr oder weniger ausgeschlämmt, die Zellen sind teilweise kollabiert. Bei größeren Endospermteilen sind häufig nur die äußeren Zellen ausgeschlämmt und kollabiert, während die inneren Zellen unversehrt und noch voller Stärke sein können. Im erhitzten Chloralhydrat-Präparat verschwindet die Struktur der Stärkekörner in diesen Zellen (Stärkeverkleisterung). Die Zellen erscheinen „turgenszent" im Gegensatz zu den sie umgebenden kollabierten Zellen. Außerdem sind Teile der Frucht- und Samenschale, Keimlingsgewebe (u.U. entölt) und gelegentlich zu einem geringen Anteil Kleber (siehe unten) enthalten.

Kleber (Gluten). Kleber von gelbem Mais ist eine unstrukturierte Proteinmasse von dottergelber Farbe, während Weißmais-Kleber wegen fehlender Färbung kontrastlos und schwer im mikroskopischen Präparat zu identifizieren ist. Mikroskopisch sind im Kleber noch Fetttropfen und Zellwandbruchstücke erkennbar.

Schlempe (Distiller). Beispielhaft für die Nebenerzeugnisse der Alkoholgewinnung aus Getreiden soll hier das Nebenprodukt der Maisvergärung beschrieben werden. Rückstände der Alkoholgewinnung zeichnen sich durch die Anwesenheit von zahlreichen Hefezellen aus (inner- und außerhalb der Gewebestücke). Häufig enthalten diese Produkte schwer zuzuordnende Klumpen zusammengepreßter Zellen und wenig Stärke, die mehr oder weniger verquollen ist.

Gerste

Querzellen/Aleuronzellen. Wichtigste mikroskopisch-diagnostische Merkmale sind die mehrschichtigen Aleuronzellen und die dünnwandige, doppelte Querzellenschicht. Letztere ist gegenüber den getüpfelten, einschichtigen Querzellen von Weizen und Roggen weniger deutlich erkennbar.

Gerstenspelzen. Die Wände der äußeren Epidermiszellen sind eng und gleichmäßig gewunden (geschlängelt), das Lumen ist schmal. Die innere Epidermis hat kurze, kegelförmige Haare und Spaltöffnungen (umgewandeltes Blatt aus der Blütenregion, siehe Abb. 1.1). Zur Unterscheidung von Gersten- und Haferspelzen siehe unten.

Malzkeime. Sie bestehen überwiegend aus den Wurzeln der gekeimten Getreidekörner (hauptsächlich von Gerste) und zeigen das typische Bild embryonaler Zellen und Gewebe mit zarten Gefäßwänden. Ein mehr oder weniger großer Besatz von Spelzen ist normalerweise vorhanden. Stücke von Endospermgewebe mit Frucht- und Samenschale in größeren Mengen deuten auf einen Verschnitt mit Gerstenschrot hin.

Hafer

Längszellen/Haare. Die zartgetüpfelten Längszellen der Haferkaryopse mit Haaransatzstellen sind zusammen mit den sehr langen und dickwandigen Haaren ein wichtiges Erkennungsmerkmal für Haferprodukte.

Stärkekörner. Für Haferstärke sind die aus zahlreichen polyedrischen Stärkekörnern mosaikartig zusammengesetzten Stärkekugeln typisch.

Haferspelzen. Die Windungen der äußeren Epidermiswände sind breiter als bei Gerste, an den Biegungen sind knopfartige Verdickungen. Die Tüpfelung der Wände ist punktartig, das Lumen ist relativ breit.

Nebenerzeugnisse der Schälmüllerei (Schälkleien von Hafer und Gerste). Diese Produkte enthalten hauptsächlich Spelzenteile, daneben Haare des Korns, zurücktretend Teile der Frucht- und Samenschale, des Aleurongewebes, des Endospermgewebes (Stärke) und des Keimlings. Hafer- und Gerstenspelzen sind mikroskopisch nicht nur an der unterschiedlichen Struktur ihrer Epidermiszellen zu unterscheiden: In polarisiertem Licht leuchten Haferspelzen aufgrund ihrer kompakten Hypodermfaserschicht deutlicher als die Gerstenspelzen mit ihrer weniger starken Hypodermfaserschicht. Unter dem Stereomikroskop (Vergrößerung ca. 20 bis 30×) lassen sich die scharfkantigen, im Faserverlauf gebrochenen Stücke von Haferspelzen von den mehr unregelmäßig gerissenen Stücken von Gerstenspelzen unterscheiden.

Reis

Schlauchzellen. In Reisprodukten bilden die leicht geschlängelten, „Wurm"-ähnlichen Schlauchzellen das diagnostisch wichtigste Merkmal der Frucht- und Samenschale.

Endospermgewebe/Stärkekörner. Die Zellen des Endosperms sind mit kleinen, kantigen Stärkekörnern dichtgepreßt gefüllt. Das Endospermgewebe ähnelt dem des Mais, ist aber in allen Teilen zarter.

Reisspelzen. Anhand der breiten, enggewundenen Wände der äußeren Zellen sind Reisspelzen schon bei schwacher Vergrößerung zu identifizieren. Besonders deutlich sind Fragmente von Reisspelzen (z.B. in Reisfuttermehlen) im polarisierten Licht erkennbar.

Hinweis: Die quantitative Bestimmung von Reisspelzen in Reisfuttermehlen siehe Kap. 8.3.6.

2 Samen der Fabaceen

2.1 Wirtschaftliche Bedeutung

Sojabohne und Erdnuß gehören vor allem aufgrund des Öl- und Proteingehaltes ihrer Samen zu den Weltwirtschaftspflanzen. Die in Ostasien beheimatete **Sojabohne** wird außer in den Ursprungsländern (z.B. China, Japan, Indonesien) vor allem in den USA und Brasilien angebaut (Tabelle 2.1); weltweit ist eine Ausdehnung des Anbaues zu beobachten (z.B. Afrika). Die Verwendung von Soja ist außerordentlich vielseitig: Die aus Sojabohnen hergestellten, entfetteten Sojaflocken sind die Grundlage für eine vielfältige Verwendung bei der Herstellung von Produkten für die menschliche Ernährung. Insbesondere in Ostasien wird Soja zu einer Vielzahl von Fermentationsprodukten verarbeitet (z.B. Tofu, siehe unten). Darüber hinaus stellt der eiweiß- und kohlenhydratreiche Rückstand, der bei der Ölextraktion der Samen anfällt, ein wichtiges Futtermittel dar. Die **Erdnuß** wird in den Tropen und Subtropen der ganzen Welt angebaut. Der bei der Ölgewinnung anfallende Rückstand wird in der Futtermittelherstellung verwendet (siehe Kap. 3).

Die Samen von **Erbsen, Gartenbohnen, Linsen** und **Pferdebohnen** (Dicke Bohnen) sind als eiweiß- und kohlenhydratreiche Nahrungsmittel ebenfalls von großer wirtschaftlicher Bedeutung. Sie werden zunehmend auch als Futtermittel verwendet.

Tabelle 2.1. Weltproduktion einiger Fabaceen-Samen (FAO 1990)

Art	Weltproduktion [10^9 kg]	Hauptproduktionsländer und BRD [10^9 kg]
Sojabohne	107,8	USA 52,3; Brasilien 19,9; China 11,5
Erdnuß	23,1	Indien 7,2; China 6,6; USA 1,6
Gattung *Pisum*	17,5	UdSSR 8,5; Frankreich 3,6; China 1,6; BRD 0,05
Gattung *Phaseolus*	16,3	Indien 4,0; Brasilien 2,0; China 1,9
Ackerbohne	4,3	China 2,6; Ägypten 0,4; BRD 0,1
Linse	2,7	Türkei 0,9; Indien 0,7; Kanada 0,2

Handels- und Verarbeitungsprodukte

Vollständige Samen. Sie finden frisch, getrocknet oder anders konserviert, als Flocken (gewalzte Samen) oder Schrot (grob zerkleinerte Samen) Verwendung.

Geschälte und verarbeitete Samen. Geschälte (Erbsen, Bohnen) und nach der Schälung vermahlene Samen sowie geschälte und geröstete Samen (Erdnüsse, Sojabohnen) werden verwendet. Problematisch ist die Nutzung roher Samen einiger Fabaceen (siehe Kap. 2.2). Handelsprodukte: Z.B. Erbsenmehl, Sojamehl, geröstete Erdnüsse.

Fermentierte und verarbeitete Samen. Besonders bei der Sojabohne, einem der Hauptnahrungsmittel in Ostasien, hat eine vielfältige Verarbeitung mittels Fermentation Produkte entwickelt, die z.T. auch bei uns auf dem Markt sind. Handelsprodukte: Z.B. Tofu (Sojaquark), Miso (Sojabohnenpaste), Sufu (Sojabohnenkäse) (Reiß 1987; Teuber et al. 1987).

Rückstände der Ölgewinnung. Sojabohne und Erdnuß gehören zu den wichtigsten Speiseöllieferanten. Die Rückstände der Ölgewinnung sind hochwertige Produkte für die Futtermittelherstellung (siehe Kap. 3).

Rückstände der Schälung von Erbsen- und Sojabohnen. Je nach Verarbeitung unterscheidet man Futtermehle und Kleien. Erbsenfuttermehle bestehen hauptsächlich aus Bestandteilen des Keimblattgewebes mit wenig Samenschalen. Erbsenkleie enthält die beim Schälen und Polieren anfallenden Bestandteile, hauptsächlich Samenschalen. Sowohl Erbsenfuttermehl als auch -kleie finden in der Futtermittelindustrie Verwendung. Erbsen- und Sojabohnen-Samenschalen sind als diätetische Nahrungsmittel (Reduktionskost) im Handel. Handelsprodukte: Z.B. Erbsenfuttermehl, Erbsenkleie, Erbsenschalen, Sojabohnenschalen.

2.2 Botanik

Kl.: **Dicotyledoneae,** Zweikeimblättrige Bedecktsamer; Fam.: **Fabaceae.**

Arten (Reihenfolge nach Darstellung): *Pisum sativum* L. (Erbse), *Phaseolus vulgaris* L. (Gartenbohne), *Lens culinaris* Medik. (Linse), *Vicia faba* L. (Ackerbohne), *Lupinus albus* L. (Weiße Lupine). *Glycine max* (L.) Merr. (Sojabohne) und *Arachis hypogaea* L. (Erdnuß) sind in Kapitel 3 dargestellt.

Die typische Frucht der Fabaceen ist die **Hülse.** Sie entsteht aus einem Fruchtblatt, das mit sich selbst verwächst. Bei der Reife platzt sie an der Bauch- und Rückenseite auf. Die Funktion des Endosperms haben bei den Fabaceen große Speicherkeimblätter übernommen, die überwiegend Kohlenhydrate in Form von Stärke speichern (z.B. *Phaseolus vulgaris,* reifer Same: 47,8 % verwertbare Kohlenhydrate, 21,3 % Protein, 1,6 % Fett, 4,0 % Mineralstoffe, 11,6 % Wasser). Protein als überwiegendes Speicherprodukt ist selten: *Glycine max,* reifer Same: 36,9 % Protein, 6,1 % verwertbare Kohlenhydrate, 18,1 % Fett, 4,7 % Mineralstoffe, 8,5 % Wasser. Auch Fett als Hauptspeicherprodukt ist selten: *Arachis hypogaea,* reifer Same; 48,1 % Fett, 26,0 % Protein, 8,6 % verwertbare Kohlenhydrate, 7,1 % Ballaststoffe total, 2,2 % Mineralstoffe, 5,2 % Wasser (alle Angaben: Souci et al. 1989). Insbesondere die Samen der Sojabohne, der Gartenbohne und anderer *Phaseolus*-Arten enthalten hämagglutinierende Lectine, Proteinase-Inhibitoren und andere giftig wirkende Proteine (z.B. Phasin der Gartenbohne), die vor dem Verzehr durch thermische Denaturierung (Kochen oder Dämpfen) inaktiviert werden müssen (Frohne u. Pfänder 1987; Menke u. Huss 1987; Liener 1986).

2.3 Bau und mikroskopische Diagnostik der Fabaceen-Samen

Untersuchungsmaterial: Erbsen, Bohnen, Lupinen etc. als Trockenmaterial oder vor der Verwendung längere Zeit in Alkohol-Glycerin zum Einweichen eingelegt.

Reagenzien (siehe Kap. 8): Alkohol-Glycerin, Jod-Kaliumjodidlösung, Bradford-Reagenz, Chloralhydratlösung.

Präparation und Beobachtungen

Allgemeine Hinweise für die Präparation siehe Kap. 8.1.

- **Querschnitte durch Samenschale und Keimblätter** (quer zur Längsachse der Samen, Samenschalen ggf. in Kork oder Styropor einklemmen)
  Untersuchung im Wasserpräparat: Nachweis der Stärkekörner in den Keimblättern.
  Untersuchung in Jod-Kaliumjodidlösung: Blaufärbung der Stärkekörner, Gelbfärbung der Aleuronkörner.
  Untersuchung in Bradford-Reagenz plus Wasser (Verhältnis 1:4): Blaugrünfärbung der Aleuronkörner.
  Untersuchung in erhitzter Chloralhydratlösung: Quellung bzw. Verkleisterung der Stärkekörner, Zerstörung anderer störender Inhaltsstoffe sowie Aufhellung und Quellung der Zellwände. Eine Untersuchung der Gewebestrukturen wird dadurch erleichtert; im Durchlicht: Nachweis der unterschiedlichen Zellstrukturen, im polarisierten Licht: Aufleuchten der Kristalle der Samenschale der Gartenbohne und im Keimlingsgewebe der Sojabohne.
- **Flächenschnitte durch die Samenschale und den Keimling** (bzw. Totalpräparate der Samenschale bei dünnschaligen Samen)
  Untersuchung in den verschiedenen Reagenzien wie beim Querschnitt.

Hinweis: Vergrößerungen der Abbildungen, wenn nicht anders angegeben, ca. 200fach.

Zusammenfassung wichtiger diagnostischer Merkmale der Fabaceensamen

Palisadenzellen/Lichtlinie. Dicht aneinandergereihte Epidermiszellen der Samenschale, deren Radialwände in der Regel von innen nach außen (Richtung Kutikula) zunehmend verdickt sind, wobei die Verdickung in Form mehrerer getrennter Dreikantleisten erfolgt. Aufgrund der nicht lotrecht verlaufenden Dreikantleisten kommt es während des Mikroskopierens beim Fokussieren von Aufsichtsbildern (von der Kutikula nach innen) zu einer mehr oder weniger deutlichen scheinbaren Bewegung des meist sternförmigen Lumens, das sich wie die Speichen eines Rades dreht. Häufig ist auf Querschnitten eine deutlich hellere Zone, die sog. **„Lichtlinie“**, zu erkennen, deren Breite und Abstand von der Kutikula einen diagnostischen Wert hat.

Trägerzellen. Subepidermale Zellen, im Querschnitt „Sanduhr“-, „Garnrollen“-förmig oder ähnlich gestaltet. In der Aufsicht erscheint die Einschnürung in der Mitte als konzentrischer Ring innerhalb der Zelle.

Zellen des Keimblattes. Häufig große und runde Zellen, z.T. derbwandig mit deutlicher Tüpfelung.

Stärkekörner. Unterschiedlich groß (ca. 20 µm bis 50 µm und größer), vielfach nieren- oder linsenförmig, deutlich geschichtet mit zerklüftetem Kernspalt oder Kernhöhle. Ausnahme: Soja und Erdnuß mit kleinkörniger Stärke, Lupine ohne Stärkekörner. Das Nebeneinander von Stärkekörnern und Eiweiß läßt sich in einem Schnitt durch die Kotyledonen (z.B. Gartenbohne) mit Jod-Kaliumjodidlösung nachweisen (Stärkekörner blau, Protein gelbbraun) oder mit Bradford-Reagenz zusammen mit stark verdünnter Jod-Kaliumjodidlösung (siehe Kap. 8.1, Stärkekörner blau, Protein blaugrün).

Kristalle. In den Zellen der Samen einzelner Fabaceen-Arten treten typische monokline Kristalle auf (Abb. 2.4 und 2.5).

Die Größenangaben sind in µm; sie sind als ungefähre Maße für Vergleiche gedacht. Durch die Vielzahl der Varietäten und Sorten ist mit Abweichungen von den angegebenen Maßen zu rechnen.

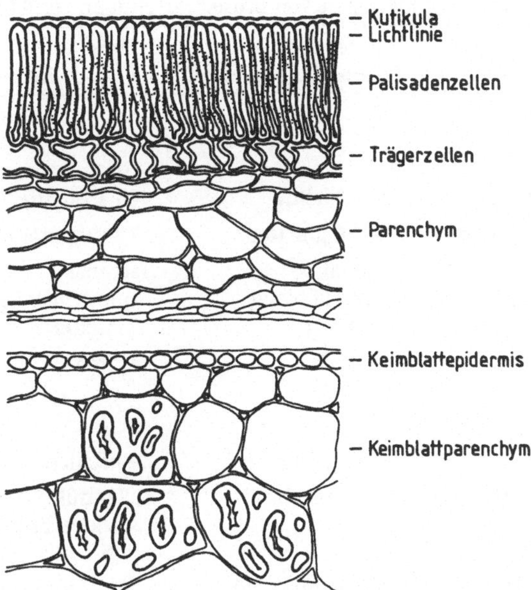

Abb. 2.1. Querschnitt durch einen Fabaceen-Samen (Erbse); Stärkekörner in einigen Zellen dargestellt. Samenschale: Kutikula bis Parenchym

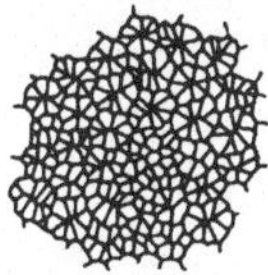
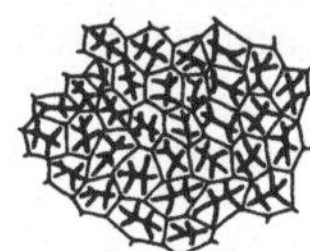
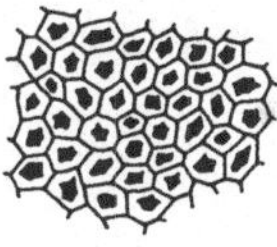

Abb. 2.2. Palisadenzellen (Erbse); Flächenansicht bei hoher, mittlerer und tiefer optischer Einstellung (Lumen: schwarz)

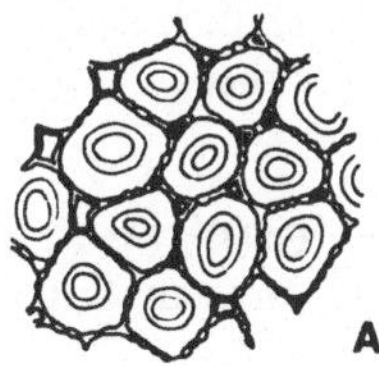

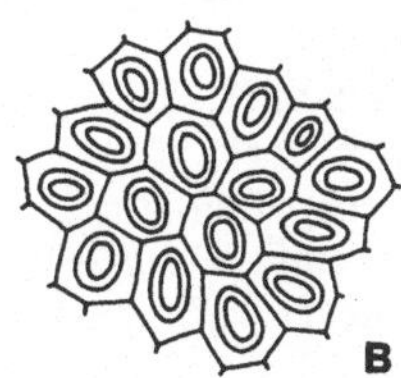

Abb. 2.3 A, B. Trägerzellen, Flächenansicht; **A** Erbse, **B** Linse. Der Doppelring innerhalb der Zelle ist die von unten durchscheinende Einschnürung der Trägerzelle. Zur Orientierung s. Abb. 2.1

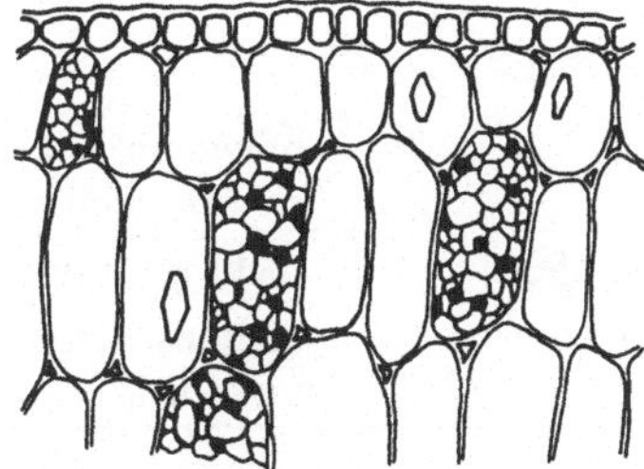

Abb. 2.4. Kristalle im Keimblattgewebe (Sojabohne); Stärkekörner (schwarz, nach Jod-Kaliumjodid-Färbung) in einigen Zellen dargestellt; daneben Proteinmatrix

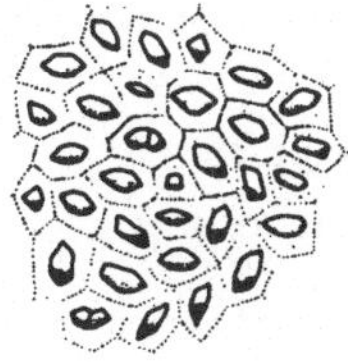

Abb. 2.5. Kristalle in der Samenschale (Gartenbohne); Trägerzellen in Flächenansicht

Tabelle 2.2. Mikroskopisch-diagnostische Merkmale von Erbse, Gartenbohne und Linse

	Erbse *Pisum sativum* L.	Gartenbohne *Phaseolus vulgaris* L.	Linse *Lens culinaris* Medik.
Querschnitt			
Palisadenzellen			
Zellschicht	einschichtig	einschichtig	einschichtig
Zellhöhe-/breite	700–100 µm/15 µm	30–60 µm/10 µm	30–40 µm/8 µm
Zellumen außen	schmal	schmal	schmal
innen	unregelmäßig erweitert	tropfenförmig erweitert	spindelförmig erweitert
Lichtlinie	schmal	schmal	schmal
Trägerzellen			
Zellschicht	einschichtig	einschichtig	einschichtig
Zellform	„Sanduhr"-förmig	prismatisch	„Sanduhr"-förmig mit stark verbreitertem Fuß
Zellhöhe/-breite	20–30 µm/30–40 µm	20-25 µm/15–20 µm	12–22 µm/18–35 µm
Zellwand	mäßig verdickt, Tüpfelung im Querschnitt kaum sichtbar	dickwandig, nicht getüpfelt	mäßig verdickt, nicht getüpfelt
Zellinhalt	diagnostisch unwichtig	1(–2) monokline Kristalle (das Lumen fast vollständig ausfüllend)	diagnostisch unwichtig
Keimblattzellen			
Zellwand	dünnwandig bis schwach verdickt, schwach getüpfelt	derbwandig, deutlich getüpfelt	dünnwandig, schwach getüpfelt
Zellinhalt	Stärkekörner rundlich bis nierenförmig, deutlich geschichtet mit länglichen, verzweigten Kernspalten Größe: 20–45 µm Aleuronkörner	Stärkekörner, ähnlich denen der Erbse Größe: 30–50 (–60) µm Aleuronkörner	Stärkekörner, ähnlich denen der Erbse Größe: bis 40 µm Aleuronkörner
Flächenschnitt			
Palisadenzellen			
Zellumen	je nach optischer Einstellung sternförmig bis gezackt-rundlich	je nach optischer Einstellung sternförmig bis gezackt-rundlich	je nach optischer Einstellung sternförmig bis rund
Trägerzellen			
Zellform	polygonal mit innerem Doppelring	polygonal	polygonal mit innerem Doppelring
Zellwand	getüpfelt	nicht getüpfelt	nicht getüpfelt
Zellinhalt	diagnostisch unwichtig	Einzelkristalle	diagnostisch unwichtig

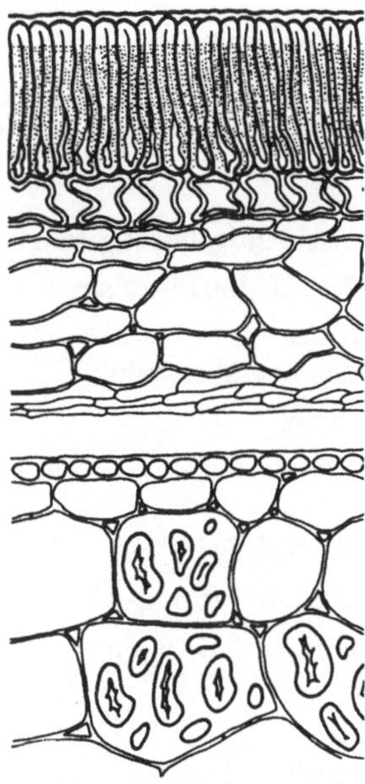

Abb. 2.6.1. Querschnitt durch Samenschale und Keimblattgewebe der Erbse; Erläuterungen s. Abb. 2.1

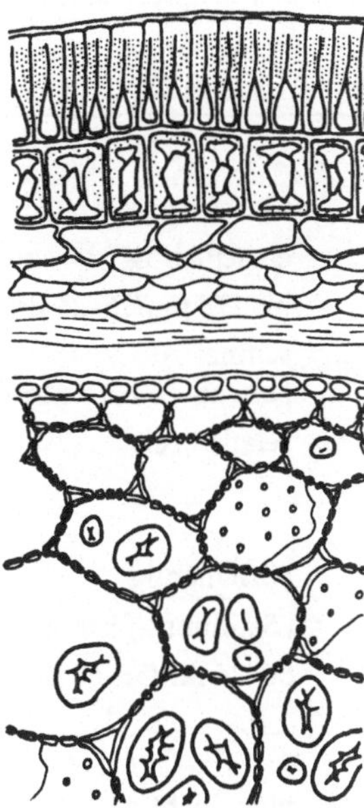

Abb. 2.7.1. Querschnitt durch Samenschale und Keimblattgewebe der Gartenbohne; Erläuterungen s. Abb. 2.1

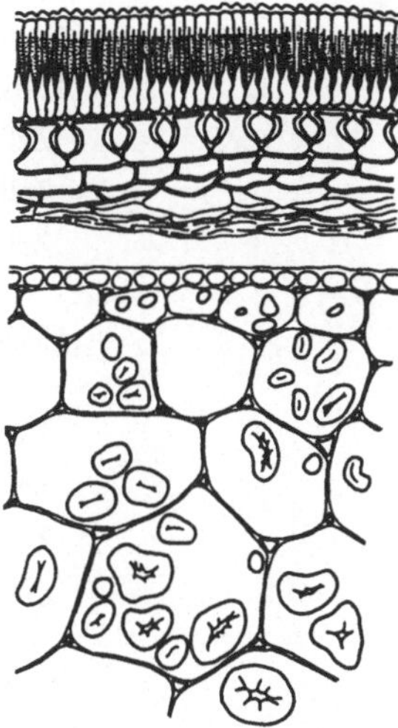

Abb. 2.8.1. Querschnitt durch Samenschale und Keimblattgewebe der Linse; Erläuterungen s. Abb. 2.1

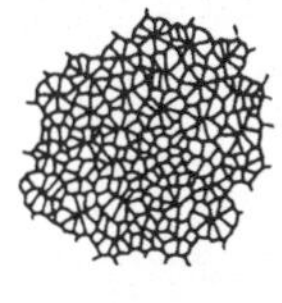

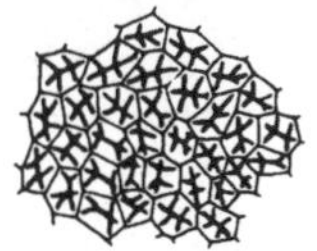

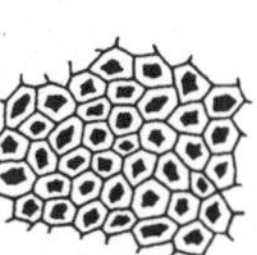

Abb. 2.6.2. Flächenansicht auf die Palisadenzellen der Erbse bei hoher, mittlerer und tiefer optischer Einstellung (Lumen: schwarz)

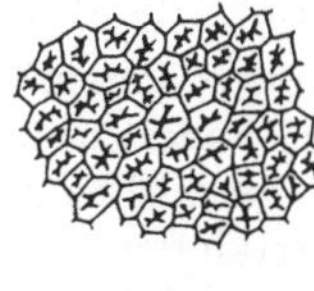

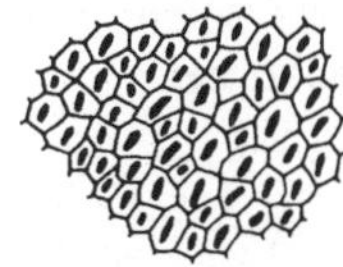

Abb. 2.7.2. Flächenansicht auf die Palisadenzellen der Gartenbohne bei hoher und tiefer optischer Einstellung (Lumen: schwarz)

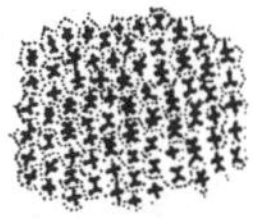

Abb. 2.8.2. Flächenansicht auf die Palisadenzellen der Linse bei hoher und tiefer optischer Einstellung (Lumen: schwarz)

Abb. 2.6.3. Flächenansicht auf die Trägerzellen der Erbse; Erläuterungen s. Abb. 2.3

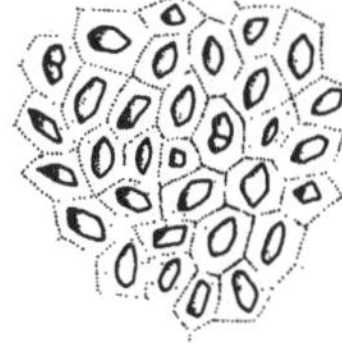

Abb. 2.7.3. Flächenansicht auf die Trägerzellen der Gartenbohne (mit Kristallen)

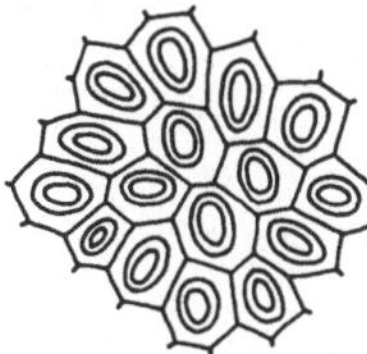

Abb. 2.8.3. Flächenansicht auf die Trägerzellen der Linse; Erläuterungen s. Abb. 2.3

Tabelle 2.3. Mikroskopisch-diagnostische Merkmale von Ackerbohne und Weißer Lupine

	Ackerbohne *Vicia faba* L.	Weiße Lupine ***Lupinus albus*** L.
Querschnitt		
Palisadenzellen		
Zellschicht	einschichtig	einschichtig, leicht gekniet
Zellhöhe-/breite	bis 175 µm/15–25 µm	100–120 µm/15–20 µm
Zellumen außen innen	schmal zunehmend erweitert	schmal zunehmend erweitert
Lichtlinie	relativ breit	schmal
Trägerzellen		
Zellschicht	einschichtig	einschichtig
Zellform	„Sanduhr"-förmig	„Sanduhr"-förmig
Zellhöhe/-breite	50–75 µm/35–60 µm	bis 70 µm/bis 60 µm
Parenchym		
Zellschicht	vielschichtig	vielschichtig
Keimblattzellen		
Zellwand	schwach verdickt, schwach getüpfelt, Tüpfelfelder	wenig bis stark verdickt, deutlich getüpfelt, Tüpfelfelder
Zellinhalt	Stärkekörner nierenförmig bis kugelig oder unregelmäßig, deutlich geschichtet mit länglichen, zerklüfteten Kernspalten oder -höhlen Größe: 30–50 µm Aleuronkörner	keine Stärkekörner Aleuronkörner
Flächenschnitt		
Palisadenzellen		
Zellumen	je nach optischer Einstellung sternförmig bis rundlich	je nach optischer Einstellung sternförmig bis leicht gezackt
Trägerzellen		
Zellform	polygonal mit innerem Doppelring	polygonal mit innerem Doppelring

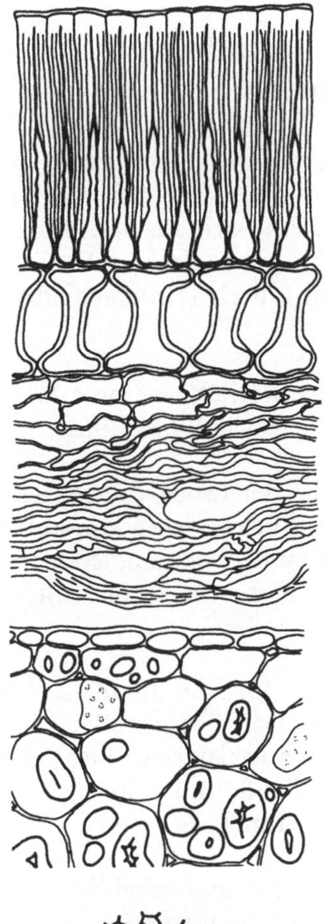

Abb. 2.9.1. Querschnitt durch Samenschale und Keimblattgewebe der Ackerbohne; Erläuterungen s. Abb. 2.1

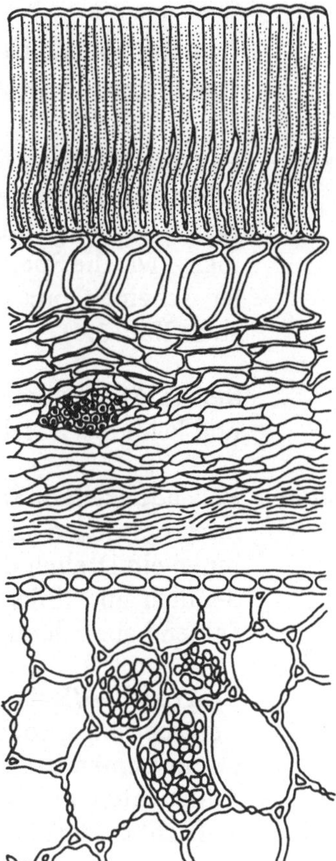

Abb. 2.10.1. Querschnitt durch Samenschale und Keimblattgewebe der Weißen Lupine; einige Zellen mit Aleuronkörnern (s. Tabelle 2.3); Erläuterungen s. Abb. 2.1

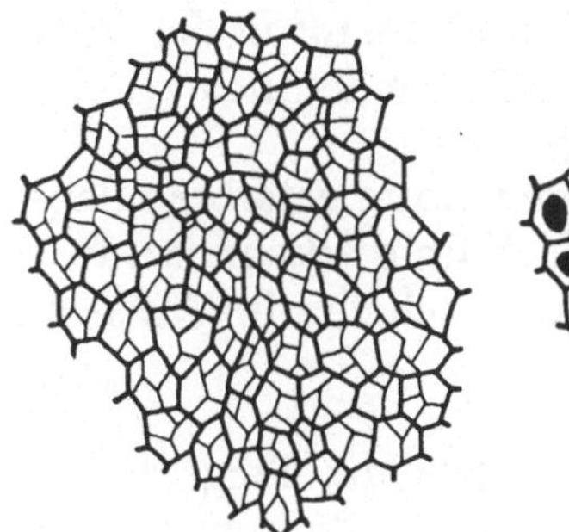

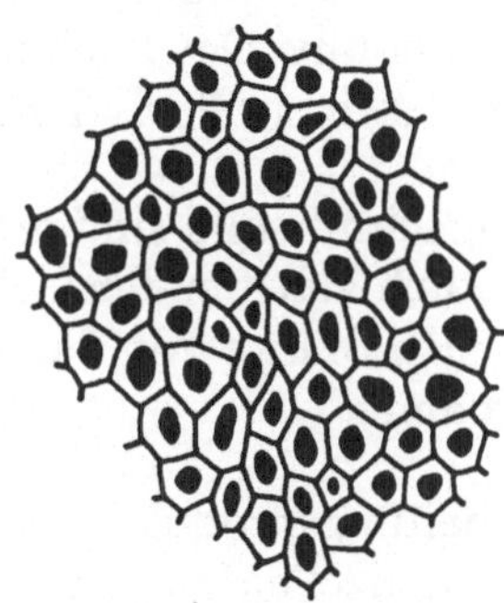

Abb. 2.9.2. Flächenansicht auf die Palisadenzellen der Ackerbohne bei hoher und tiefer optischer Einstellung (Lumen: schwarz)

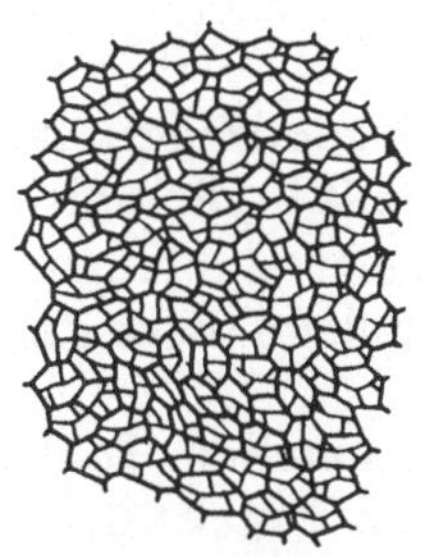

Abb. 2.10.2. Flächenansicht auf die Palisadenzellen der Weißen Lupine bei hoher und tiefer optischer Einstellung (Lumen: schwarz)

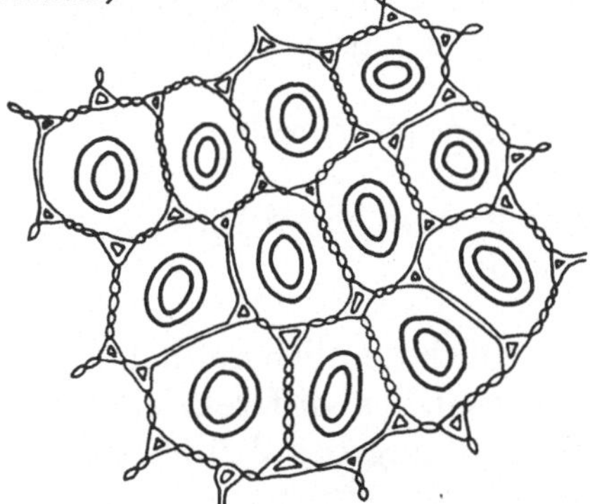

Abb. 2.9.3. Flächenansicht auf die Trägerzellen der Ackerbohne; Erläuterungen s. Abb. 2.3

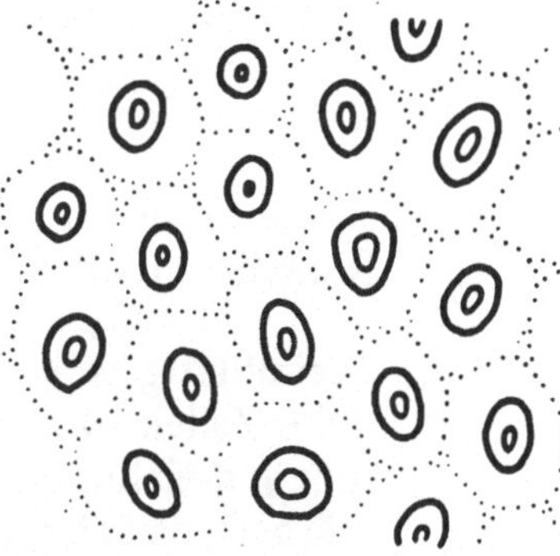

Abb. 2.10.3. Flächenansicht auf die Trägerzellen der Weißen Lupine; Erläuterungen s. Abb. 2.3

2.4 Aus der Praxis der mikroskopischen Untersuchung von Handels- und Verarbeitungsprodukten

Erbse

Palisadenzellen. Die Aufsichtsbilder der Samenschale zeigen die Palisadenzellen mit ihren gezackten, sternförmigen Lumina, die sich zur Basis der Zellen hin vergrößern. Beim Fokussieren scheint sich das sternförmige Lumen – wie die Speichen eines Rades – rechtsherum zu drehen. Die Trägerzellen scheinen nur schwach oder gar nicht hindurch (Unterschied zu Soja, siehe Kap. 3.4).

Stärke. Möglichkeiten der Unterscheidung der Stärkekörner von Mark-, Pal- und Felderbsen siehe Gassner et al. 1989; Mészáros u. Bihler 1983.

Gartenbohne

Palisadenzellen. Sie sind weniger hoch als die der Erbse, die gezackten Lumina der Zellen sind enger. Auch hier ist beim Fokussieren von außen nach innen ein Drehen des sternförmigen Lumens zu beobachten, jedoch nicht so deutlich und linksherum. Hinweis: Samenschalen von Sorten mit braunen Samen haben deutlich braungefärbte Palisadenzellen.

Trägerzellen/Kristalle. Wichtigstes Merkmal für die Identifikation von Verarbeitungsprodukten der Gartenbohne sind die Trägerzellen und die in ihrem Lumen liegenden Kristalle. Sie sind in polarisiertem Licht durch ihr Aufleuchten auf dunklem Grund sehr auffallend und scheinen auch bei Aufsichtsbildern durch die Palisadenzellen hindurch.

Linse

Palisadenzellen. Sie sind meist bräunlich gefärbt und erheblich kürzer als die der Erbse oder Gartenbohne. Das Lumen erscheint in der Aufsicht sehr kleingezackt und erweitert sich zur Basis der Zellen deutlich.

Ackerbohne

Palisadenzellen. Im Querschnittsbild sind die braun gefärbten Palisadenzellen mit breiter, sich deutlich abhebender Lichtlinie erkennbar. In Verarbeitungsprodukten zeigen sich Stücke von Samenschalen im Aufsichtsbild als auffallend dicke Zellverbände.

Trägerzellen. In Verarbeitungsprodukten liegen die Trägerzellen („Garnrollen") meist den Palisadenzellen an. Sie sind deutlich größer als bei den anderen dargestellten Fabaceen.

Lupine

Palisadenzellen. Die Zellen sind je nach Sorte hellfarbig (Weiße, Gelbe Lupine) oder haben einen dunklen Inhalt (Blaue Lupine).

Trägerzellen. Sie erscheinen als dickwandige „Garnrollen".

Parenchym. In Verarbeitungsprodukten als mehrschichtiges, großzelliges Gewebe mit dünnen Zellwänden zu erkennen.

Keimblattgewebe. Man sieht unterschiedlich deutlich verdickte und getüpfelte Zellen **ohne** Stärkekörner. Eine zusätzlich differenzierende Färbung mit Jod-Kaliumjodidlösung ergibt Gelbfärbung des Zellinhaltes (Aleuronkörner); da Stärkekörner fehlen, **keine** Stärkereaktion!

Soja und Erdnuß

Siehe Kap. 3.

3 Öl- und fettliefernde Samen und Früchte

3.1 Wirtschaftliche Bedeutung

Zur Gewinnung pflanzlicher Öle und Fette werden die Früchte und Samen von mehr als 40 Pflanzenarten verwendet. Die hier getroffene Auswahl gründet sich zunächst auf ihre weltwirtschaftliche Bedeutung. Zusätzlich wurden Samen dargestellt, deren Vorkommen in Handels- oder Verarbeitungsprodukten aufgrund von Gesetzen und Verordnungen eingeschränkt oder verboten ist und daher die Kenntnis ihrer mikroskopisch-diagnostischen Merkmale erforderlich macht.

Zu den wichtigsten öl- und fettliefernden Pflanzen gehört **Soja** (Tabelle 3.1), die auch als eiweiß- und kohlenhydratliefernde Pflanze von weltwirtschaftlicher Bedeutung ist. Die **Ölpalme** liefert Öl aus dem Fruchtfleisch und den Samen, den sog. Palmkernen. Das Fruchtfleisch (ca. 55 % Öl enthaltend) (Lennerts 1984) liefert ein durch Carotinoide orangerot gefärbtes Öl, das als Speiseöl verwendet wird. Das aus den Palmkernen (ca. 48 % Öl enthaltend) gewonnene Palmkernöl ist gelblichweiß und dient ebenfalls als Speiseöl. Die Frucht der **Kokospalme** (Kokosnuß) enthält in ihrem getrockneten Endosperm (als „Kopra" bezeichnet) ca. 65 % Öl und Fett. Die **Baumwolle** wurde ursprünglich als faserliefernde Pflanze angebaut. Die ölhaltigen und von den Baumwollfasern umwachsenen Samen (30 bis 40 % Öl enthaltend) waren lange ein lästiger Abfall der Faserproduktion. Sie wurden erst im 19. Jahrhundert nach Erfindung der Egreniermaschine (Trennung von Faser und Samen) und der Entlinterungsmaschine (Entfernung der am Samen verbliebenen kurzen Samenhaare = Linters) zu einer weltwirtschaftlich wichtigen Ölsaat (Lennerst 1984). **Raps,** heute in weiten Teilen der gemäßigten Zonen der Welt angebaut, liefert das aus seinen Samen gewonnene Öl, das im Handel als „Rüböl" bezeichnet wird. Es wird aufgrund seines Anteils an Erucasäure in Europa überwiegend für technische Zwecke verwendet (Franke 1992; erucafreier Raps siehe Kap. 3.2). Die schon vor der Entdeckung Amerikas dort angebaute **Erdnuß** wird heute in weiten Teilen der Tropen und Subtropen kultiviert. Trotz des hohen Proteingehaltes der Samen nutzt man in erster Linie deren Fettgehalt für die Gewinnung eines hochwertigen Speiseöls, u.a. zur Herstellung von „peanut butter". Außer zur Ölgewinnung werden die Samen auch geröstet und gesalzen verzehrt. Die Frucht der **Sonnenblume** wurde in ihrer Heimat (Great Plains, Nordamerika) von den Indianern genutzt. Als Öllieferant gewann sie erst um die Mitte des 19. Jahrhunderts Bedeutung. Sie wird heute insbesondere in Südrußland zur Speiseölgewinnung angebaut und auch als „Knabberkost" direkt verzehrt. Nahezu die gesamte Welternte der **Oliven,** aus denen man ein hochwertiges Speiseöl gewinnt, wird im Mittelmeergebiet eingebracht. Dort ist der Öl- oder Olivenbaum ein Charakterbaum der Kulturlandschaft. Der **Lein** (Flachs) wurde ursprünglich zur Fasergewinnung angebaut (4 bis

6,5 cm lange Sklerenchymfasern des Stengels). Neben Leinsorten, die vorwiegend zur Fasergewinnung gezüchtet worden sind, gibt es den sog. „Öllein", der bevorzugt zur Ölgewinnung angebaut wird. Eine Sonderstellung nehmen die Samen der **Rizinus**-Pflanze ein, deren Öl fast ausschließlich für technische Zwecke genutzt wird.

Die bei der Öl- und Fettgewinnung anfallenden Rückstände, die noch Fett enthalten und einen hohen Proteingehalt aufweisen, spielen für die Futtermittelherstellung eine große Rolle. Wegen unverträglicher oder giftiger Inhaltsstoffe in manchen dieser Rückstände ist die Verarbeitung zu Futtermitteln eingeschränkt oder nicht erlaubt (siehe Kap. 3.2.)

Tabelle 3.1. Weltproduktion der wichtigsten öl- und fettliefernden Samen und Früchte (FAO 1990)

Art	Weltproduktion [10^9 kg]	Hauptproduktionsländer und BRD [10^9 kg]
Sojabohne	107,8	USA 52,3; Brasilien 19,9; China 11,5
Baumwollsamen	33,8	USA 5,5; UdSSR 4,9; Indien 3,6
Raps	24,5	China 6,9; Indien 4,1; BRD 3,7
Erdnuß	23,1	Indien 7,2; China 6,6; USA 1,6
Sonnenblumensaat	22,1	UdSSR 6,5; Frankreich 2,3; BRD 0,05
Olive	9,2	Spanien 3,0; Italien 1,6; Griechenland 1,3
Kokosnuß	5,1	Philippinen 2,1; Indonesien 1,3; Indien 0,4
Palmkerne (*Elaeis guineensis*)	3,5	Malaysia 1,9; Indonesien 0,4; Nigeria 0,3
Öllein	2,6	Kanada 0,9; Argentinien 0,4; Indien 0,3
Sesam (indisch)	2,0	Indien 0,6; China 0,4; Myanmar 0,2
Rizinussamen	1,1	Indien 0,5; China 0,3; Brasilien 0,1

Handels- und Verarbeitungsprodukte

Vollständige Samen bzw. Früchte. Sie werden frisch oder konserviert, getrocknet, grob zerkleinert (Schrot), als Flocken (gewalzt), für die menschliche Ernährung und als Futtermittel (Körnerfutter für Vögel und Kleintiere) verwendet. Handelsprodukte: Z.B. Sesam, Leinsamenschrot, Sojaflocken.

Geschälte und verarbeitete Samen bzw. Früchte. Die Frucht- oder Samenschale wird entfernt. Handelspodukte: Z.B. Sojabohnen, geschält; Erdnüsse enthülst, geschält; Sonnenblumen-„Kerne", Kopra, Kokosflocken.

Fermentierte oder auf andere Weise verarbeitete Samen und Früchte. Dazu gehören Sojabohnen (siehe auch Kap. 2.1: Fermentierte und verarbeitete Samen) und Oliven (in Salzwasser eingelegt, z.T. fermentiert). Handelsprodukte: Z.B. Tafeloliven (grüne Oliven, schwarze Oliven), z.T. entsteint und gefüllt.

Rückstände der Ölgewinnung. Die bei der Ölgewinnung anfallenden Rückstände der Samen und Früchte, mit Ausnahme von Rizinus, werden wegen des Protein- und verbleibenden Fettgehaltes als Futtermittel genutzt. Je nachdem, ob das Öl durch Auspressen mit hydraulischen Plattenpressen oder mit Spindel- bzw. Schneckenpressen aus den zerkleinerten Samen gewonnen wird, fallen die Preßrückstände als Kuchen oder sog. Expeller an. Ölkuchen enthalten ca. 6 bis 10 %, Expeller ca. 4 bis 6 % Fett. Sehr effizient kann das Öl mit Lösungsmitteln (Hexan) extrahiert werden. Die anfallenden Rückstände kommen als sog. Extraktionsschrote mit Fettgehalten um 1 % in den Handel. Vielfach werden beide Verfahren (Pressen und Extraktion) miteinander kombiniert (Nehring 1965; Lennerts 1984; Menke u. Huss 1987). Handelsprodukte: Z.B. Sojaextraktionsschrot, dampferhitzt; Sonnenblumenextraktionsschrot, Rapsextraktionsschrot.

Rückstände der Schälung. Die bei der Schälung von Sojabohnen anfallenden Rückstände (Samenschalen und mehr oder weniger große Anteile des Keimlings) werden als Futtermittel und in der menschlichen Ernährung (Reduktionskost) verwendet. Handelsprodukt: Sojabohnenschalen (siehe auch Kap. 2.1).

3.2 Botanik

Kl. **Dicotyledoneae**,, Zweikeimblättrige Bedecktsamer

Arten (Reihenfolge nach Darstellung): *Glycine max* Merr. (Sojabohne, Fam. Fabaceae; siehe auch Kap. 2), *Arachis hypogaea* L. (Erdnuß, Fam. Fabaceae; siehe auch Kap. 2), Brassica nigra (L.) Koch, (Schwarzer Senf, Fam. Brassicaceae, siehe auch Kap. 6), *Brassica napus* L. ssp. *napus* (Raps, Fam. Brassicaceae), **Brassica juncea* (L.) Czern. ssp. *integrifolia* (West) Thell. (Indischer Braunsenf, Fam. Brassicaceae), **Brassica juncea* (L.) Czern. ssp. *juncea* (Sareptasenf, Fam. Brassicaceae), **Brassica carinata* A. Braun (Abessinischer Senf, Fam. Brassicaceae), *Linum usitatissimum* L. (Öllein Fam. Linaceae), *Sesamum indicum* L. (Indischer Sesam, Fam. Pedaliaceae), *Sesamum radiatum* Schum. et Thonn. (Afrikanischer Sesam, Fam. Pedaliaceae), *Gossypium* spp. (Baumwolle, Fam. Malvaceae), *Ceiba pentandra* (L.) Gaertn. (Kapok, Fam. Bombacaceae), *Helianthus annuus* L. (Sonnenblume, Fam. Asteraceae), *Guizotia abyssinica* (L.) Cass. (Nigersaat, Fam. Asteraceae), *Olea europaea* L. (Olive, Fam. Oleaceae), **Ricinus communis* L. (Rizinus, Fam. Euphorbiaceae), **Datura stramonium* L. (Stechapfel, Fam. Solanaceae).

Die Samen der mit * bezeichneten Arten sind wegen unverträglicher oder toxischer Inhaltsstoffe (siehe unten) nur bedingt oder gar nicht für die Futtermittelverarbeitung erlaubt (*Datura* ist keine ölliefernde Pflanze, siehe Kap. 3.4). Die Untersuchung von Handelsprodukten zeigt, daß dieses Verbot nicht immer eingehalten wird und der Nachweis (qualitativ und quantitativ) auf Samen oder Samenteile dieser Arten tatsächlich erforderlich ist (siehe Kap. 8).

Kl. **Monocotyledoneae**, Einkeimblättrige Bedecktsamer

Cocos nucifera L. (Kokospalme, Fam. Arecaceae), *Elaeis guineensis* Jacq. (Ölpalme, Fam. Arecaceae).

Fette sind in jeder lebenden Zelle nachweisbar, doch finden sich größere Mengen bei Pflanzen vor allem in den Zellen der Samen in Form von Fetttröpfchen (Oleosomen) und größeren Fettlakunen. Die gespeicherten Fette im Samen stellen wichtige Nährstoffreserven für die Keimlingsentwicklung dar. Innerhalb der Samen kann Fett in den Zellen des Endosperms (z.B. Kokosnuß, Ölpalme), der Kotyledonen (z.B. Erdnuß, Raps, Soja) oder in beiden (Lein, Sesam) gespeichert werden. Zusätzlich können noch andere Teile des Embryos (Plumula, Scutellum, z.B. bei Mais, Weizen) Öl speichern. Daneben wird bei einigen Pflanzen das Fruchtwandgewebe (Perikarp) zum

Fettspeicher ausgebildet (z.B. das Mesokarp bei Olive und Ölpalme, Abb. 3.15.1 und 3.17.1).

Oliven, Früchte der Öl- und Kokospalme

Die **Oliven** sowie die Früchte der **Öl- und Kokospalme** sind botanisch als Steinfrüchte zu bezeichnen. Die reifen Kokosnüsse weisen außen ein ledriges Exokarp auf; es folgt darunter ein faseriges Mesokarp und das steinharte Endokarp, das den Samen umschließt (Abb. 3.16.1). Unter der dünnen Samenschale ist ein dickes, festes Endosperm ausgebildet, das nach Trocknung als „Kopra" bezeichnet wird. Bei uns werden in den Läden meist nur die Steinkerne zum Verkauf angeboten, da das Mesokarp der Fasern wegen im Erzeugerland entfernt wurde.

Erdnuß

Die Fruchtentwicklung bei der **Erdnuß** weist einige Besonderheiten auf: Nach der Befruchtung wächst die Basis des Fruchtknotens zu einem langen Karpophor (Fruchtträger) heran, der den Fruchtknoten mit den Samenanlagen in den Boden schiebt, wo sich die Hülse bildet (Geokarpie). Sie bleibt geschlossen und verholzt. Die Frucht entspricht daher einer Nuß.

Sojabohne

Zahlreiche Samen enthalten neben dem gespeicherten Öl noch unverträgliche oder giftige Substanzen: **Sojabohnen** (in unterschiedlichem Maße auch die Samen anderer Leguminosen) enthalten hohe Aktivitäten von Protease-Inhibitoren, d.h. Verbindungen, die proteinspaltende Enzyme (Trypsin, Chymotrypsin und andere Proteasen) hemmen (allgemein als Trypsininhibitoren bezeichnet). Verzehr von inhibitorhaltigem Material kann zu Ernährungsstörungen führen. So wird nach Verfütterung von rohem Sojamehl der intestinale Proteinabbau blockiert. Damit ist eine unzureichende Nutzung der Nahrung verbunden, die letztlich zu Wachstums- und Leistungsminderung führt (Menke u. Huss 1987). Die ebenfalls in der Sojabohne enthaltenen (Phyto-)Hämagglutinine (Lektine) sind von geringerer Bedeutung. Bei der Verarbeitung von Soja zu Lebens- bzw. Futtermitteln (letztere insbesondere aus Rückständen der Ölgewinnung) werden Proteaseinhibitoren durch thermische Denaturierung mehr oder weniger vollständig inaktiviert.

Baumwoll-Samen

Die Samen sind von einem dichten Haarpelz bedeckt. Sie enthalten u.a. eine reaktionsfähige phenolische Verbindung – Gossypol –, die toxisch ist und bei der Ölraffination abgetrennt wird. In Futtermitteln, die aus den Rückständen der Ölgewinnung hergestellt werden, dürfen bestimmte Gossypolgehalte nicht überschritten werden.

Brassicaceen-Samen

Sie weisen z.T. charakteristische Glucosinolate (Thioglucoside, Senfölglucoside) auf. Diese werden bei Zerkleinerung der Samen durch das aus schlauchförmigen Myrosinzellen (Frohne u. Pfänder 1987) freigesetzte Enzym Myrosinase (Thioglucosidase) hydrolisiert, und es können sich Senföle (Isothiocyanate) bilden, die einen stechend scharfen Geruch und Geschmack haben und z.T. toxisch sind, wie das Allylsenföl Sinigrin. Es dominiert in den Samen des Schwarzen Senfes (*B. nigra*), des Sarepta- und des Indischen Senfes (*B. juncea* incl. Varietäten) sowie des Abessinischen Senfes (*B. carinata*), tritt jedoch nicht in Samen von Raps (*B. napus*) und Weißem Senf (*Sinapis alba*) auf. Als sog. unerwünschte Stoffe dürfen erstere Arten daher weder be- noch verarbeitet als Futtermittel in den Handel gebracht werden (Sülflohn 1994). Rückstände des Abessinischen Senfes wurden in früheren Jahren aus verschiedenen afrikanischen Ländern als sog.

Rapsexpeller importiert und verursachten in Futtermittel-Mischungen Erkrankungen nach der Verfütterung. Durch die große Ähnlichkeit der Samenschale mit der des Sarepta-Senfes war eine Identifizierung zunächst schwierig, und bis zur sicheren Klärung wurde bei diesen Rückständen als von einer „*Brassica*-Art vom Typ *Brassica juncea*" stammend, gesprochen, bis diese als *Brassica carinata* Braun bestimmt wurde (Vaughan 1956; hier noch als *Brassica integrifolia* (West) O.E. Schulz var. *carinata* A.Br. bezeichnet).

Neben den Glucosinolaten weisen Samen konventioneller Rapssorten im Fettsäuremuster einen hohen Anteil (30 bis 55 %) der ernährungsphysiologisch bedenklichen Erucasäure auf. Es gibt inzwischen Rapszüchtungen mit einem geringeren Gehalt an Erucasäure („0"-Sorten) und solche mit verminderten Gehalten von Erucasäure und Glucosilonat („00"-Sorten).

Rizinus-Samen

Toxische Inhaltsstoffe des Rizinus-Samens (z.B. das hochgiftige Ricin) machen die Rückstände der Rizinusölgewinnung zu „unerwünschten Stoffen" für die Futtermittelherstellung (Sülflohn 1994).

3.3 Bau und mikroskopische Diagnostik der öl- und fettliefernden Samen und Früchte

Untersuchungsmaterial

Frisch- bzw. Trockenmaterial, letzteres evtl. je nach Härte und Dicke der zu schneidenden Partien längere Zeit vor der Verwendung in Alkohol-Glycerin einlegen.

Reagenzien

Alkohol-Glycerin, Jod-Kaliumjodidlösung, Bradford-Reagenz, Chloralhydratlösung, Phloroglucin-HCl-Lösung, Sudanglycerin, Thioninlösung (siehe Kap. 8).

Präparation und Beobachtungen

Allgemeine Hinweise für die Präparation siehe Kap. 8.1.

- **Querschnitte** (quer zur Längsachse der Frucht bzw. des Samens) durch die äußeren Schichten bis in den Keimling (kleine Früchte und Samen ggf. in Kork oder Styropor einklemmen)
  Untersuchung im Wasserpräparat: Nachweis von Stärkekörnern.
  Untersuchung in Jod-Kaliumjodidlösung: Blaufärbung der Stärkekörner, Gelbfärbung der Aleuronkörner.
  Untersuchung in Bradford-Reagenz plus Wasser (Verhältnis 1:4): Blaugrünfärbung der Aleuronkörner.
  Untersuchung in erhitzter Chloralhydratlösung: Quellung bzw. Verkleisterung der Stärkekörner, Zerstörung anderer störender Inhaltsstoffe sowie Aufhellung und Quellung der Zellwände. Eine Untersuchung der Gewebestrukturen wird dadurch erleichtert; im Durchlicht: Nachweis der unterschiedlichen Zellstrukturen; im polarisierten Licht: Aufleuchten von Kristallen, von quellenden Schleimepidermen verschiedener Senfsaaten (nicht von Leinsamen!) und von verdickten Zellwänden.
  Untersuchung in Phloroglucin-HCl-Lösung (evtl. leicht erhitzen): Rotfärbung der verholzten Zellwände (Ligninreaktion).
  Untersuchung in Sudanglycerin: Rotgelbfärbung der Fetttropfen im Endosperm- bzw. Keimlingsgewebe.

Untersuchung in Thioninlösung: Violettfärbung der verschleimenden Epidermen (Lein- und Senfsamen).

- **Flächenschnitte in verschiedenen Schichten durch die Frucht- bzw. Samenschale und den Keimling** (bzw. Totalpräparate der Samenschale bei dünnschaligen Samen)
  Untersuchung in den verschiedenen Reagenzien wie beim Querschnitt.

Hinweis: Vergrößerungen der Abbildungen, wenn nicht anders angegeben, 200fach.

Tabelle 3.2. Mikroskopisch-diagnostische Merkmale von Sojabohnen und Erdnußsamen

	Soja *Glycine max* Merr.	Erdnuß *Arachis hypogaea* L.
Querschnitt		
Palisadenzellen		
Zellschicht	einschichtig	einschichtig
Radialwand	von innen nach außen zunehmend verdickt	von innen nach außen keilförmig verdickt
Trägerzellen		
Zellschicht	einschichtig	einschichtig
Zellform	„Sanduhr"-förmig	unregelmäßig, diagnostisch unwichtig
Parenchym		
Zellschicht	mehrschichtig	mehrschichtig
Keimblattzellen		
Zellform	inneres Keimblattgewebe mit länglichen Zellen	Epidermiszellen flach, inneres Keimblattgewebe mit rundlich-polygonalen Zellen (vgl. Mais: Scutellumgewebe, Kap. 1, Abb. 1.7 B und Kasten)
Zellwand	dünn, undeutlich getüpfelt	mäßig verdickt, deutlich getüpfelt
Zellinhalt	Öltropfen, Aleuronkörner, sehr kleine Stärkekörner, monokline Zwillingskristalle	Öltropfen, Aleuronkörner, Stärkekörner
Flächenschnitt		
Palisadenzellen		
Zellumen	je nach optischer Einstellung sternförmig bis rundlich	groß, von sägezahnartiger Wand umsäumt
Trägerzellen		
Zellform	polygonal mit innerem Doppelring	diagnostisch unwichtig

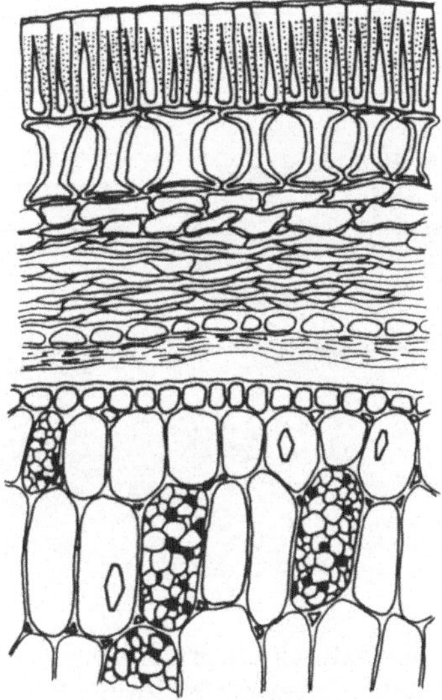

Abb. 3.1.1. Querschnitt durch Samenschale und Keimblattgewebe der Sojabohne. Zellen des Keimblattgewebes mit Kristallen, Aleuronkörnern und kleinkörniger Stärke (schwarz nach Jod-Kaliumjodidfärbung); Inhalt der Zellen teilweise gezeichnet; zusätzliche Erläuterungen s. Abb. 2.1 und Abb. 3.2.1

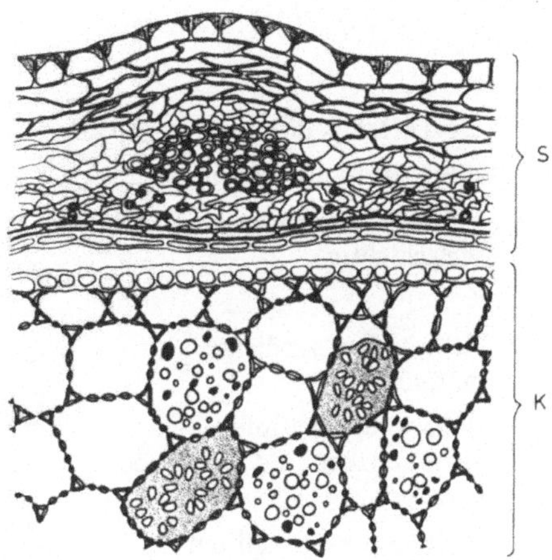

Abb. 3.2.1. Querschnitt durch Samenschale und Keimblattgewebe der Erdnuß. Zellen des Keimblattgewebes teilweise mit Aleuronkörnern und Stärkekörnern (schwarz nach Jod-Kaliumjodidfärbung), Zellwände getüpfelt; *S* Samenschale, *K* Keimblatt. (Aus Moeller-Griebel 1928)

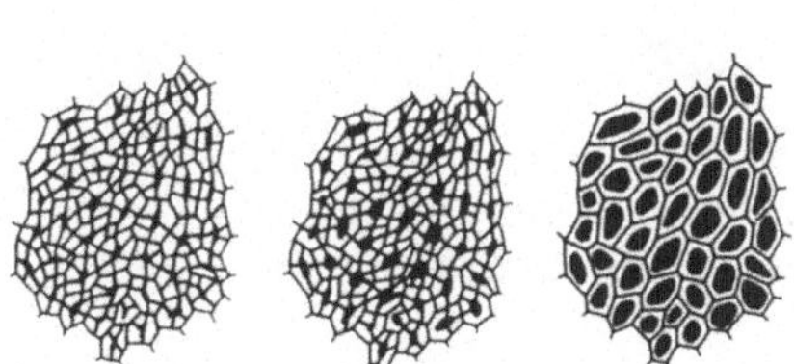

Abb. 3.1.2. Flächenansicht auf die Palisadenzellen der Sojabohne bei hoher, mittlerer und tiefer optischer Einstellung (Lumen: schwarz)

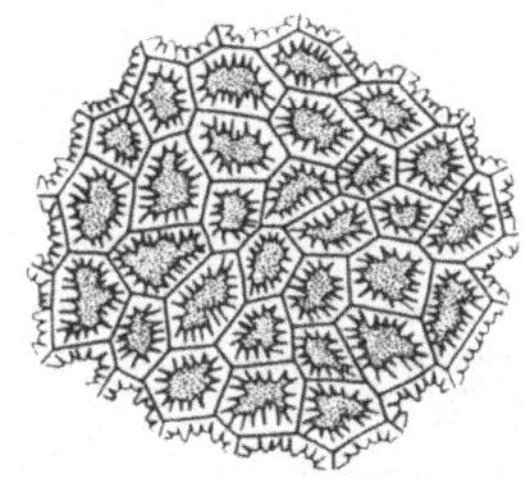

Abb. 3.2.2. Flächenansicht auf die Epidermis der Erdnuß-Samenschale (Lumen: punktiert)

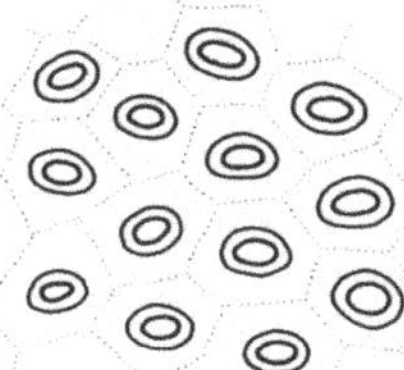

Abb. 3.1.3. Flächenansicht auf die Trägerzellen der Sojabohne; Erläuterungen s. Abb. 2.3

Tabelle 3.3. Mikroskopisch-diagnostische Merkmale der Erdnuß-Fruchtschale

	Erdnuß-Fruchtschale *Arachis hypogaea* L.
Querschnitt	
äußere Epidermis	
Zellform/-wand	± rechteckig, dünnwandig
Hypodermschichten	dünnwandig, korkähnlich, mit Steinzellen
Mesokarp	vielschichtig
Parenchym	Zellwände ± verdickt, getüpfelt
Sklerenchymzellen (Faserzellen)	dickwandig, getüpfelt, sich kreuzend und ineinander verzahnt
Gefäßbündel	in den emporgewölbten Partien der Fruchtschale
innere Epidermis	diagnostisch unwichtig
Flächenschnitt	
Hypoderm	
Steinzellen	± rechteckig, mäßig dickwandig, getüpfelt
Mesokarp	
Sklerenchymzellen (Faserzellen)	
Verlauf	sich kreuzend und ineinander verzahnt
Zellform	vielfältig: langgestreckt, gegabelt, verzweigt, geweihartig, stabförmig
Zellwand	stark verdickt, getüpfelt

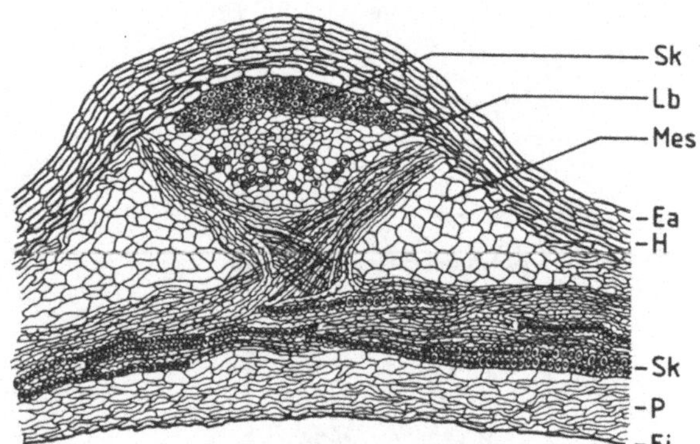

Abb. 3.2.3. Querschnitt durch die Fruchtschale der Erdnuß im Bereich der aufgewölbten Rippe; *Ea* und *Ei* äußere u. innere Epidermis, *H* Hypoderm, *Lb* Leitbündel, *Mes* Mesokarp, *P* Parenchym, *Sk* Sklerenchymzellen. (Nach Winton 1932, verändert)

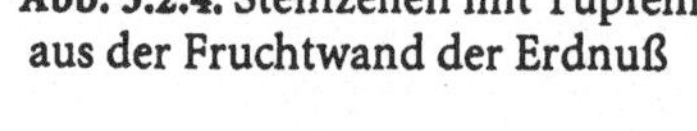

Abb. 3.2.4. Steinzellen mit Tüpfeln aus der Fruchtwand der Erdnuß

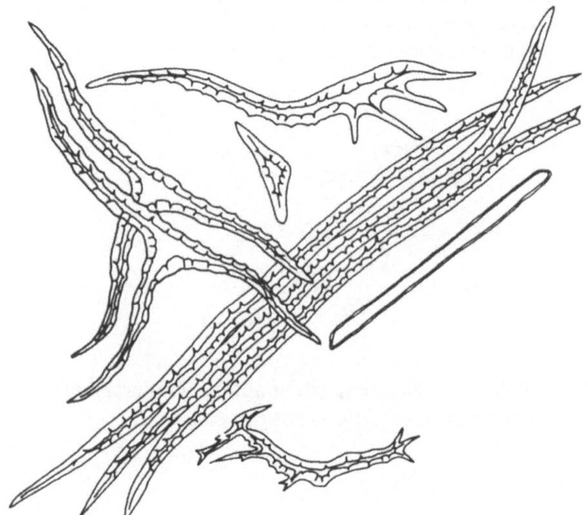

Abb. 3.2.5. Sklerenchymzellen (Faserzellen) aus der Fruchtwand der Erdnuß; Zellwand stark verdickt und getüpfelt

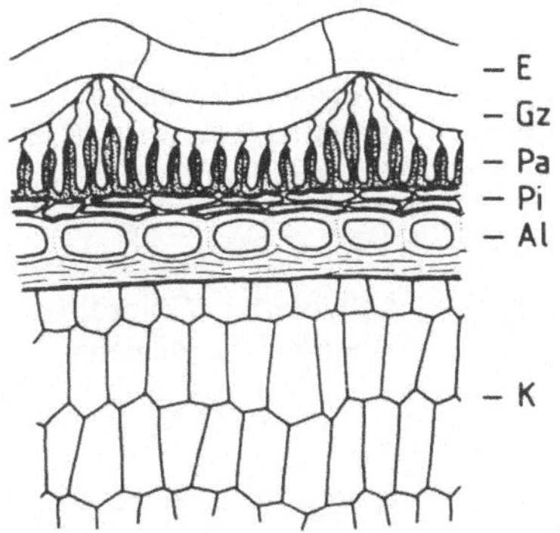

Abb. 3.3.1. Querschnitt durch einen Brassicaceensamen (*Brassica nigra*); *E* Epidermis, *Gz* Großzellen (bei anderen Brassicaceen häufig kollabiert), *Pa* Palisadenzellen, *Pi* Pigmentzellen, häufig undeutlich (diagnostisch unwichtig), *Al* Aleuronzellen, *K* Keimblatt; Zellen ohne Inhalt gezeichnet

Tabelle 3.4. Zusammenfassung der diagnostisch wichtigen Unterschiede im Aufbau der Samenschale bei Raps und Senfarten. Die diagnostischen Merkmale der als Gewürz genutzten Samen von Schwarzem und Weißem Senf (*Brassica nigra* und *Sinapis alba*) sind in Kap. 6 dargestellt

Art	Epidermiszellen Chloralhydrat-Präparat, erhitzt im polarisierten Licht	Samenschale im Aufsichtsbild Chloralhydrat-Präparat, erhitzt Felderung/Farbe
Raps *Brassica napus*	nicht quellend	nicht gefeldert/braun
Ind. Braunsenf *Brassica juncea* ssp. *integrifolia*	nicht quellend	gefeldert/braun („Maschennetz“)
Sareptasenf *B. juncea* ssp. *juncea*	quellend/deutlich leuchtend (Schleim)	gefeldert/braun („Maschennetz“)
Abessinischer Senf *B. carinata*	quellend/deutlich leuchtend (Schleim)	gefeldert/braun („Maschennetz“)
Schwarzer Senf *B. nigra*	nicht quellend	gefeldert/braun („Maschennetz“)
Weißer Senf (Gelbsenf) *Sinapis alba*	quellend/deutlich leuchtend (Schleim)	nicht gefeldert/farblos

Tabelle 3.5. Mikroskopisch-diagnostische Merkmale der Samen von Raps, Indischem Braunsenf, Sareptasenf und Abessinischem Senf

	Raps *Brassica napus* L. ssp. *napus*	Indischer Braunsenf *Brassica juncea* (L.) Czern. ssp. *integrifolia* (West) Thell.
Querschnitt		
Epidermis	kollabiert, in Chloralhydratlösung nicht quellend	kollabiert, in Chloralhydratlösung nicht quellend
Palisadenzellen		
Höhe	gleichmäßig, ca. 30–35 µm	unterschiedlich, 16–32 µm
Radialwände	in voller Höhe verdickt	in voller Höhe verdickt
Pigmentschicht	diagnostisch unwichtig	diagnostisch unwichtig
Aleuronschicht	mäßig verdickte, große Zellen	wie bei Raps
Innenschichten	diagnostisch unwichtig	diagnostisch unwichtig
Keimblattzellen		
Zellform/-wand	lang-rechteckig, dünnwandig	wie bei Raps
Zellinhalt	Fetttropfen, Aleuronkörner	wie bei Raps
Flächenschnitt		
Epidermis	in Chloralhydratlösung, keine Quellung (keine Schleimbildung)	in Chloradhydratlösung, keine Quellung (keine Schleimbildung)
Palisadenzellen	mosaikartig, einheitliche Braunfärbung	mosaikartig, unterschiedlich starke Braunfärbung
Maschenzeichnung	keine	deutlich

	Sareptasenf *Brassica juncea* (L.) Czern. ssp. *juncea*	Abessinischer Senf *Brassica carinata* A. Braun.
Querschnitt		
Epidermis	in Chloralhydratlösung stark quellend	Chloralhydratlösung stark quellend
Palisadenzellen		
Höhe	unterschiedlich:. 15–25 µm	unterschiedlich, 18–27 µm
Radialwände	in voller Höhe verdickt	im äußeren Teil unverdickt
Pigmentschicht	diagnostisch unwichtig	diagnostisch unwichtig
Aleuronschicht	wie bei Raps	wie bei Raps
Innenschichten	diagnostisch unwichtig	diagnostisch unwichtig
Keimblattzellen	wie bei Raps	wie bei Raps
Flächenschnitt		
Epidermis	in Chloralhydratlösung, starke Quellung (Schleimbildung), im pol. Licht deutliche Balkenkreuze	in Chloradhydratlösung, starke Quellung (Schleimbildung) im pol. Licht deutliche Balkenkreuze
Palisadenzellen	mosaikartig, unterschiedlich starke Braunfärbung	mosaikartig, unterschiedlich starke Braunfärbung
Maschenzeichnung	deutlich	deutlich

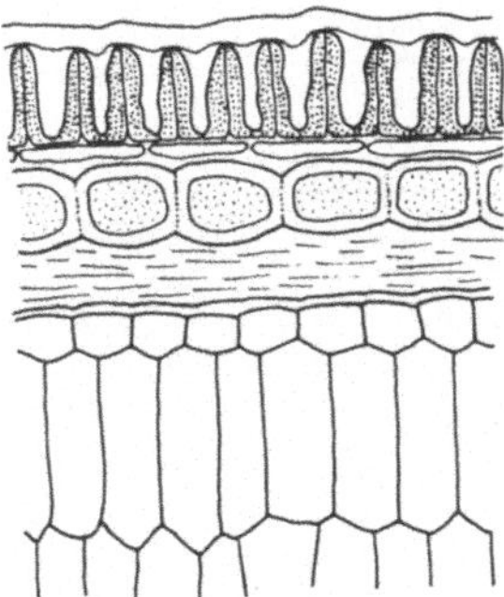

Für alle Abb.:
Siehe auch
Abb. 3.3.1 und
Tab. 3.4

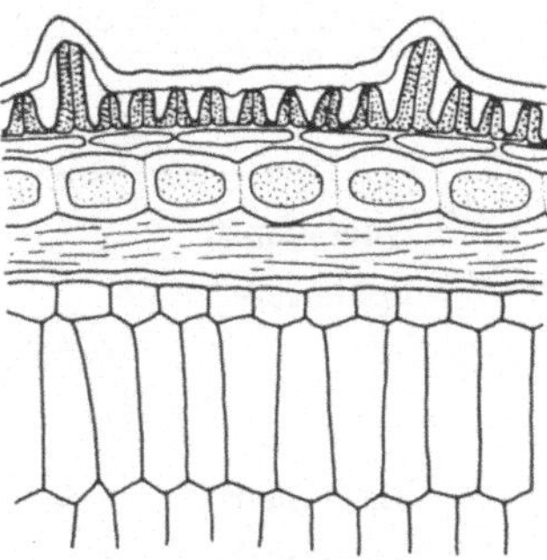

Abb. 3.4.1. Querschnitt durch Samenschale und Keimblattgewebe des Rapssamens

Abb. 3.5.1. Querschnitt durch Samenschale und Keimblattgewebe von Indischem Braunsenf

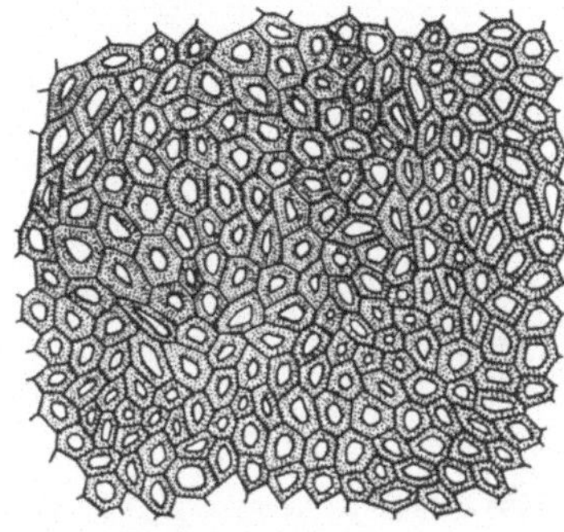

Abb. 3.4.2. Flächenansicht auf die Raps-Samenschale

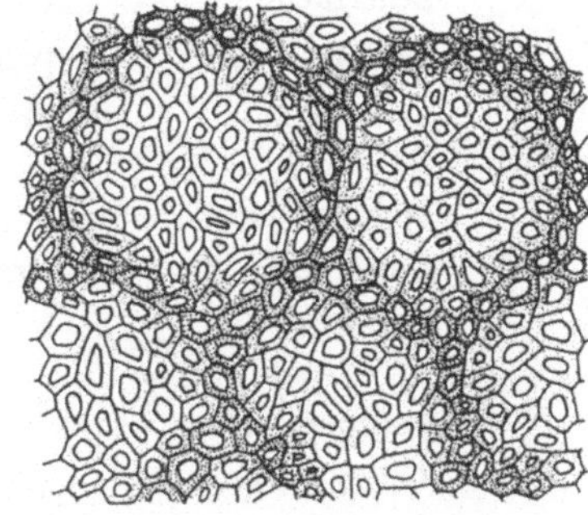

Abb. 3.5.2. Flächenansicht auf die Samenschale von Indischem Braunsenf

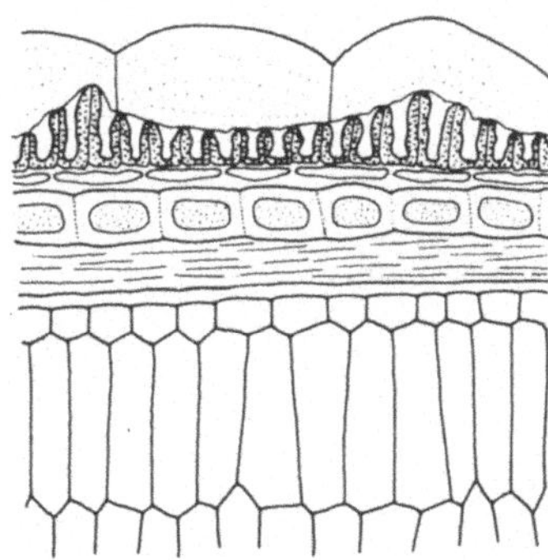

Abb. 3.6.1. Querschnitt durch Samenschale und Keimblattgewebe von Sareptasenf; Epidermis in gequollenem Zustand

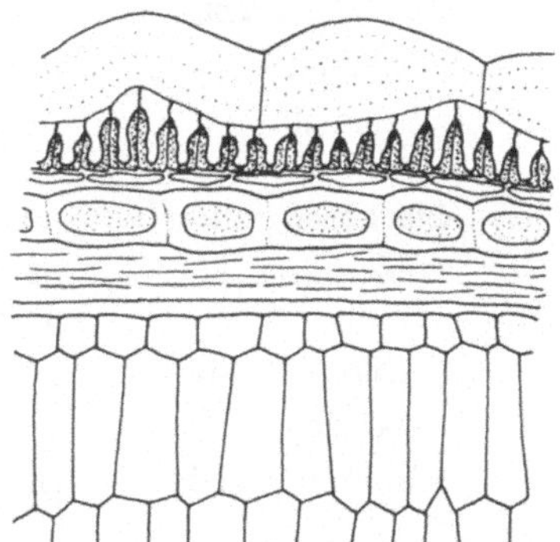

Abb. 3.7.1. Querschnitt durch Samenschale und Keimblattgewebe von Abessinischem Senf; Epidermis in gequollenem Zustand

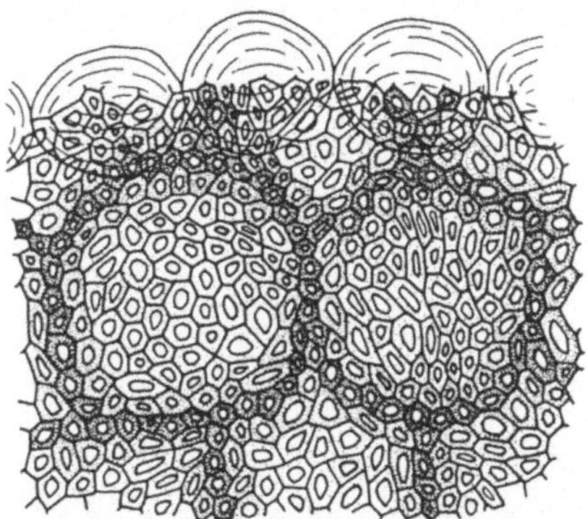

Abb. 3.6.2. Flächenansicht auf die Samenschale von Sareptasenf; am Rande gequollene Epidermiszellen

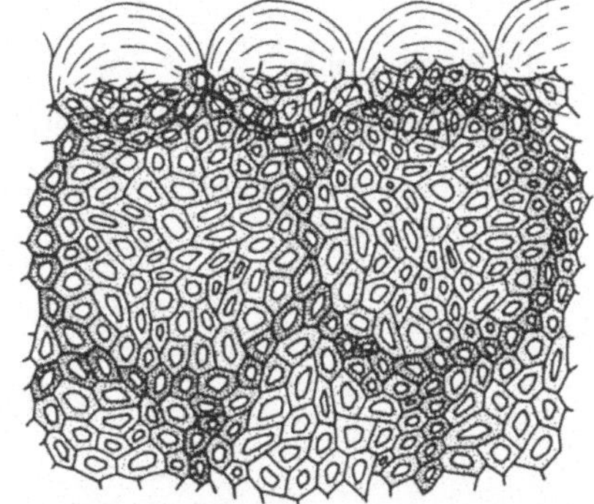

Abb. 3.7.2. Flächenansicht auf die Samenschale von Abessinischem Senf; am Rande gequollene Epidermiszellen

Tabelle 3.6. Mikroskopisch-diagnostische Merkmale von Leinsamen

	Leinsamen *Linum usitatissimum* L.
Querschnitt	
Epidermis	große, farblose Zellen mit deutlicher Kutikula; in Wasser schichtweise aufquellend und die Kutikula sprengend
Ringzellen	
Zellschicht	ein- bis zweischichtig
Sklerenchymzellen (Längsfasern)	
Zellschicht	einschichtig
Zellform/-wand	palisadenartig, Radialwände verdickt
Querzellen	diagnostisch unwichtig
Pigmentzellen	
Zellschicht	einschichtig
Zellform	± quadratisch, mit braunem Inhalt
Endospermzellen	
Zellschicht/-wand	mehrschichtig, Zellwände leicht verdickt
Zellinhalt	Fetttropfen
Keimblattzellen	
Zellwand	dünnwandig
Zellinhalt	Fetttropfen, Aleuronkörner
Flächenschnitt	
Epidermiszellen	bei Wasserzutritt stark aufquellend, mit abreißender Kutikula
Zellform/-wand	polygonal, dünnwandig
Ringzellen	
Zellform/-wand	ringförmig, mäßig dickwandig
Sklerenchymzellen (Faserzellen)	
Zellform/-wand	schmal, langgestreckt; dickwandig, deutlich getüpfelt
Pigmentzellen	
Zellform	quadratisch mit braunem, tafelförmigem Inhalt, leicht herausfallend

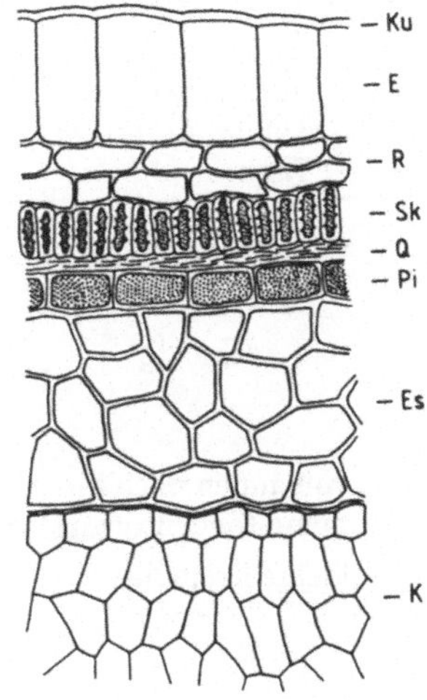

Abb. 3.8.1. Querschnitt durch den Leinsamen: Samenschale, Endosperm und Keimblatt; *Ku* Kutikula, *E* Epidermis, *R* Ringzellen, *Sk* Sklerenchymzellen, *Q* Querzellen, *Pi* Pigmentzellen, *Es* Endosperm, *K* Keimblatt; Zellen ohne Inhalt gezeichnet

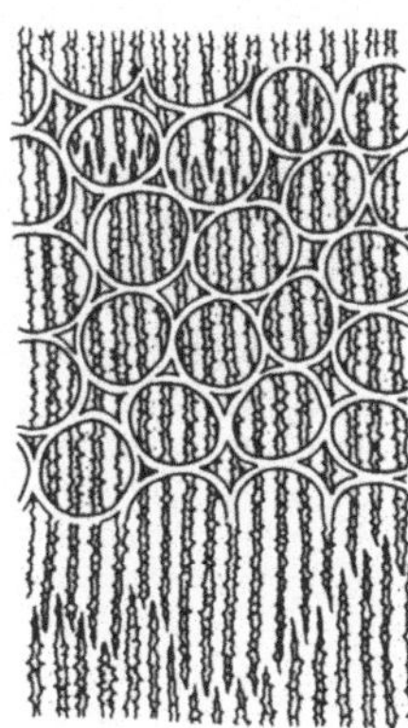

Abb. 3.8.2. Flächenansicht auf die Ring- und Sklerenchymzellen von Leinsamen

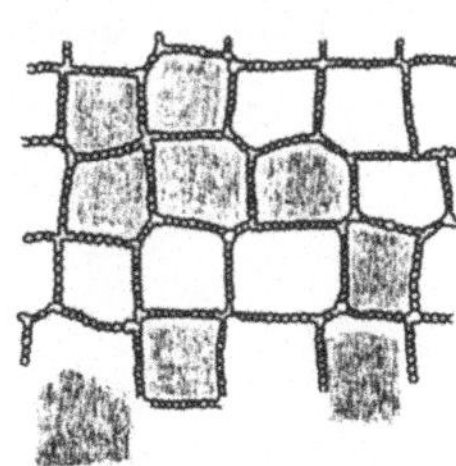

Abb. 3.8.3. Flächenansicht auf die Pigmentzellen von Leinsamen

Tabelle 3.7. Mikroskopisch-diagnostische Merkmale von Indischem und Afrikanischem Sesam

	Indischer Sesam *Sesamum indicum* L.	Afrikanischer Sesam *Sesamum radiatum* Schum. et Thonn.
Querschnitt		
Epidermiszellen		
Zellform	palisadenartig, gestreckt, an den Rippen des Samens emporgewölbt	palisadenartig
Zellwand	dünnwandig, leicht gewellt	von außen nach innen zunehmend (bogenförmig) verdickt
Zellinhalt	im äußeren Teil der Zellen Kristallansammlungen, leicht zerfallend; die Zellen der Rippen sind kristallfrei	kleine Kristalle
Parenchym	diagnostisch unwichtig	diagnostisch unwichtig
Endospermzellen		wie bei Indischem Sesam
Zellschicht	mehrschichtig	
Zellform	rundlich-polygonal	
Zellwand	schwach verdickt	
Zellinhalt	Fetttropfen, Aleuronkörner	
Keimblattzellen		wie bei Indischem Sesam
Zellschicht	vielschichtig	
Zellform	rundlich, innen palisadenartig gestreckt	
Zellwand	dünnwandig	
Zellinhalt	Fetttropfen, Aleuronkörner	
Flächenschnitt		
Epidermiszellen	rundlich mit großen, kugeligen Kristallansammlungen (pol. Licht!); unterbrochen von den kristallfreien Zellen der Rippen	mosaikartig, meist gelblich bis braun; im polarisierten Licht kleine Kristalle erkennbar

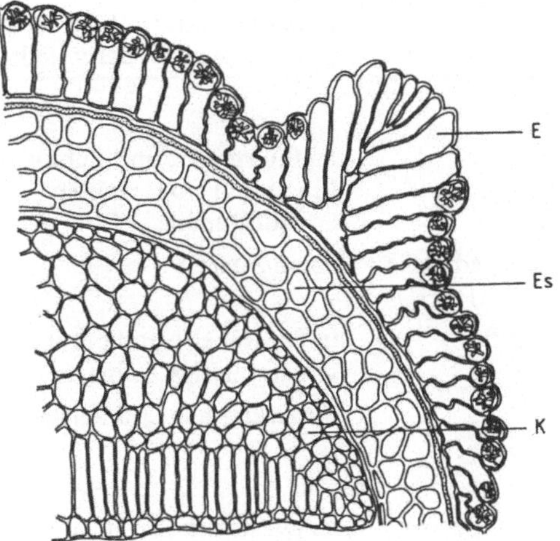

Abb. 3.9.1. Querschnitt durch Samenschale, Endosperm- und Keimblattgewebe von Indischem Sesam; *E* Epidermiszellen, in hochgewölbter Rippe ohne Kristallansammlungen, *Es* Endosperm, *K* Keimblatt (Aus Moeller-Griebel 1928, verändert)

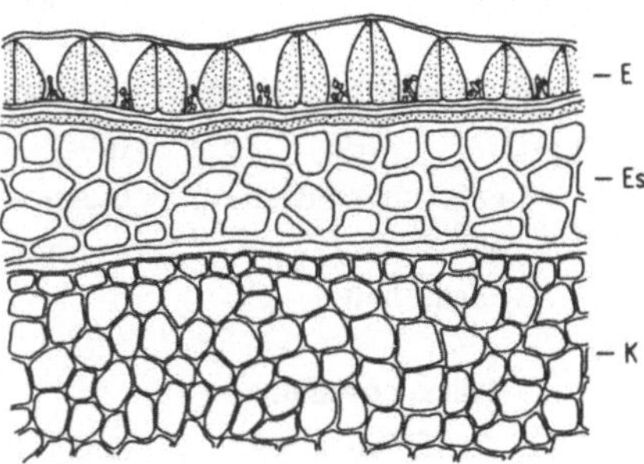

Abb. 3.10.1. Querschnitt durch Samenschale, Endosperm- und Keimblattgewebe von Afrikanischem Sesam; Erläuterungen s. Abb. 3.9.1

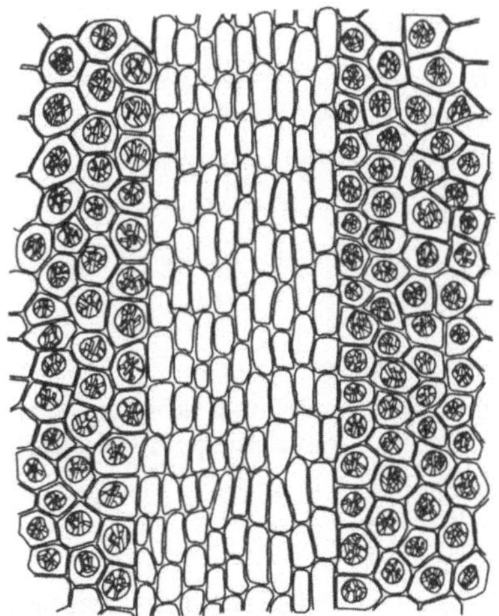

Abb. 3.9.2. Flächenansicht auf die Epidermis der Samenschale von Indischem Sesam im Bereich einer hochgewölbten Rippe (Mitte); Erläuterungen s. Abb. 3.9.1

Abb. 3.10.2. Flächenansicht auf die Epidermis der Samenschale von Afrikanischem Sesam

Tabelle 3.8. Mikroskopisch-diagnostische Merkmale von Baumwoll- und Kapoksamen

	Baumwollsamen *Gossypium* ssp.	Kapoksamen *Ceiba pentandra* (L.) Gaertn. (nur z.T. in Abb. dargestellt)
Querschnitt		
Epidermiszellen	breit palisadenartig, unregelmäßig dickwandig mit dunklem Inhalt	mäßig verdickt mit dunklem Inhalt und eingesenkten Spaltöffnungen
Haare	einzellig, lang, breit, gedreht („Bandnudel"-ähnlich)	keine Haare
Parenchymzellen außen	diagnostisch unwichtig	in der Nabelregion braune schleimhaltige Zellpartien
Zellinhalt		Einzelkristalle und Kristalldrusen
Palisadenzellen		
Zellform	langgestreckt (ca. 150 µm)	langgestreckt (ca. 100 µm)
Zellwand	starke, im oberen Teil „tropfenartige" Verklumpung	starke, im oberen Teil „tropfenartige" Verklumpung
Parenchymzellen innen	diagnostisch unwichtig	diagnostisch unwichtig
Nucellarrest		
Zellschicht	einschichtig	einschichtig
Zellwand	Radialwände getüpfelt	Radialwände getüpfelt
Endosperm	diagnostisch unwichtig	diagnostisch unwichtig
Keimblattzellen		
Zellform/-wand	kleinzellig, dünnwandig	kleinzellig, dünnwandig
Zellinhalt	Fetttropfen, Aleuronkörner, vereinzelt kleine Kristalldrusen	Fetttropfen, Aleuronkörner, keine Kristalle
Sekretbehälter	groß, rundlich mit schwarzrotem Inhalt (Gossypol)	keine Sekretbehälter
Flächenschnitt		
Epidermis		
Zellform	groß, unregelmäßig; Zellen um die runden Haarbasen rosettenförmig angeordnet	polygonal (korkähnlich) mit tiefliegenden Spaltöffnungen
Parenchym außen	diagnostisch unwichtig	
Zellinhalt		Drusen und rhombische Einzelkristalle
Palisadenzellen		
Zellform/-wand	polygonal, dickwandig mit kleinem, gezackten Lumen, an den Abbruchstellen abspreizend	polygonal, dickwandig mit kleinem, gezackten Lumen, an den Abbruchstellen abspreizend
Nucellarrest		
Zellform/-wand	rundlich-polygonal, „fransig" getüpfelt	polygonal, Tüpfelung deutlicher als bei Baumwollsamen

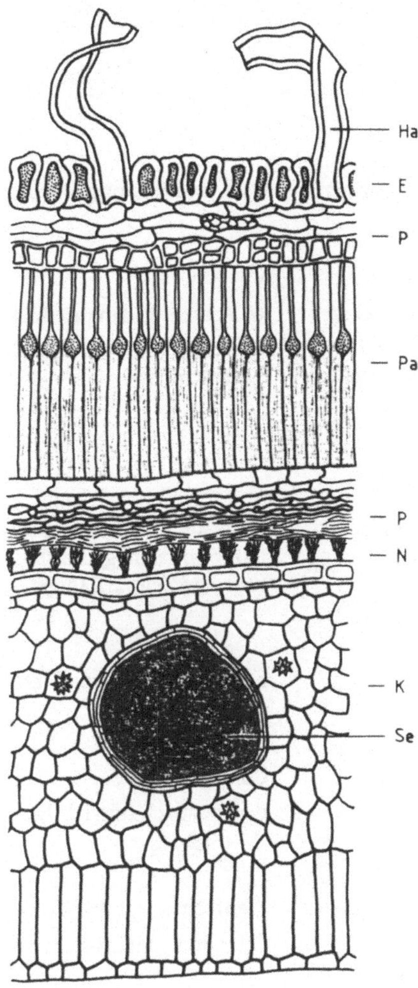

Abb. 3.11.1. Querschnitt durch Samenschale und Keimblattgewebe des Baumwollsamens mit Haaransatz und Sekretbehälter; *Ha* Haar, *E* Epidermis, *P* Parenchym, *Pa* Palisadenzellen, *N* Nucellus, *K* Keimblatt, *Se* Sekretbehälter

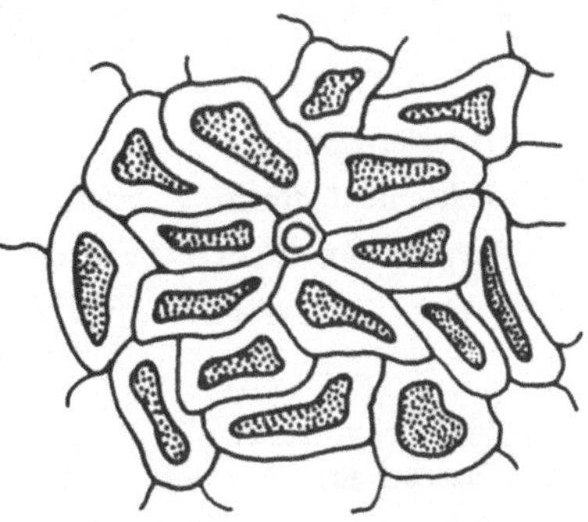

Abb. 3.11.2. Flächenansicht auf die Epidermis des Baumwollsamens mit Haaransatzstelle

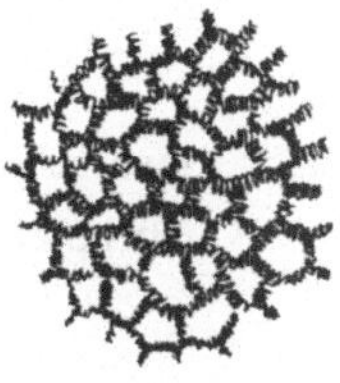

Abb. 3.11.3. Flächenansicht auf das Nucellusgewebe des Baumwollsamens

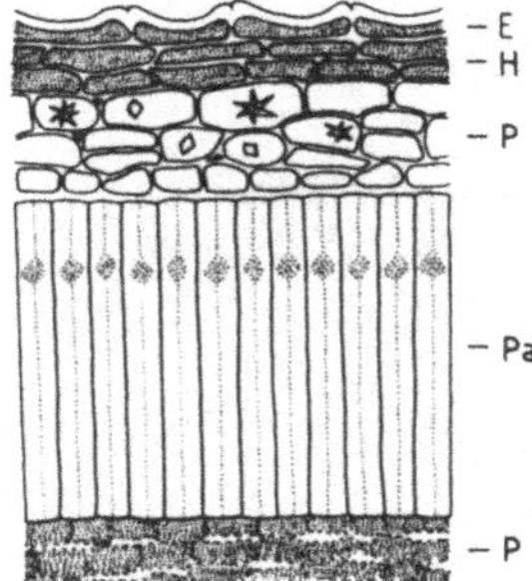

Abb. 3.12.1. Querschnitt durch die Samenschale des Kapoksamens; *H* Hypoderm, weitere Erläuterungen s. Abb. 3.11.1. (Nach Gassner et al. 1989, verändert)

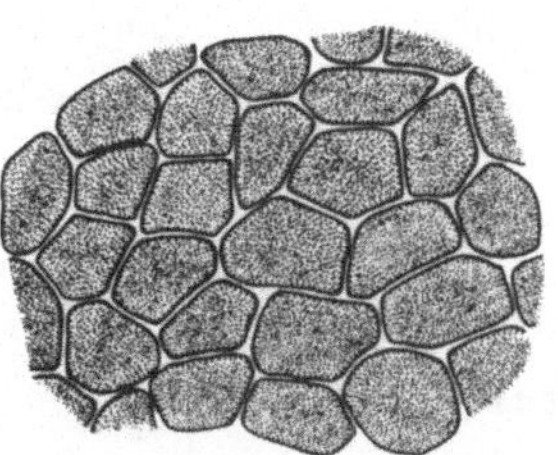

Abb. 3.12.2. Flächenansicht auf die Epidermis des Kapoksamens

Tabelle 3.9. Mikroskopisch-diagnostische Merkmale von Sonnenblumen- und Nigersaat

	Sonnenblume *Helianthus annuus* L.	Nigersaat *Guizotia abyssinica* (L.) Cass.
Querschnitt Fruchtwand		
Epidermiszellen	dünnwandig, mit Haaransatzstellen	dünnwandig, ohne Haare
Hypodermzellen		
Zellschicht/-form	mehrschichtig, ± rechteckig	einschichtig, ± hantelförmig
Phytomelanschicht	zwischen Hypoderm und Faserschicht (nicht bei weißen Früchten)	zwischen Hypoderm und Faserschicht
Sklerenchymzellen (Faserzellen)		
Zellschicht/-wand	vielschichtig, dickwandig, getüpfelt, durch dünnwandige Zellreihen getrennt	vielschichtig, dickwandig, getüpfelt, bündelartig, durch dünnwandige Zellpartien getrennt
Parenchymzellen		
Zellschicht/-wand	mehrschichtig, dünnwandig	mehrschichtig, kollabiert
Querschnitt Samen		
Samenschale	diagnostisch unwichtig	dünnwandig
Endospermzellen	diagnostisch unwichtig	diagnostisch unwichtig
Keimblattzellen		
Zellschicht/-form	mehrschichtige Palisadenzellen	mehrschichtige Palisadenzellen
Zellinhalt	Öltropfen, Aleuronkörner	Öltropfen, Aleuronkörner
Flächenschnitt Fruchtwand		
Epidermiszellen		
Zellform/-wand	langgestreckt, dünnwandig, getüpfelt	gestreckt, dünnwandig, ungetüpfelt
Haare	Zwillingshaare, dünnwandig, bis 0,5 mm lang	ohne Haare
Hypodermzellen		
Zellform/-wand	± rechteckig, dünnwandig, feinporig getüpfelt	dünnwandig
Zellinhalt	diagnostisch unwichtig	braun, ± hantelförmig
Phytomelanschicht	braunschwarz, in Verbindung mit den Faserzellen breitlängsstreifig	braunschwarz, in Verbindung mit den Faserzellen „Straßen"-ähnlich gestreckt
Faserschicht	dickwandig, getüpfelt	dickwandig, getüpfelt
Flächenschnitt Samen		
Samenschale		
Epidermis	diagnostisch unwichtig	
Zellform/-wand		wellig-buchtig, Zellwand getüpfelt mit feinen, leistenförmigen Verdickungen auf den Flachseiten

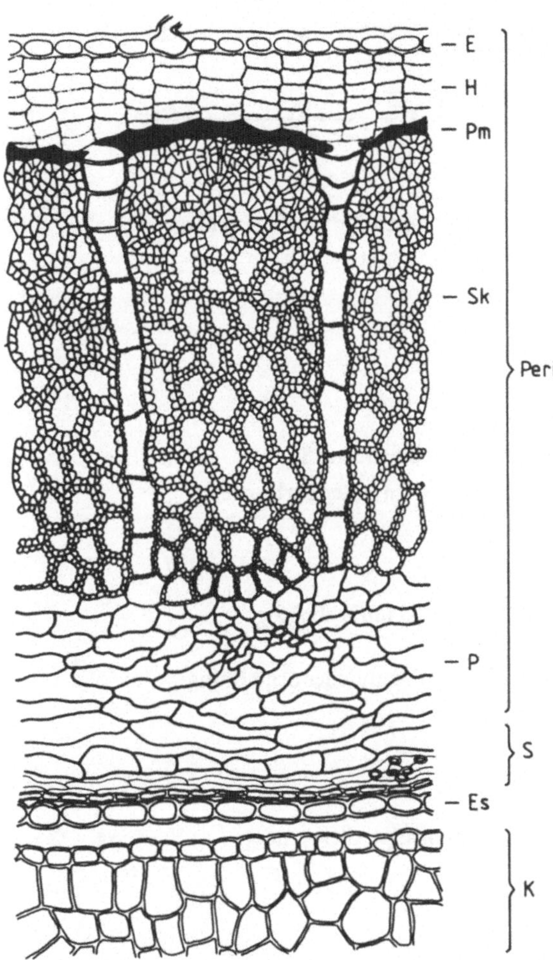

Abb. 3.13.1. Querschnitt durch Fruchtschale und Keimblattgewebe der Sonnenblumen-Frucht mit Haaransatz (Zellinhalt nicht eingezeichnet); *E* Epidermis, *H* Hypodermzellen, *Pm* Phytomelan, *Sk* Sklerenchymfasern, *P* Parenchym, *Es* Endosperm, *Peri* Perikarp, *S* Samenschale, *K* Keimblatt

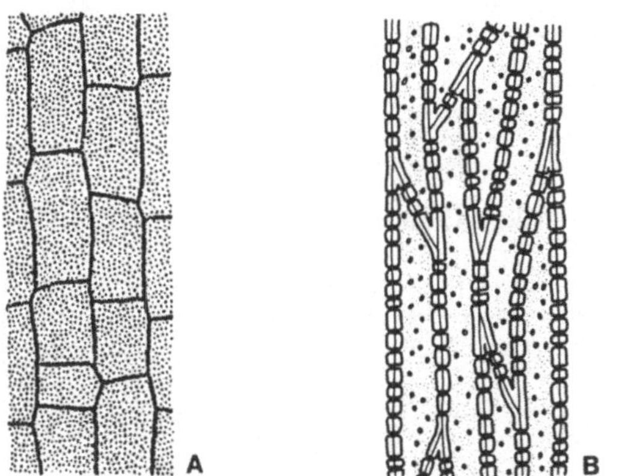

Abb. 3.13.2 A, B. Flächenansicht auf **A** die Hypodermzellen, **B** die Sklerenchymfasern der Sonnenblumen-Fruchtschale

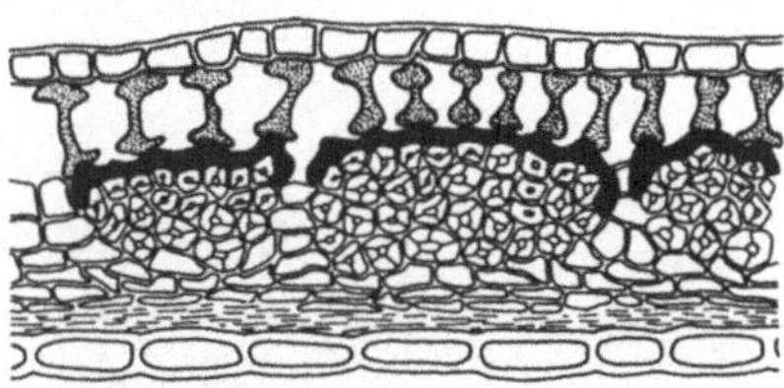

Abb. 3.14.1. Querschnitt durch Fruchtwand, Samenschale und Endospermschicht von Nigersaat; Erläuterungen s. Abb. 3.13.1. (Aus Moeller-Griebel 1928, verändert)

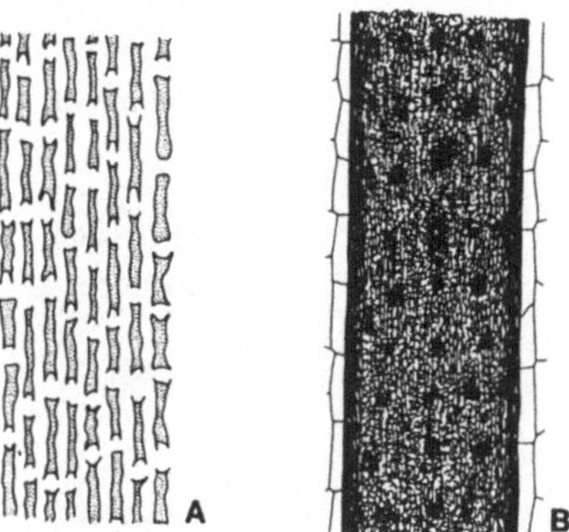

Abb. 3.14.2 A, B. Flächenansicht auf **A** die Hypodermzellen, **B** die Phytomelanschicht (seitlich mit dünnwandigen Zellen) der Nigersaat-Fruchtschale

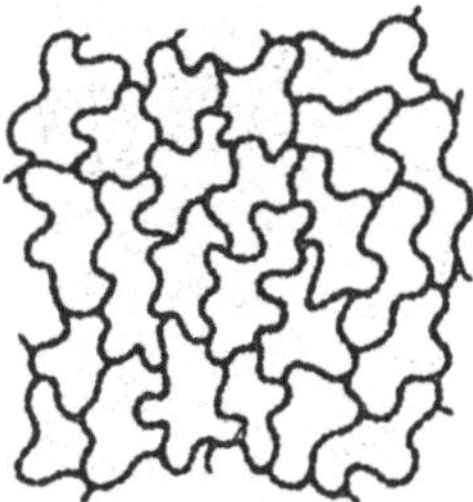

Abb. 3.14.3. Flächenansicht auf die Samenschale von Nigersaat; Epidermiszellen mit feinen, leistenförmigen Verdickungen

Abb. 3.13.3. Zwillingshaar der Sonnenblumenfrucht

Tabelle 3.10. Mikroskopisch-diagnostische Merkmale der Olivenfrucht

	Olive *Olea europaea* L.
Querschnitt Fruchtwand	
Epidermis	
Zellwand/-inhalt	mäßig verdickt, roter Farbstoff bei reifen Früchten
Mesokarp	
Zellschicht	vielschichtig
Parenchymzellen	
Zellwand	dünnwandig
Zellform	nach innen zunehmend größer
Zellinhalt	zahlreiche Öltropfen, roter Farbstoff bei reifen Früchten
Steinzellen	
Zellform	geweihähnlich und unregelmäßig verzweigt
Zellwand	stark verdickt mit deutlicher Schichtung und Tüpfelung
Endokarp	
Zellschicht	vielschichtig
Zellform/-wand	runde bis stabförmige, dickwandige Steinzellen
Querschnitt Samen	
Samenschale	
Zellschicht/-wand	mehrschichtig, ± dünnwandig
Zellinhalt	kleine, unregelmäßig geformte Kristalle
Endosperm	
Zellschicht	vielschichtig
Zellinhalt	Öltropfen, Aleuronkörner
Keimling	
Zellform/-wand	kleinzellig, dünnwandig
Zellinhalt	Öltropfen, Aleuronkörner
Flächenschnitt Fruchtwand	
Epidermiszellen	
Zellform/-wand	± rundlich, mäßig dickwandig
Flächenschnitt Samen	diagnostisch unwichtig

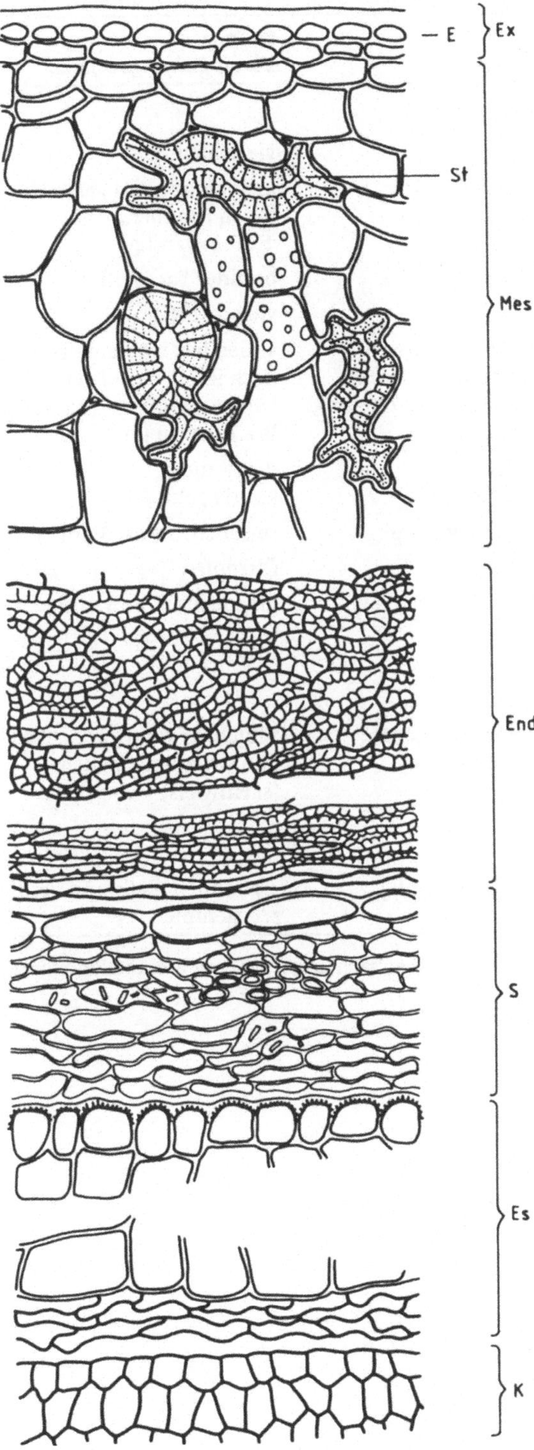

Abb. 3.15.2. Querschnitt durch Fruchtwand und Samen der Olive. Zellinhalt nur bei einigen Zellen gezeichnet (Fetttropfen in Mesokarpzellen, Kristalle in Zellen der Samenschale); *E* Epidermis, *St* Steinzelle, *Ex* Exokarp, *Mes* Mesokarp, *End* Endokarp, *S* Samenschale, *Es* Endosperm, *K* Keimblatt. End und Es nicht in voller Breite

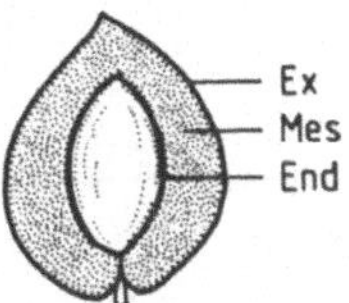

Abb. 3.15.1. Querschnitt durch die Olivenfrucht (schematisiert); nat. Größe; Fruchtwand (Perikarp) aus Exo-, Meso- und Endokarp (*Ex, Mes, End*), den Samen umschließend

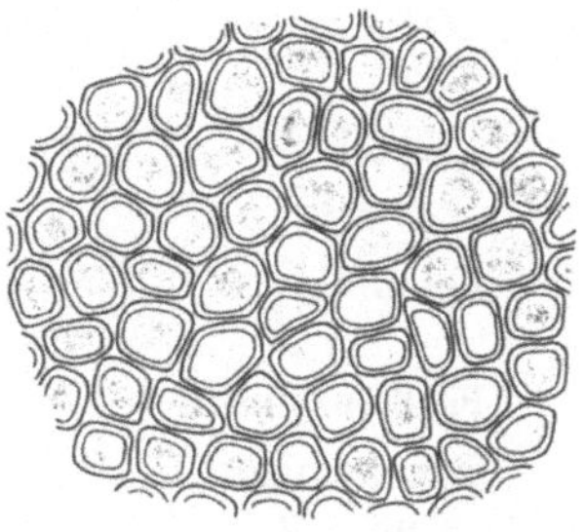

Abb. 3.15.3. Flächenansicht auf die Epidermis der Oliven-Fruchtwand

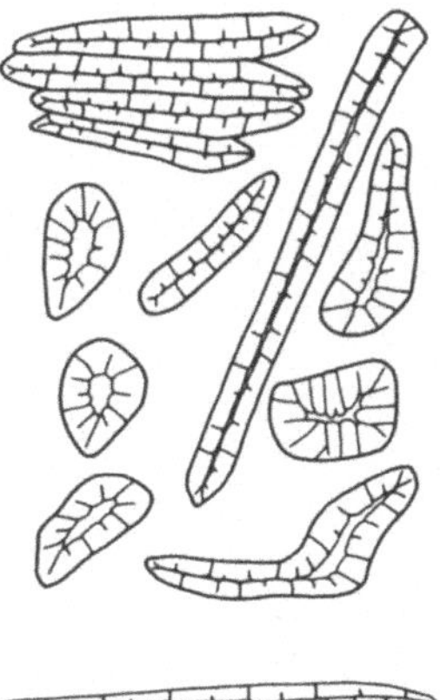

Abb. 3.15.4. Steinzellen aus dem Endokarp der Fruchtwand

Tabelle 3.11. Mikroskopisch-diagnostische Merkmale von Kopra und Palmkern

	Kopra *Cocos nucifera* L.	Palmkern *Elaeis guineensis* Jacq.
Querschnitt		
Samenschale	vielschichtig	vielschichtig
Zellform/-wand	klein, tangential gestreckt, innen rundlich, ± dünnwandig	klein, tangential gestreckt, innen rundlich, ± dünnwandig
Zellinhalt	brauner Farbstoff	brauner Farbstoff
Endospermzellen	vielschichtig	vielschichtig
Zellform	außen fast isodiametrisch, nach innen radial gestreckt; Länge ca. 300 μm (bis 700 μm), Breite ca. 50 μm	außen fast isodiametrisch, nach innen radial gestreckt; Länge ca. 100 μm (bis 165 μm), Breite ca. 40 μm
Zellwand	dünnwandig, vereinzelt getüpfelt	dickwandig, knotig getüpfelt
Tüpfel	diagnostisch unwichtig	rundlich, bis ca. 8 μm
Zellinhalt	Öltropfen	Öltropfen
Keimling	diagnostisch unwichtig	diagnostisch unwichtig
Flächenschnitt		
Samenschale		
Zellform/-wand	Schichten von rundlichen, dünnwandigen Zellen (s. Hinweis)	Schichten von rundlichen, dünnwandigen Zellen (s. Hinweis)
Endospermzellen		
Zellform/-wand	± rundlich, dünnwandig	± rundlich, Zellwand verdickt, z.T. getüpfelt

Hinweis: Vereinzelt auf der Samenschale zu beobachtende größere Steinzellen stammen von Resten des Endokarps.

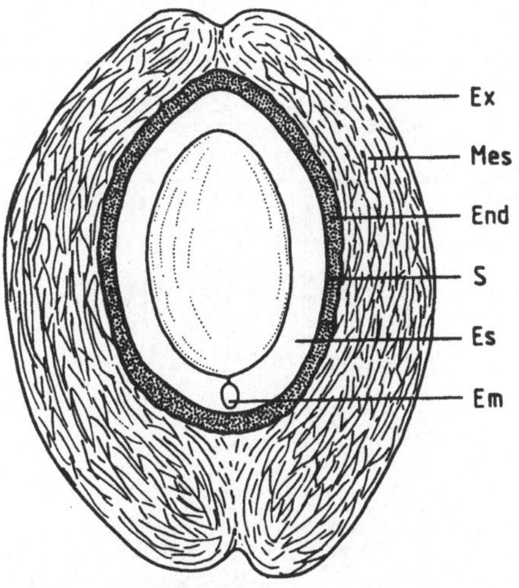

Abb. 3.16.1. Querschnitt durch die Kokosnuß (schematisiert), ca. 1/3 nat. Größe; *Ex* Exokarp, *Mes* Mesokarp, *End* Endokarp, *S* Samenschale, *Es* Endosperm, *Em* Embryo

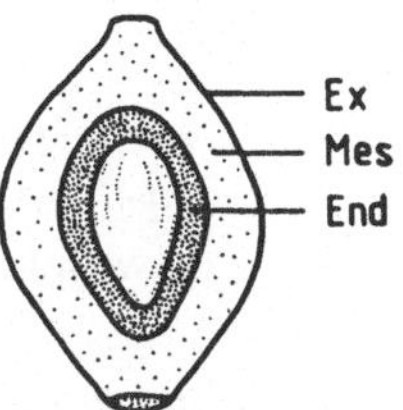

Abb. 3.17.1. Querschnitt durch die Ölpalmfrucht (*Elaeis guineensis*), schematisiert, ca. ½ nat. Größe. Palmkern (Endokarp plus Samen) von Exo- und Mesokarp (*Ex, Mes*) umschlossen

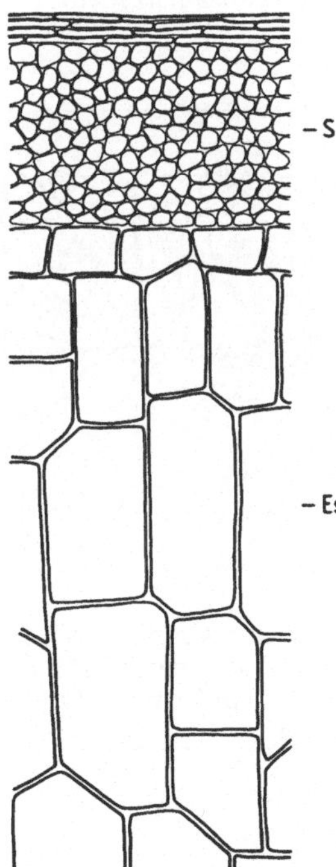

Abb. 3.16.2. Querschnitt durch Samenschale und Endospermgewebe der Kokosnuß (Zellen ohne Zellinhalt gezeichnet); Erläuterungen s. Abb. 3.16.1

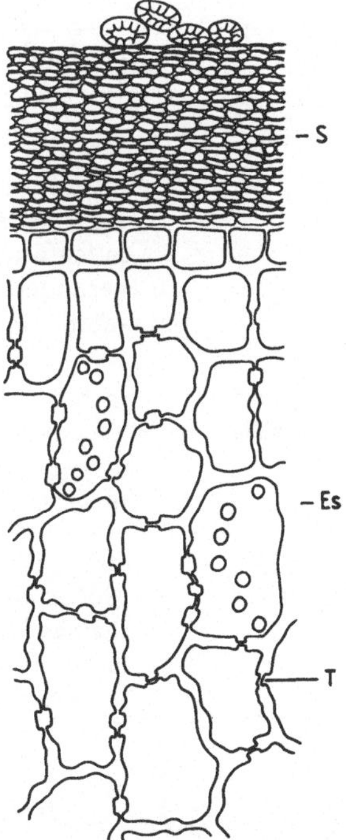

Abb. 3.17.2. Querschnitt durch Samenschale und Endospermgewebe des Palmkerns (Zellen ohne Zellinhalt gezeichnet); *S* Samenschale, *Es* Endosperm, *T* Tüpfel. Auf der Epidermis vereinzelt Steinzellen aus dem Endokarp

Tabelle 3.12. Mikroskopisch-diagnostische Merkmale von Rizinus- und Stechapfelsamen

	Rizinussamen *Ricinus communis* L.
Querschnitt	
Epidermiszellen	
Zellform/-wand	± rechteckig, unregelmäßig wulstig verdickt
Parenchym	
Zellschicht/-wand	mehrschichtig, dünnwandig
Palisadenzellen	
Zellschicht	zweischichtig
äußere Schicht	diagnostisch unwichtig
innere Schicht	
Zellform	langgestreckt (bis 200 µm), typisch bogenartig gekrümmt
Zellwand	stark verdickt, getüpfelt

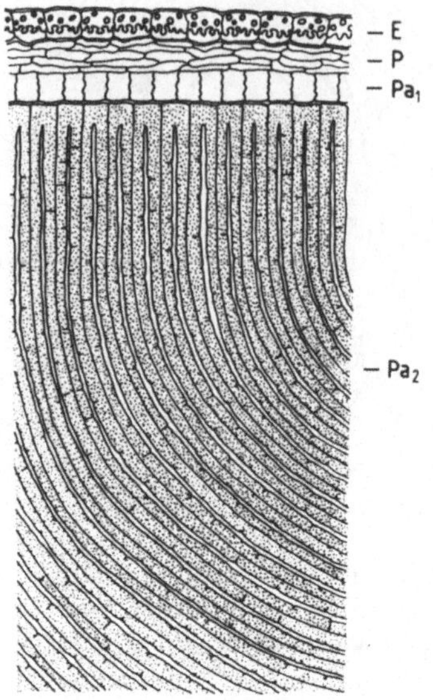

Abb. 3.18.1. Querschnitt (Teilansicht) durch die Samenschale des Rizinus-Samens; *E* Epidermis, *P* Parenchym, *Pa1* und *Pa2* Palisadenzellen

	Stechapfelsamen, *Datura stramonium* L.
Querschnitt	
Epidermis	
Zellwand	stark wellen- und faltenförmig gebogen, besonders die Radialwände stark wellig verdickt
Parenchym und Endospermzellen	mehrschichtig, diagnostisch unwichtig
Keimling	diagnostisch unwichtig
Flächenschnitt	
Epidermiszellen	groß, stark gewunden, ineinander gefaltet, braun mit sehr dunklem Lumen

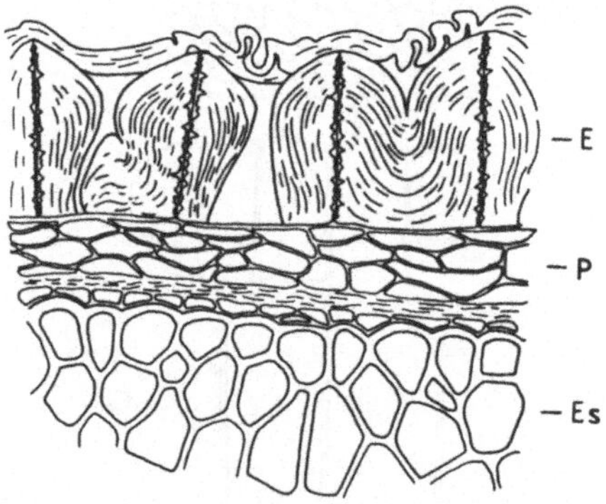

Abb. 3.19.1. Querschnitt durch Samenschale und Endospermgewebe des *Datura*-Samens; *E* Epidermis, *P* Parenchym, *Es* Endosperm

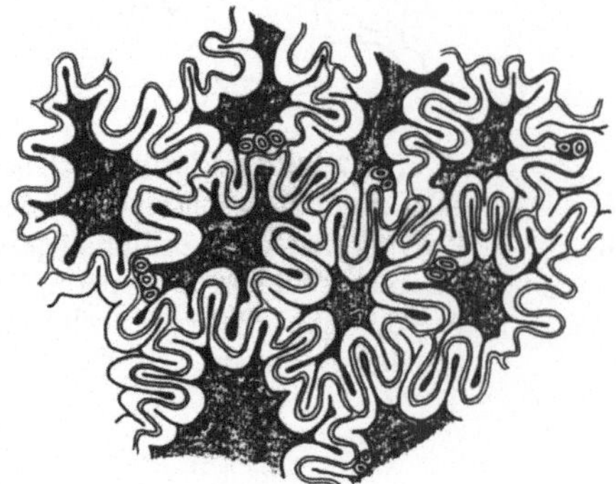

Abb. 3.19.2. Flächenansicht auf die Epidermiszellen des *Datura*-Samens

3.4 Aus der Praxis der mikroskopischen Untersuchung von Handels- und Verarbeitungsprodukten

Sojabohne

Palisadenzellen/Trägerzellen. In Sojaprodukten fallen Stücke der Samenschale auf, die in Aufsicht Palisadenzellen mit den durchscheinenden, ringförmigen Zellwandeinschnürungen der darunterliegenden Trägerzellen zeigen. Außerdem liegen diese auch als isolierte Zellen vor und sind an der charakteristischen, sanduhrförmigen Gestalt erkennbar.

Keimlingsgewebe/Kristalle. Auffallender Bestandteil eines Produktes aus Sojabohnen sind Zellverbände des Keimlingsgewebes. Sie sind u.a. durch die in zahlreichen Zellen enthaltenen balkenförmigen Kristalle (polarisiertes Licht!) sicher zu identifizieren. Der Sojaanteil auch sehr fein vermahlener Produkte, von Fermentationsprodukten wie Sojaquark oder Tofu sowie von Produkten wie „Sojaeiweiß" ist häufig noch anhand der Kristalle feststellbar.

Erdnuß

Samenschale. Samenschalenfragmente sind anhand ihrer typischen Epidermiszellen sicher zu bestimmen. Sogar Spuren sind in polarisiertem Licht erkennbar.

Keimlingsgewebe. Die Zellen der Keimblätter sind denen des Scutellums von Mais sehr ähnlich. Nur in Verbindung mit den flachen Epidermiszellen sind sie von den Zellen des Maisscutellums, das hochgewölbte Epidermiszellen aufweist, zu unterscheiden (siehe Kap. 1.3, Abb. 1.7 B; Kap. 1.4).

Eine Unterscheidung von Erdnuß- und Maiskeimprodukten ist nur durch die entsprechenden Begleitelemente (Erdnußsamenschale, Frucht- und Samenschale der Maiskaryopse, Maisendosperm) möglich. Erdnußsamenschalen wurden gelegentlich als Streckungsmittel bzw. Verfälschung in anderen Produkten nachgewiesen (z.B. in Haselnußprodukten).

Fruchtschale. Ineinander verschlungene und sich kreuzende Sklerenchymzellen verschiedenster Formen und Größen deuten bei Erdnußprodukten auf eine ungeschält verarbeitete Ware hin. Erdnußfruchtschalen traten gelegentlich als Streckungsmittel bzw. Verfälschung in anderen Produkten auf (z.B. in Koprarückständen, Maniokmehl).

Schwarzer Senf

Siehe Kap. 6.

Raps

Epidermis. Im erhitzten Chloralhydrat-Präparat sind im polarisierten Licht keine Brechungen sichtbar; siehe aber Sareptasenf, Abessinischer Senf, Weißer Senf (Tabelle 3.4). (Ausnahme bei einzelnen Rapszüchtungen, die u.U. eine sehr schwach quellende Epidermis besitzen können.)

Palisadenzellen. Aufsichtsbilder zeigen eine gleichmäßig braune Fläche mosaikartig angeordneter Zellen mit verdickten Wänden.

Indischer Braunsenf

Epidermis/Palisadenzellen. Im erhitzten Chloralhydrat-Präparat sind im polarisierten Licht keine Brechungen sichtbar (siehe aber Sareptasenf, Abessinischer Senf, Weißer Senf, Tab. 3.4). Die braune Fläche der wie beim

Raps mosaikartig angeordneten Zellen wird durch ein Maschennetz (dunkler braun als die umgebenden Zellen) markiert.

Sareptasenf

Epidermis/Palisadenzellen. Im erhitzten Chloralhydrat-Präparat sind im polarisierten Licht auf dunklem Grund im gequollenen Schleim Brechungen in Form helleuchtender Kreise mit zwei sich in der Mitte kreuzenden Balken zu erkennen (Tabelle 3.4). An den Abbruchkanten der Samenschalen sind die Epidermiszellen häufig an ihrem kissenartig, halbkugelig aufquellenden Schleim zu erkennen. Die braune Fläche der mosaikartig angeordneten Zellen wird durch ein Maschennetz (dunkler braun als die umgebenden Zellen) markiert.

Abessinischer Senf

Epidermis/Palisadenzellen. Die Samenschale mit Epidermis und Palisadenzellen ist der des Sareptasenfes sehr ähnlich (Tabelle 3.4). Auf Querschnittsbildern ist zu erkennen, daß die Radialwände der Palisadenzellen im Unterschied zu Sareptasenf nur im unteren Teil verdickt sind.

Leinsamen

Epidermis. Die in wäßrigen Medien stark aufquellenden Epidermiszellen sind ein wichtiges Erkennungsmerkmal für Leinsaatprodukte. Im Gegensatz zu den verschleimenden Epidermen verschiedener Brassicaceen (siehe Tabelle 3.4) leuchten die Epidermiszellen von Leinsaat im polarisierten Licht nicht auf. Durch Anfärben mit Thioninlösung läßt sich die Schleimepidermis gut sichtbar machen.

Pigmentzellschicht. Die Pigmentzellschicht (durch herausgefallene Pigmenttäfelchen häufig schachbrettähnlich) und die herausgefallenen braunen Pigmenttäfelchen, die überall im Präparat zu sehen sind, bilden ein wichtiges diagnostisches Merkmal.

Indischer Sesam

Epidermiszellen/Kristalle. Die dünnwandigen Epidermiszellen mit ihren kugelförmigen Kristallansammlungen (im polarisierten Licht auf dunklem Grund hell aufleuchtend) bilden den einzigen Nachweis für Produkte aus Indischem Sesam. Eine geschälte, vermahlene Sesamsaat ist nicht sicher zu identifizieren.

Afrikanischer Sesam

Epidermiszellen. Die mosaikartig angeordneten Zellen ergeben im Aufsichtsbild eine Struktur, die der der Brassicaceen ähnelt. Verwechselungen werden aber durch die charakteristischen, palisadenartig angeordneten Zellen mit ihren glatten, nach innen zunehmenden, bogenförmigen Wandverdickungen (Querschnittsbild) ausgeschlossen.

Kristalle. Die im Lumen der Epidermiszellen liegenden kleinen Kristalle werden im Aufsichtsbild meist nur im polarisierten Licht sichtbar.

Baumwollsamen

Epidermiszellen/Haare. Die Epidermis besteht aus relativ großen, unregelmäßig geformten Zellen mit dunklem Inhalt. Sie sind um die Haaransatzstellen blütenblattähnlich angeordnet und gehören zusammen mit den breiten, gedrehten Haaren zu den diagnostisch wichtigsten Teilen des Samens.

Palisadenzellen. Gewebestücke von Palisadenzellen zeigen im Aufsichtsbild eine kompakte Schicht dickwandiger Zellen. Auf Querschnittbildern ist die auffallende, „tränenartig" herabgezogene Zone sehr markant.

Keimlingsgewebe. Es hat eine schwach grüngelbliche Farbe. Vereinzelt enthalten die Zellen kleine, sehr scharfspitzige Drusen. Die kugeligen Exkretbehälter sind nur in kaltgepreßten Rückständen an ihrem dunkelviolett gefärbten Inhalt (Gossypol) erkennbar. In heißgepreßten Rückständen fallen sie kaum auf.

Kapoksamen

Palisadenzellen. Die Ähnlichkeit der Palisadenzellen mit denen des Baumwollsamens kann zur Verwechslung mit Baumwollsaat-Rückständen führen. Die Unterschiede bei den Epidermiszellen (dünnwandig!), dem Keimlingsgewebe (keine Grünfärbung, keine Kristalle) sowie das Fehlen von Haaren sind jedoch eindeutige Erkennungsmerkmale.

Schleimgewebe. In Kapokprodukten fallen farblose bis hellbräunliche, verquollene Schleimgewebe auf, die aus der Nabelregion des Samens stammen (Deutschmann 1961).

Sonnenblumenfrüchte

Phytomelanschicht. Bei dunkelgefärbten Früchten befindet sich in der Fruchtschale ein schwarzes Pigment (Phytomelanschicht), das zu den typischen Merkmalen vieler Asteraceenfrüchte gehört.

Fasern. Die Sklerenchymfasern der Fruchtschale von Asteraceen sind häufig mehr oder weniger gebündelt und von einer Schicht Phytomelan bedeckt (nicht bei weißen Früchten). In Rückständen der Ölgewinnung fallen die durch Phytomelan dunkel gefärbten Partien der Sonnenblumen-Fruchtschale auf.

Haare. Die Früchte der Sonnenblume zeigen als weiteres Asteraceen-Merkmal charakteristische Zwillingshaare, die längs zur Spitze der Frucht gerichtet auf der Epidermis sitzen.

Keimlingsgewebe. Es besteht aus gestreckten, dünnwandigen, relativ wenig charakteristischen Zellen. Bei Verarbeitungsprodukten befinden sich jedoch im Gewebe häufig verteilte Phytomelanpartikel (nicht bei rein weißen Früchten) und Zwillingshaare, die eine Zuordnung erlauben.

Nigersaat

Phytomelanschicht/Faserschicht. In der Fruchtschale liegt oberhalb der Sklerenchymbündel eine Phytomelanschicht, wie sie für dunkelgefärbte Asteraceenfrüchte typisch ist (siehe oben). In vermahlenen Produkten fallen die Faserbündel mit der Phytomelanschicht als schwarze Streifen auf. Die Faserbündel leuchten im polarisierten Licht bräunlich durch die Phytomelanschicht.

Samenschale. Die Samenschale besteht aus typischen wellig-gebuchteten Zellen, die den Teilen eines Puzzle-Spieles ähneln. Ihre Zellwände haben in der Aufsicht sehr dünne, leistenförmige, strahlig angeordnete Verdickungen.

Olivenfrüchte

Fruchtfleisch. Die dünnwandigen Zellen sind in Rückständen der Ölgewinnung im allgemeinen zu mehr oder weniger formlosen Klumpen zusammengepreßt. Ihre Identifizierung ist jedoch durch die im Fruchtfleischgewebe enthaltenen charakteristischen, formenreich verzweigten Steinzellen möglich. Im polarisierten Licht leuchten diese Steinzellen auf und sind besonders gut zu erkennen.

Steinschale des Olivenkerns. Eine Mitverarbeitung von Oliven-Steinkernen bei der Ölgewinnung wird durch die Anwesenheit zahlreicher, unterschiedlich großer Steinzellen in den Rückständen erkennbar. Sie stammen aus der inneren, verholzten Schicht der Fruchtwand (Endokarp) (Abb. 3.15.2.)

Kopra

Samenschale. Sie ist mehrschichtig mit innen häufig etwas verdickten Zellagen. Die Samenschale hat für die Erkennung von Rückständen der Ölgewinnung aus Palmensamen einen gewissen Wert. Sie eignet sich jedoch nicht für die Bestimmung verschiedener Palmenarten.

Endospermgewebe. Den nach innen zunehmend länger werdenden Zellen mit nur vereinzelten Tüpfeln fehlen weitere diagnostisch verwertbare Strukturen. Gerade in dieser Strukturarmut liegt ein Charakteristikum von Kopraprodukten: Eine geringe Wanddicke der Zellen, geringe, unauffällige Tüpfelung, das Fehlen von diagnostisch verwertbaren Zellinhaltsstoffen und weiteren markanten Zellformen geben das typische Bild für Kopra und Kopraprodukte.

Samen der Ölpalme

Endospermgewebe. Die dicken Zellwände mit ihren knotigen Tüpfeln bilden einen deutlichen Unterschied zu Koprazellen. Im polarisierten Licht sind sie durch ihr stärkeres Aufleuchten leicht von Kopraprodukten zu unterscheiden.

Elemente der Steinschale. Bei der Ölgewinnung aus den Samen (sog. Palmkernen) fallen große Mengen von Steinschalen an (verholztes Endokarp, Abb. 3.17.1) (Hertrampf 1989a), die als Besatz in den Rückständen der Ölgewinnung vorkommen können. Ein vermehrtes Vorkommen von offenbar feinvermahlenen Steinschalen deutet auf eine Zumischung von wertlosen (!) Steinschalen hin (quantitative Bestimmung siehe Kap. 8.3.5).

Rizinus

Palisadenschicht. Ihre Dicke, die glatte Ober- und Unterseite sowie die gekrümmten Palisadenzellen ermöglichen eine Zuordnung zu Euphorbiaceen-Samen. Rückstände von Samen der mit Rizinus verwandten Arten, die ebenfalls zur Ölgewinnung genutzt werden, wie z.B. *Aleurites* sp. (Tungöl- oder Holzölbaum), können nur anhand der Schalenfragmente mit der erheblich stärkeren (höheren) Palisadenschicht von Rizinus-Samenschalen unterschieden werden (s. a. Traubenkerne Kap. 7.4).

Bei der Untersuchung (z.B. von Sojarückständen) auf Rizinus-Besatz werden die Samenschalenfragmente unter dem Stereomikroskop herausgesucht und ihr gewichtigsmäßiger Anteil, ausgedrückt in Rizinus-Samenschalen, bestimmt (siehe Kap. 8.3.3). Aufgrund der toxischen Inhaltsstoffe von Rizinussamen dürfen diese einen Höchstgehalt von 0,001 % in Futtermitteln nicht überschreiten (Futtermittelverordnung, Sülflohn 1994).

Datura

Obwohl keine öl- und fettliefernde Pflanze, ist die Kenntnis der Samen erforderlich: Gelegentliche Verunkrautung von Sojakulturen mit Stechapfel (*Datura* sp.) kann zu unerwünschten Verunreinigungen von Sojaprodukten mit Samen dieses Nachtschattengewächses führen, die verschiedene giftige Alkaloide (z.B. Scopolamin, Hyoscyamin) enthalten. Aufgrund der toxischen Inhaltsstoffe von *Datura*-Samen dürfen diese einen Höchstgehalt von 0,1 % in Futtermitteln nicht überschreiten (Futtermittelverordnung, Sülflohn 1994).

Epidermiszellen. Die grubige Samenoberfläche und die palisadenartigen Epidermiszellen (im Querschnitt stark unregelmäßig gewellte und verbogene Zellen), typisch für viele Solanaceen-Samen (siehe auch Paprika und Tomate), sind die wichtigsten Erkennungsmerkmale. Dunkle Fragmente der Samenschale von reifen Samen lassen sich besser erkennen als hellbraune von unreifen Samen, deren Identität im Zweifelsfall durch die mikroskopische Untersuchung bestimmt werden muß. Für die quantitative Bestimmung von *Datura*-Samen, z.B. in Sojaextraktionsschroten, werden die Samenschalen unter dem Stereomikroskop herausgesucht, ihr Gewichtsanteil bestimmt und der Gehalt der Samen über einen Umrechnungsfaktor errechnet (siehe Kap. 8.3).

4 Stärke- und zuckerhaltige Wurzeln und Knollen

4.1 Wirtschaftliche Bedeutung

Kartoffel, Maniok (Cassava) und Batate (Süßkartoffel) sind neben den Getreiden (Kap. 1) die Hauptstärkelieferanten; Zuckerrohr und Zuckerrübe sind weltweit die beiden wichtigsten Zucker (Saccharose) produzierenden Pflanzen (Tabelle 4.1).

Während früher die **Kartoffel** in weiten Teilen Europas ein Grundnahrungsmittel darstellte - der Pro-Kopf-Verbrauch in Deutschland betrug 1935/36 ca. 176 kg gegenüber 1971/72 ca. 100 kg (Franke 1992) -, ist sie heute oft nur eine Zukost (Chips, Pommes frites). In Notzeiten war neben der Stärke als wichtigster kalorienhaltiger Inhaltsstoff der Knolle auch ihr biologisch wertvolles Protein (Aminosäurezusammensetzung wie tierisches Protein) und ihr Vitamin-C-Gehalt von Bedeutung (Stärke 14,1 %, verwertbare Kohlenhydrate 15,4 %, Protein 2,0 %, Vitamin C 17 mg/100 g) (Souci et al. 1989). Heute werden erhebliche Kartoffelmengen in Schweinemästereien verfüttert und zur Alkohol- und Stärkegewinnung verarbeitet.

In den Tropen ist **Maniok** ein wichtiges kohlenhydrathaltiges Grundnahrungsmittel. Die stärkereichen Wurzelknollen des Maniok- oder Cassavastrauches können erst nach Kochen, Rösten oder Dämpfen wegen ihres Gehaltes an giftigen Blausäureglykosiden (siehe unten) für die Ernährung verwendet werden. Aus den geschälten und gewaschenen Knollen (verwertbare Kohlenhydrate 31,9 %, Vitami C 30 mg/100 g) (Souci et al. 1989) wird nach Zerkleinerung und Mahlen ein Mehl (Brasilien: „Farinaha") gewonnen oder reine Stärke erzeugt („Tapioka"), die nach weiterer Bearbeitung auch als „Perlsago" in den Handel kommt.

Tabelle 4.1. Weltproduktion von Kartoffel, Maniok, Batate, Zuckerrübe und Zuckerrohr (FAO 1990)

Art	Weltproduktion [10^9 kg]	Hauptproduktionsländer und BRD [10^9 kg]
Kartoffel	269,6	UdSSR 63,7; Polen 36,3; China 33,1; USA 17,9; Indien 15,0; BRD 16,0
Maniok	157,7	Nigeria 26,0; Brasilien 24,6; Thailand 20,7; Zaire 17,5; Indonesien 17,1
Süßkartoffel (Batate)	131,7	China 112,2; Indonesien 2,2; Vietnam 2,0; Uganda 1,7; Japan 1,5; Indien 1,3
Zuckerrübe	305,9	UdSSR 81,2; Frankreich 29,9; USA 25,0; Polen 16,7; China 14,5; BRD 29,9
Zuckerrohr (nicht dargestellt)	1035,1	Brasilien 263,6; Indien 220; China 64; Pakistan 35,5

Die Wurzelknollen der **Batate** (Süßkartoffel) enthalten neben der Stärke noch Zucker, so daß sie süß schmecken (Stärke 16,9 %, verwertbare Kohlenhydrate 21,0 %, Saccharose 2,8 %, Vitamin C 30 mg/100 g) (Souci et al. 1989). Der überwiegende Teil der Ernte ist für den Eigenverbrauch in den Anbauländern der Tropen und Subtropen bestimmt.

Bis zum Mittelalter wurde in Europa Honig zum Süßen verwendet. Als der Seeweg nach Asien entdeckt war, kam der aus **Zuckerrohr** gewonnene Rohrzucker (Saccharose, bestehend aus Glucose und Fructose) in den Handel. Heute wird der überwiegende Teil der Weltproduktion aus dem Zuckerrohr und der **Zuckerrübe** gewonnen (Tabelle 4.1), wobei die Zuckerrübe in den gemäßigten Zonen der Erde, das Zuckerrohr in tropischen Zonen angebaut wird. Eine lokale Bedeutung haben noch Dattelzucker (aus Dattelfrüchten im Irak und Algerien gewonnen), der Palmzucker (aus dem Zellsaft verschiedener Palmen wie z.B. *Phoenix sylvestris, Cocos nucifera* in Indien und auf den Philippinen gewonnen), Ahornzucker (aus dem Blutungssaft von Bäumen des Zuckerahorn, *Acer saccharum,* insbesondere in Kanada gewonnen) und Hirsezucker (aus den Stengeln der Zuckerhirse, *Sorghum dochna,* früher insbesondere in den Nordstaaten der USA gewonnen).

Handels- und Verarbeitungsprodukte

Vollständige bzw. geschälte, zerkleinerte Knollen und Wurzeln. Sie werden gekocht oder gebacken, grob zerkleinert oder vermahlen oder anders als Nahrungs- und Futtermittel zubereitet, vergoren zu alkoholischen Getränken. Handelsprodukte: Z.B. Kartoffelflocken; Maniokwurzeln, -schnitzel, Maniokmehl (im Futtermittelhandel heute auch als „Tapioka" bezeichnet).

Stärke. Die ausgewaschene Stärke kommt als Pulver, gewalzt oder zu rundlichen Körnern verarbeitet in den Handel. Handelsprodukte: Z.B. Kartoffelstärke, Kartoffelquellstärke (durch Hitzebehandlung aufgeschlossen), Maniokstärke, Perltapioka, Maniokquellstärke (durch Hitzebehandlung aufgeschlossen).

Nebenerzeugnisse der Stärkegewinnung. Diese Nebenprodukte sind wegen des Restgehaltes an Stärke für die Futtermittelherstellung von Bedeutung. Handelsprodukte: Z.B. Kartoffelpülpe, Kartoffelpülpe getrocknet, Maniokpülpe („Waste") getrocknet, Batatenpülpe getrocknet.

Nebenerzeugnisse der Zuckergewinnung. Nach der Zuckergewinnung werden die mit ca. 80 °C erhitztem Wasser extrahierten Zuckerrübenschnitzel wie auch die Rückstände der Zuckergewinnung (Melasse) in der Futtermittelindustrie weiter verarbeitet. Handelsprodukte: Z.B. Zuckerrübenschnitzel, -melasse.

4.2 Botanik

Kl.: **Dicotyledoneae**, Zweikeimblättrige Bedecktsamer

Arten (Reihenfolge nach Darstellung): ***Solanum tuberosum*** L. (Kartoffel, Fam. Solanaceae), ***Manihot esculenta*** Crantz (Maniok, Cassava, Fam. Euphorbiaceae), ***Ipomoea batatas*** (L.) Lam. (Batate, Süßkartoffel, Fam. Convolvulaceae), ***Beta vulgaris*** L. ssp. ***vulgaris*** var. ***altissima*** Doell. (Zuckerrübe, Fam. Chenopodiaceae).

Kartoffel

Die Knollen der Kartoffel entstehen an der Spitze unterirdischer, umgewandelter Sprosse (Stolonen), die durch primäres und sekundäres parenchymatisches Dickenwachstum bei gleichzeitigem Einspeichern von Stärke in die Amyloplasten der Parenchymzellen zu Knollen anschwellen. Bei der Entstehung der Knolle wachsen die Narben der kurzlebigen Niederblätter mit und bilden mit ihren Achselknospen die gut sichtbaren „Augen" der Knolle. Die rauhe braune Schale der Kartoffelknolle ist ein mehrschichtiges Kork-Abschlußgewebe. Längere Lichtexposition führt in den Parenchymzellen unterhalb des Korkgewebes zur Umwandlung von Amyloplasten in Chloroplasten. Gleichzeitig bildet sich vermehrt im ergrünenden Gewebe das giftige Alkaloid Solanin (durch Schälen der Knolle weitgehend entfernbar (Frohne u. Pfänder 1987).

Maniok

Die ausdauernde Maniok-Pflanze wächst zu einem baumartigen Strauch von mehreren Metern Höhe. An der Stammbasis werden sproßbürtige Wurzeln gebildet, die durch sekundäres Dickenwachstum erstarken und zu über 50 cm langen und bis zu 5 kg schweren Wurzelknollen heranwachsen können. Diese enthalten in Milchröhren einen Milchsaft mit den Blausäureglycosiden Linamarin und Lotaustralin. Bei Verletzung des Gewebes setzt das in den Zellen vorhandene Enzym Linamarase aus dem Cyanoglycosid Glukose und Cyanohydrin frei, das dann enzymatisch (und auch spontan) in Blausäure und Aceton zerlegt wird. Durch Kochen oder Rösten kann die Blausäure aus den geschälten und zerkleinerten Wurzelknollen ausgetrieben werden, so daß diese verzehrt werden können.

Batate

Die Batate ist eine einjährige krautige Pflanze. An den Nodien lagernder Stengel bilden sich sproßbürtige Wurzeln, die durch sekundäres Dickenwachstum zu roten bis gelblichen spindelförmigen Knollen heranwachsen, die bis zu 3 kg schwer werden. Es wird Stärke in den Amyloplasten der Zellen des Zentralzylinders gespeichert. Beim Zerschneiden der Wurzelknollen tritt ein für die Familie der Convolvulaceen charakteristischer Milchsaft aus, der ungiftig ist.

Zuckerrübe

Als Stammform der Zuckerrübe wird die an der Mittelmeer- und Nordseeküste beheimatete *Beta vulgaris* L. ssp. *maritima* (L.) Areang angesehen. Die verdickte Wurzel der Zuckerrübe entsteht überwiegend durch ein atypisches sekundäres Dickenwachstum mit nur kleinem Anteil des Hypokotyls: Durch mehrfache, nacheinander einsetzende Kambiumtätigkeit, die im Zentralzylinder beginnt und nach außen in das sekundäre Rindengewebe übergeht, entstehen die auf Querschnitten durch die Zuckerrübe erkennbaren konzentrischen Zuwachsringe (Abb. 4.4.1 und 4.4.2).

4.3 Bau und mikroskopische Diagnostik der dargestellten Wurzeln und Knollen

Untersuchungsmaterial Frisch- bzw. Trockenmaterial. Letzteres evtl. je nach Härte und Dicke der zu schneidenden Partien längere Zeit vor der Verwendung in Alkohol-Glycerin einlegen.

Reagenzien Alkohol-Glycerin, Jod-Kaliumjodidlösung, Chloralhydratlösung, Phloroglucin-HCl-Lösung (siehe Kap. 8).

Präparation und Beobachtungen Allgemeine Hinweise für die Präparation siehe Kap. 8.1.

- **Querschnitte** (quer zur Längsachse des Organs)
  Untersuchung im Wasserpräparat: Nachweis von Stärkekörnern.
  Untersuchung in Jod-Kaliumjodidlösung: Blaufärbung der Stärkekörner.
  Untersuchung in erhitzter Chloralhydratlösung: Quellung bzw. Verkleisterung der Stärkekörner, Zerstörung anderer störender Inhaltsstoffe sowie Aufhellung und Quellung der Zellwände. Eine Untersuchung der Gewebestrukturen wird dadurch erleichtert; im Durchlicht: Nachweis der unterschiedlichen Zellstrukturen, im polarisierten Licht: Aufleuchten von Kristallen und von verdickten Zellwänden.
  Untersuchung in Phloroglucin-HCl-Lösung (evtl. leicht erhitzen): Rotfärbung der verholzten Zellwände (Ligninreaktion).
- **Flächenschnitte durch die Wurzel bzw. Knolle**
  Untersuchung in den verschiedenen Reagenzien wie beim Querschnitt.

Hinweis: Vergrößerungen der Abbildungen, wenn nicht anders angegeben, ca. 200fach.

Zusammenfassung wichtiger diagnostischer Merkmale von Wurzeln und Knollen

Kork. Das Abschlußgewebe der Knollen und Wurzeln ist ein mehr- bis vielschichtiger Kork, dessen allgemeines Merkmal die im Querschnitt reihenförmige Anordnung meist dünnwandiger, brauner Zellen ist. Die schichtartige Anordnung der Zellen ist im Aufsichtsbild unterschiedlich deutlich. Ein rötlicher Farbstoff in den Korkzellen ist ein charakteristisches Merkmal für Bataten.

Speicherparenchym. Größe, Form und Inhalt der Zellen des Speicherparenchyms sind unterschiedlich und in manchen Fällen diagnostisch wichtig (z.B. die quaderförmigen Zellen des Speicherparenchyms der Maniokwurzel im Gegensatz zu den rundlichen, wenig charakteristischen Zellen anderer Wurzeln).

Stärkekörner. Die artcharakteristischen Stärkekörner (Größe, Form) sind ein besonders wichtiges Merkmal für die Diagnostik von Handels- und Verarbeitungsprodukten (siehe Abb. 4.1.5, Abb. 4.2.4, Abb. 4.3.2).

Tracheen, Tracheiden, Sklerenchymfasern. Einen Hinweis auf die Identität eines Materials bieten häufig die zu beobachtenden Gefäße: Die Wurzelknollen (z.B. Maniok) haben im allgemeinen breite Gefäße mit starken Wandverdickungen, während zur Peripherie der Pflanze hin (z.B. Kartoffelknolle) die Gefäße schmaler werden. Weitere wichtige Merkmale sind: Länge der Tracheen und Tracheiden, Form ihrer Tüpfel und die Begleitelemente wie z.B. Sklerenchymfasern (bei Maniok vorhanden, fehlen bei Batate).

Kristalle. Drusen von gröberer Struktur (bei Maniok) oder feinstrahligem Aufbau (bei Batate), Einzelkristalle und Kristallansammlungen (Kristallsand) (z.B. bei Zuckerrübe) sind typische Merkmale und leicht zu erkennen (polarisiertes Licht!).

Tabelle 4.2. Mikroskopisch-diagnostische Merkmale der Kartoffel

	Kartoffel *Solanum tuberosum* L.
Querschnitt	
Kork	
Zellschicht	mehrschichtig
Zellform/-wand	schmal, dünnwandig
Anordnung	in Reihen
Speicherparenchym	großzellig, dünnwandig
Zellinhalt	Stärkekörner, exzentrisch geschichtet, deutliche Schichtungslinien; Großkörner und Kleinkörner mit Zwischengrößen, muschelförmig, einfach und vereinzelt zusammengesetzt; Größe 10–100 µm
Steinzellen	vereinzelt im Parenchym unterhalb des Korkes
Zellwand	mäßig verdickt, deutlich getüpfelt (Anzahl sortenabhängig)
Gefäßbündel	Netz-, Spiral- und Ringgefäße, rel. dünnwandig
Flächenschnitt	
Kork	großzellig, braun- und dünnwandig, in Reihen übereinanderliegende Zellen

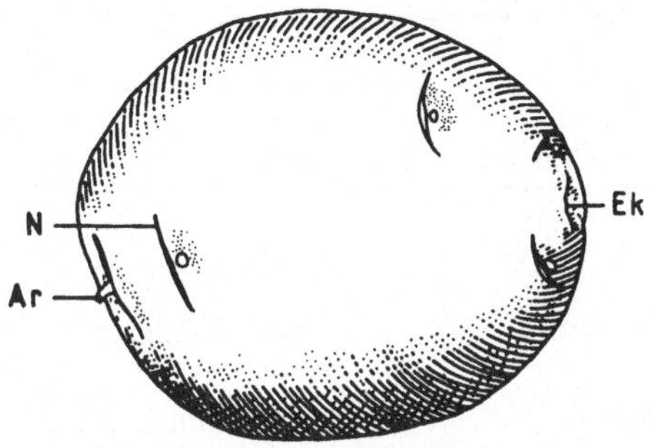

Abb. 4.1.1. Kartoffelknolle in Seitenansicht, nat. Größe; *Ar* Ausläuferrest, *Ek* Endknospe, *N* Niederblattnarbe mit darüber befindlichem Auge

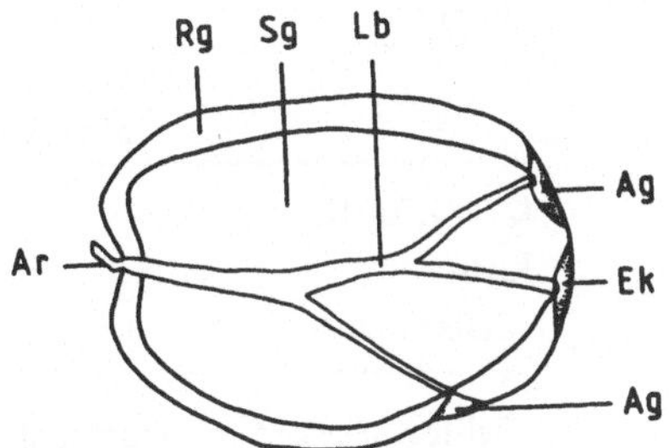

Abb. 4.1.2. Längsschnitt durch eine Kartoffelknolle; *Ar* Ausläuferrest, *Ag* Augen, *Ek* Endknospe, *Rg* Rindengewebe, *Sg* Speichergewebe (Parenchym), *Lb* Leitbündel

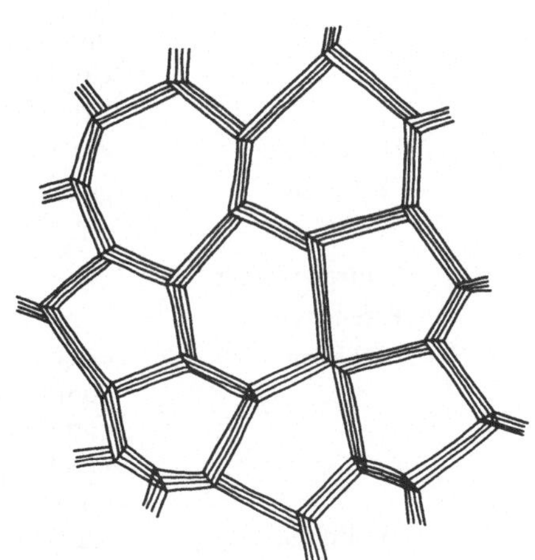

Abb. 4.1.4. Flächenschnitt durch die Korkzellen-Schicht

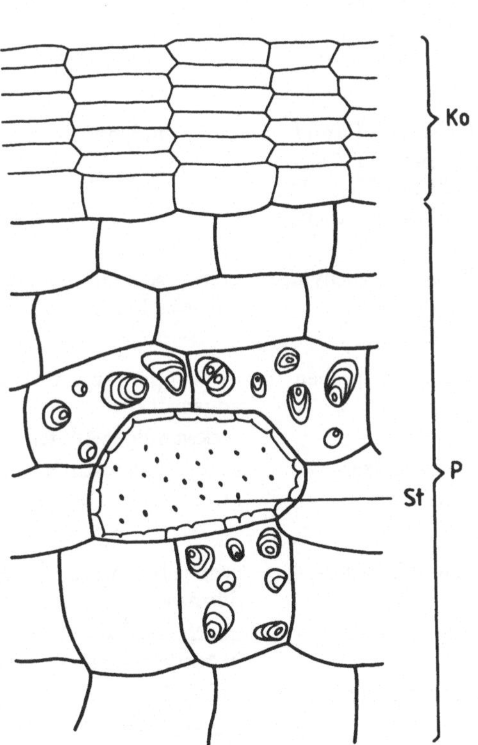

Abb. 4.1.3. Querschnitt durch den Randteil der Kartoffel mit Korkgewebe, Parenchymzellen und Steinzelle, Stärke in einigen Zellen dargestellt; *Ko* Kork, *P* Parenchym, *St* Steinzelle mit Tüpfeln

Abb. 4.1.5. Kartoffelstärke, exzentrisch aufgebaut und stark geschichtet

Tabelle 4.3. Mikroskopisch-diagnostische Merkmale von Maniok- und Bataten-Wurzelknollen

	Maniok *Manihot esculenta* Crantz	Batate *Ipomoea batatas* (L.) Lam.
Querschnitt		
Kork		
Zellschicht/-anordnung	mehrschichtig, in Reihen	mehrschichtig, in Reihen
Zellform/-wand	schmal, dünnwandig	schmal, dünnwandig
Zellinhalt	diagnostisch unwichtig	roter Farbstoff
Rindengewebe		
Parenchym		
Zellform/-wand	groß, tangential gestreckt, dünnwandig	groß, rundlich, dünnwandig
Zellinhalt	Stärkekörner, 2- bis 3fach zusammengesetzt, meist zerfallen in Teilkörner („kesselpaukenförmig") und rundliche Einzelkörner; Größe 10–30 µm, teilweise Kristalldrusen und Einzelkristalle	Stärkekörner, mehrfach zusammengesetzt, teilweise zerfallen in Teilkörner („glockenförmig"), wenig rundliche Einzelkörner; Größe: 30–50 µm und mehr, teilweise Kristalldrusen
Steinzellen	vor allem in den Außenschichten	bei Batate nicht vorhanden
Zellwand	gelblich, stark verdickt, getüpfelt	
Zellinhalt	z.T. Einzelkristalle	
Zentralzylinder		
Parenchym		
Zellform	groß, rechteckig, quaderförmig, dünnwandig; **Ausnahme:** Zellen unmittelbar an den Gefäßen: Zellwände leicht verdickt, deutlich getüpfelt	groß, rund, dünnwandig
Zellinhalt	Stärke, siehe Rindenparenchym, vereinzelt Kristalldrusen	Stärke, siehe Rindengewebe, teilweise Kristalldrusen
Gefäße		
Anordnung	radiale Reihen, ± unterbrochen	in Gruppen, zum Teil radial angeordnet
Zellwand	dickwandig, getüpfelt	dickwandig, getüpfelt
Faserzellen	in unterschiedlicher Anzahl	selten, diagnostisch unwichtig
Zellwand	schwach verdickt	
Längsschnitt		
Kork	großzellig, braun- und dünnwandig	großzellig, mit rotem Farbstoff, dünnwandig
Parenchym	in Schichten übereinanderliegende Zellen	in Schichten übereinanderliegende Zellen
Zellform	rundlich und ± rechteckig	rundlich
Zellinhalt	Stärkekörner, vereinzelt Kristalle	Stärkekörner, vereinzelt Kristalldrusen
Gefäße		
Zellform/-wand	lang, röhrenförmig, dickwandig mit Netztüpfelung, immer in Verbindung mit rechteckigen, mäßig dickwandigen, getüpfelten Zellen	lang, röhrenförmig, dickwandig mit grober Netztüpfelung
Faserzellen		
Zellform/-wand	langgestreckt, Zellwand mäßig verdickt und getüpfelt	diagnostisch unwichtig

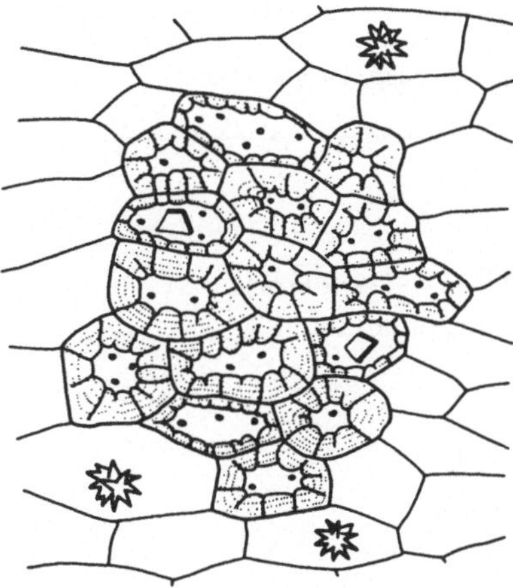

Abb. 4.2.1. Steinzellgruppe aus der Maniokknolle. Kristalldrusen in Parenchymzellen, Einzelkristall in einer Steinzelle; Stärke nicht eingezeichnet

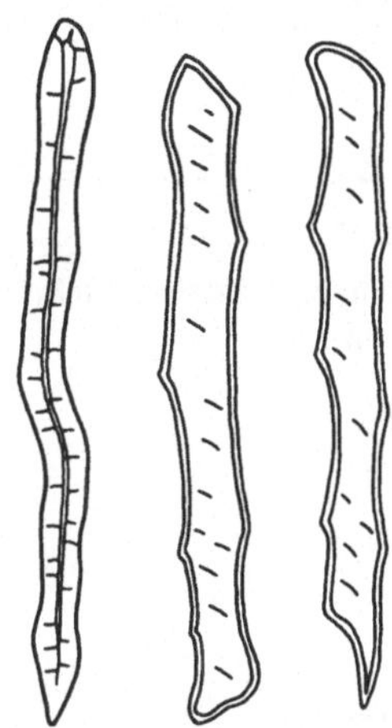

Abb. 4.2.2. Faserzellen mit schräggestellten Tüpfeln aus der Maniokknolle in Auf- und Seitenansicht

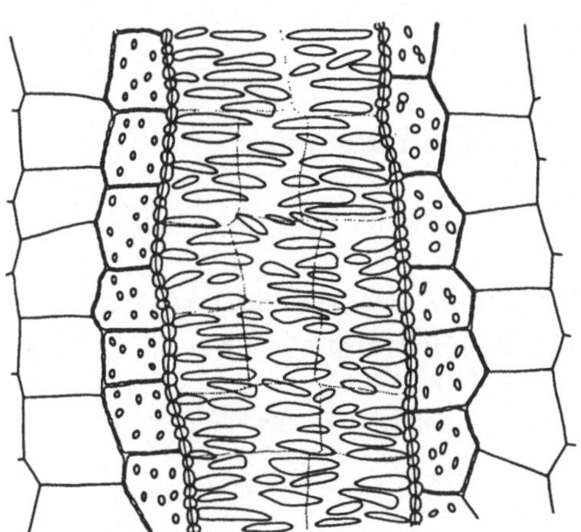

Abb. 4.2.3. Längsschnitt durch ein Gefäß der Maniokknolle mit netzartig getüpfelter Zellwand und begleitenden, perlschnurartig getüpfelten Parenchymzellen. Umliegendes Parenchym aus rechteckigen (quaderförmigen) Zellen mit Stärke (nicht eingezeichnet)

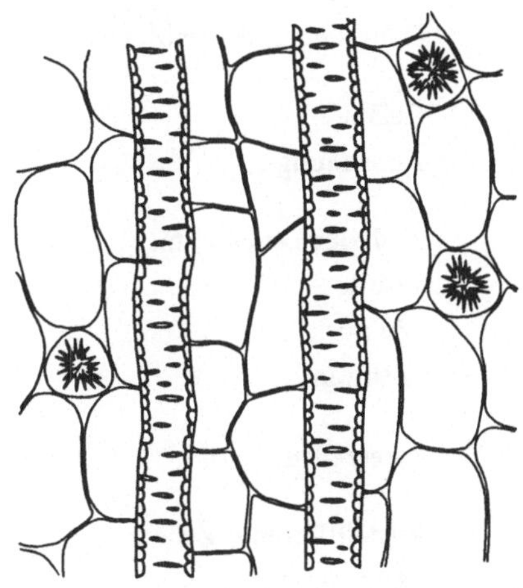

Abb. 4.3.1. Längsschnitt durch eine Batatenknolle mit Gefäßen und Parenchymzellen mit Kristalldrusen; Stärke in den Parenchymzellen nicht eingezeichnet

Abb. 4.2.4. Stärkekörner der Maniokknolle; zusammengesetzte Körner und kesselpaukenförmige Einzelkörner

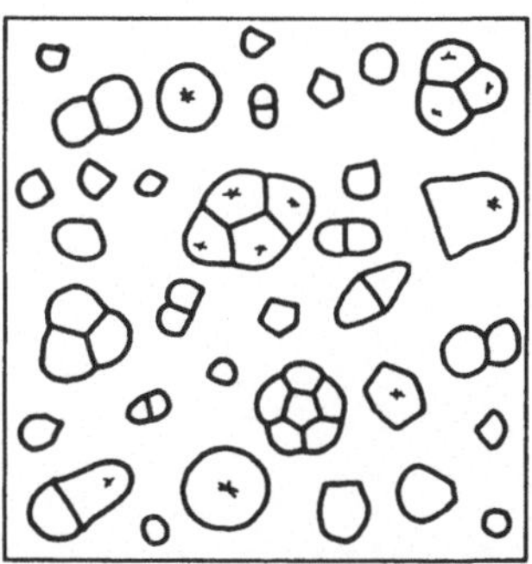

Abb. 4.3.2. Stärkekörner der Batatenknolle; zusammengesetzte Körner und glockenförmige Einzelkörner

Tabelle 4.4. Mikroskopisch-diagnostische Merkmale der Zuckerrübe

	Zuckerrübe *Beta vulgaris* L. ssp. *vulgaris* var. *altissima* Döll
Querschnitt	
Kork und hypodermale Schichten	
Zellschicht	unregelmäßig mehrschichtig
Zellform/-wand	± tafelförmig, dünnwandig
Rinde	
Zellschicht	mehrschichtig
Zellform	rundlich-polygonal
Speichergewebe	
Zellform/-wand	unterschiedlich groß, rundlich, dünnwandig
Leitbündel	
Anordnung	zahlreiche konzentrische Ringe
Siebzellen und Kambium	undeutlich, diagnostisch unwichtig
Gefäße	
Anordnung	unterbrochene radiale Reihen
Radialer Längsschnitt	
Gefäße	
Zellform	röhrenförmig, unterschiedlich breit
Zellwand	dickwandig, überwiegend Netz-, seltener Spiralgefäße
Faserzellen	selten und diagnostisch unwichtig
kristallführende Zellen	
Anordnung	in Begleitung der Gefäße und zerstreut im Speichergewebe
Zellform	länglich
Zellinhalt	zahlreiche kleine Einzelkristalle („Kristallsand"), das Zellumen vollständig ausfüllend
Flächenschnitt	
Kork	unregelmäßig großzellig, braun und dünnwandig

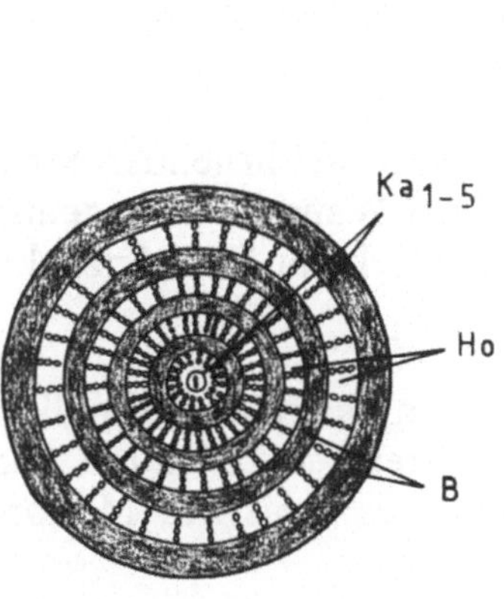

Abb. 4.4.1. Querschnitt durch eine Rübe aus der Gattung Beta (Zucker- oder Runkelrübe) (schematisiert) mit konzentrischen Zuwachsringen; *Ka* Kambium (Ring 1-5), *Ho* Holz, *B* Bast

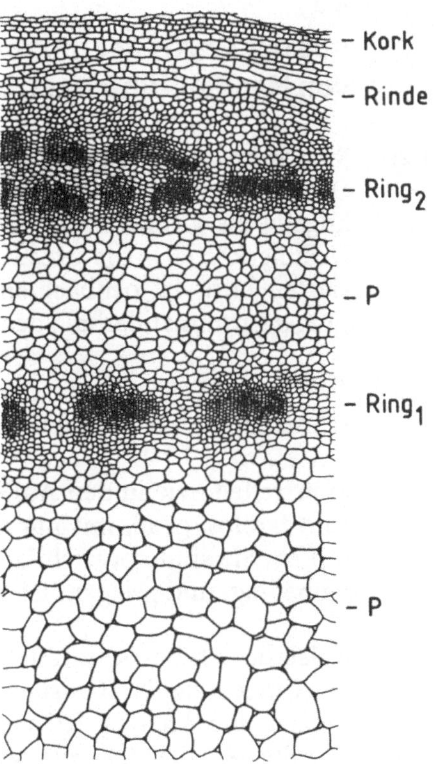

Abb. 4.4.2. Querschnitt durch den äußeren Teil einer Rübe aus der Gattung Beta (Zucker-, Runkelrübe); jeder Ring mit Xylem und Phloem; *P* Parenchym, *Ring*$_1$ und *Ring*$_2$ konzentrische Zuwachsringe

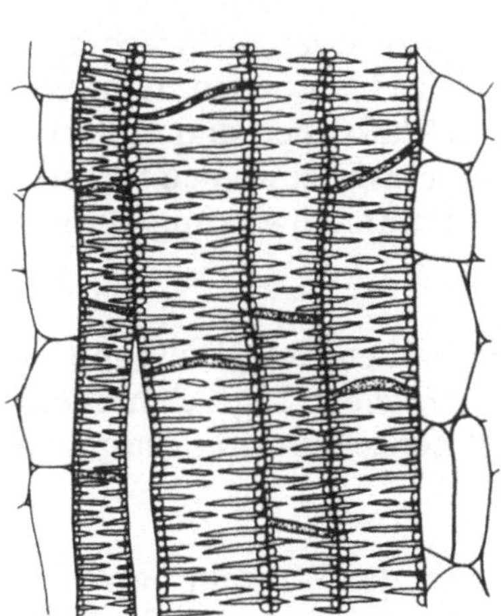

Abb. 4.4.3. Längsschnitt durch eine Gefäßgruppe aus der Zuckerrübe

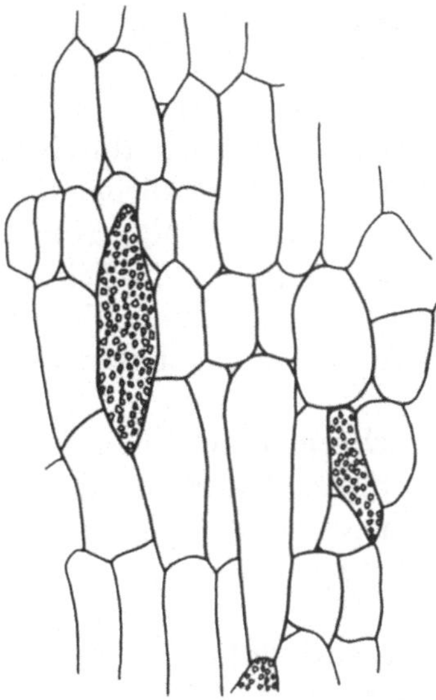

Abb. 4.4.4. Parenchymzellen aus der Zuckerrübe mit Kristallsandzellen

4.4 Aus der Praxis der mikroskopischen Untersuchung von Handels- und Verarbeitungsprodukten

Kartoffel

Speicherparenchym/Stärkekörner. Die Zellen sind groß und dünnwandig. Die Stärkekörner sind sehr unterschiedlich in Größe und Form (klein und kugelig bis groß und länglich-eiförmig, einfach, z.T. auch Zwillings- und Drillingskörner). Die exzentrische Schichtung ist besonders gut im polarisierten Licht zu beobachten (Schnittpunkt des Balkenkreuzes im Schichtungszentrum außerhalb des Mittelpunktes des Stärkekornes).

Tracheen, Tracheiden. Die Ring-, Spiral- und Netzgefäße sind relativ schmal und ohne begleitende Faserelemente.

Steinzellen. Die in den Außenschichten der Kartoffel liegenden Steinzellen sind farblos, groß, mit nur schwach verdickten Wänden, aber deutlich getüpfelt. Sie sind ein wichtiges diagnostisches Merkmal. Ihre Anzahl ist sortenbedingt und gelegentlich sehr spärlich.

Kristalle. An der Ansatzstelle des Ausläufers an der Kartoffelknolle und in der Umgebung der Knospen („Augen") sind vereinzelt Zellen mit Ansammlungen von kleinen Kristallen (Kristallsand) als typisches Merkmal der Familie der Solanaceen festzustellen.

Kork. Die schichtartige Anordnung der Korkzellen ist auch im Aufsichtsbild erkennbar.

Maniok (Cassava)

Speichergewebe/Stärkekörner. Die dünnwandigen, z.T. rechteckigen (quaderförmigen), mit Stärke gefüllten Zellen des Rinden- und Wurzelparenchyms bilden den Hauptanteil vermahlener Maniokprodukte. Die „kastenförmigen" Zellen aus der Nähe der Gefäße sind auch nach Verkleisterung der Stärke an ihrer typischen rechteckigen Form erkennbar.

Die Stärkekörner ähneln in ihrer Größe den Maisstärkekörnern, unterscheiden sich aber durch ihre Form (doppelt oder mehrfach zusammengesetzt, in Einzelkörner zerfallen mit abgeflachten Seiten, teilweise typisch kesselpaukenförmig). Nur die kleinsten Stärkekörner sind einfach und kugelig. Häufig ist ein Teil der Stärke infolge Erhitzung beim Trocknen der Wurzeln oder durch Pelletierung (unter Dampfeinwirkung stranggepreßt) mehr oder weniger stark verquollen.

Tracheen, Tracheiden. Die bis zu 25 μm breiten Netzgefäße mit ihrer ausgeprägten Tüpfelung sind ausnahmslos von einer Lage charakteristischer, rechteckiger bis quadratischer Zellen mit perlschnurartig getüpfelten Wänden umgeben.

Sklerenchymfasern. Besonders im Zentrum der Wurzeln liegen zahlreiche Fasern, die z.T. Stärkekörner enthalten mit schräggestellten Spaltentüpfeln.

Steinzellen/Kristalle. Gelbliche, unterschiedlich dickwandig und nesterweise angeordnete Steinzellen, teilweise Einzelkristalle enthaltend, gehören zum typischen Bild vermahlener Maniokwurzeln. Daneben sind grobstrahlige Kristalldrusen vorhanden. Hinweis: Die Menge an Steinzellen aus dem

Rindengewebe ist abhängig vom Grad der Schälung und der Wurzeldicke des Ausgangsmaterials.

Nebenerzeugnisse der Stärkegewinnung. Die Stärke ist mehr oder weniger stark ausgeschlämmt, die Zellen des Speicherparenchyms sind kollabiert (siehe auch Kap. 1.4: Nebenerzeugnisse der Stärkegewinnung bei Mais). Häufig beobachtet man bei derartigen Produkten geklumptes Material, bei dem die verschiedenen Elemente der Wurzel regellos zusammengepreßt sind.

Batate (Süßkartoffel)

Speicherparenchym/Stärkekörner. Die Zellen sind dünnwandig, relativ groß und rundlich. Die in ihnen enthaltenen Stärkekörner haben Ähnlichkeit mit denen der Maniokwurzel, unterscheiden sich aber in folgenden Punkten: Sie sind größer, die Teilkörner haben häufig eine glocken- oder kegelähnliche Form, und die nicht zerfallenen Stärkekörner bestehen aus mehr Teilkörnern als bei Maniok.

Tracheen, Tracheiden. Sie sind nicht von Fasern begleitet, derbwandig, mit Netztüpfelung.

Kristalle. Große, feinstrahlige Kristalldrusen sind besonders in den äußeren Teilen der Wurzel vorhanden.

Kork/Farbstoff. Das Korkgewebe enthält einen rötlichen Farbstoff, der eine klare Unterscheidung zu den Korkzellen der anderen, hier genannten Wurzeln und Knollen ermöglicht.

Zuckerrübe

Speichergewebe. Sie bestehen aus dünnwandigen Zellen, die in Verarbeitungsprodukten häufig zu Konglomeraten ohne erkennbare Struktur zusammengepreßt sind.

Tracheen, Tracheiden. Sie treten meistens als Gefäßbündel auf, sind langgestreckt mit netzartig verdickten Wänden. Seltener findet man Spiralgefäße.

Kristalle. Sie treten als Ansammlung kleiner Kristalle („Kristallsand“) in vereinzelt liegenden, radial gestreckten Zellen des Parenchymgewebes in Erscheinung.

5 Samen und Blätter als Genußmittel

5.1 Wirtschaftliche Bedeutung

Anregende Inhaltsstoffe wie Coffein, Theobromin oder Nicotin haben Kaffee, Tee, Kakao und Tabak zu weltwirtschaftlich wichtigen Genußmitteln gemacht.

Obwohl **Kaffee** in ca. 75 Ländern angebaut wird, konzentriert sich der Hauptanbau und Export auf wenige Länder Mittel- und Südamerikas (z.B. Brasilien, Kolumbien, Mexiko, El Salvador, Guatemala), West- und Ostafrikas (Kamerun, Uganda, Äthiopien) und Indonesien. Die Welterzeugung stammt überwiegend von den zwei Kaffeearten *Coffea arabica* L. (ca. 75 %) und *C. canephora* Pierre ex Froehner (25 %) (Belitz und Grosch 1897). Die Hauptverbrauchsländer sind die USA und die Industrieländer Westeuropas. Dort wird Kaffee meist als Handelsmischung verschiedener Sorten und Herkünfte angeboten.

Der ursprünglich im tropischen Südamerika beheimatete **Kakaobaum** wird heute in verschiedenen Ländern des Tropengürtels angebaut (Tabelle 5.1). Der Anteil von Konsumkakao an der Welternte wird auf ca. 90 % geschätzt, der Rest entfällt auf Edelkakao (Wurzinger 1985). Im Verbraucherland werden die Kakaosamen (sog. Kakaobohnen) fermentiert und nach Ablösen der Samenschale und der Keimwurzel vermahlen (der Anteil der Samenschale ist hoch und beträgt bei 100 g luftgetrockneten Bohnen meist 13 bis 14 %. Der fetthaltige Brei („Kakaomasse", ca. 52 bis 58 % Fett enthaltend) wird in der Schokoladenherstellung verarbeitet. Um aus der Kakaomasse Kakaopulver zu gewinnen, muß das Fett abgepreßt werden („Kakaobutter").

Der in vorchristlicher Zeit schon in China und Japan kultivierte **Teestrauch** wird heute auch in Indien mit den Schwerpunkten Darjeeling und Assam (Südhänge des Himalaja in Nord- bzw. Nordostindien), China, auf Ceylon (Sri Lanka), in Malaysia, Kenia u.a. angebaut (Tabelle 5.1). Teeblätter werden als Blattknospen, junge Blätter und Triebe geerntet und

Tabelle 5.1. Weltproduktion von Kaffee, Kakao, Tee und Tabak (FAO 1990)

Art	Weltproduktion [10^9 kg]	Hauptproduktionsländer und BRD [10^9 kg]
Kaffee	6,0	Brasilien 1,4; Kolumbien 0,8; Indonesien 0,4; Mexiko 0,3
Kakao	2,4	Elfenbeinküste 0,7; Brasilien 0,4; Malaysia 0,3; Ghana 0,2
Tee	2,5	Indien 0,7; China 0,6; Sri Lanka 0,2
Tabak	6,6	China 2,3; USA 0,7; Brasilien 0,4; Indien 0,5; Türkei 0,3; BRD 0,01

die Hauptmenge zu „schwarzem“ Tee verarbeitet. Neben dem Schwarzen Tee wird vor allem in China und Japan (ca. 90 % der dortigen Ernte) „Grüner Tee“ hergestellt (Wurzinger 1985).

Der weltweit angebaute **Tabak** – ca. ⅓ der Welterzeugung kommt aus den Tropen, ca. ⅔ aus den Subtropen und den gemäßigten Breiten – stammt ursprünglich aus Südamerika. Er wird zu Zigaretten, Zigarren, Schnupf- und Kautabak verarbeitet.

Handels- und Verarbeitungsprodukte

Kaffee. Von der Fruchtschale und weitgehend von der Samenschale befreite Samen werden geröstet und gemahlen. Handelsprodukte: Rohkaffee („Kaffeebohnen“ ungeröstet), Kaffee („Kaffeebohnen“ geröstet bzw. vermahlen als Kaffeepulver), Instantkaffee, entkoffeinierter Kaffee.

Kakao. Verarbeitet werden fermentierte, geröstete, von der Samenschale und dem Keimwürzelchen befreite, vermahlene Keimblätter für Schokoladenerzeugnisse, Trinkkakao u.ä., Samenschalen als Kakaoschalentee für die menschliche Ernährung und zur Gewinnung von Theobromin und Aktivkohle. Abfallprodukte der Kakaoproduktion und der Fettgewinnung kommen gelegentlich in Futtermitteln vor. Handelsprodukte: Z.B. Kakaopulver (schwach oder stark entölt), Kakaoschalentee, Kakaoextraktionsschrot.

Tee. Die Blätter werden fermentiert (Schwarzer Tee) oder nach Dampfbehandlung getrocknet (Grüner Tee). Siebungsrückstände bezeichnet man als „Teestaub“. Handelsprodukte: Schwarzer und Grüner Tee verschiedener Provenienzen und Mischungen.

Tabak. Tabakblätter werden fermentiert und geschnitten zu Rauchwaren verarbeitet. Kautabak liegt meist in Tafel- oder Rollenform vor und stellt ein mit Tabakextrakten gesoßtes und mit Gewürzstoffen aromatisiertes Tabakerzeugnis dar. Schnupftabak ist ein stark zerriebener, aromatisierter Tabak von mehlartiger Beschaffenheit. Handelsprodukte: Z.B. Zigarren, Zigaretten und Pfeifentabak.

5.2 Botanik

Kl. **Dicotyledoneae,** Zweikeimblättrige Bedecktsamer

Arten (Reihenfolge nach Darstellung): *Coffea* spp. (Kaffee, Fam. Rubiaceae), *Theobroma cacao* L. (Kakao, Fam. Sterculiaceae), *Camellia sinensis* (L.) O. Kuntze (Tee, Fam. Theaceae), *Nicotiana tabacum* L. (Tabak, Fam. Solanaceae).

Kaffee

Die Gattung *Coffea* umfaßt ca. 70 Arten, die in 4 Gruppen zusammengefaßt werden. Nur einige Arten der „Eucoffea“-Gruppen (24 Arten) erlangten wirtschaftliche Bedeutung wie z.B. *Coffea arabica* L., *C. canephora* Pierre ex Froehner (syn. *C. robusta* Lind.) und in einem gewissen Grade auch *C. liberica* Bull ex. Hiern. Die Kaffeefrucht ist die dunkelrote Steinfrucht des Kaffeebaumes. Ihrer kirschähnlichen Beschaffenheit wegen wird sie als „Kaffeekirsche“ bezeichnet. Unter einem häutigen Exokarp liegt das fleischige Mesokarp, dem sich eine sog. Pergamentschicht oder Hornschale, das Endokarp, als zähe Haut anschließt. Im Innern befinden sich meist zwei, seltener ein Same, die sog. Kaffeebohne. Sie besteht aus einem umfangreichen Endosperm, umgeben von einer dünnen Samenschale, dem „Silberhäutchen". Der winzige Embryo liegt im unteren Teil des Samens, eingebettet in das Endosperm. Unter „Kaffee" versteht man sowohl die vollständig von der Fruchtschale und weitgehend von der Samenschale befreiten, rohen, graugrünen Samen (Rohkaffee) als auch die gerösteten Samen verschiedener Arten der Gattung *Coffea*. Kreuzungen haben eine Vielzahl kaum unterscheidbarer Kaffee-Varietäten entstehen lassen, so daß heute im Rohkaffeehandel allgemein nur zwischen Arabica- und Robusta-Kaffee differenziert wird. Der Coffeingehalt liegt bei Arabicas bei 0,9 bis 1,4 % gegenüber Robustas zwischen 1,5 bis 2,6 % (Wurzinger 1985). Das typische Aroma und die braune Farbe erhält der Kaffee durch einen Röstprozeß, bei dem der Rohkaffee auf Temperaturen von 200 bis 250 °C erhitzt wird. Durch die Röstung verringert sich die Coffeinmenge nur geringfügig.

Kakao

Die Gattung *Theobroma* umfaßt etwa 20 Arten, von denen insbesondere *T. cacao* L. mit den beiden Hauptsorten „Criollo" (Kreolenkakao, Edelkakao) und „Forastero" (Konsumkakao) wirtschaftliche Bedeutung hat. Die angebauten Sorten sind meist Kreuzungen aus dem „Criollo" und dem „Forastero". Der Kakaobaum ist kauliflor, d.h. Blüten und später die Früchte sitzen an einem kleinen Stielchen direkt am Stamm. Es sind gurkenähnliche Trockenbeeren mit einem fleischig-faserigen, festen Perikarp. Die im Innern befindlichen Scheidewände verschleimen bei der Reife zu einem bräunlichen Mus, in das zahlreiche Samen eingebettet sind. Die dünne Samenschale umgibt den Samen mit seinen zwei großen Speicherkeimblättern und dem kleinen Keimwürzelchen, fälschlicherweise als „Keim" bezeichnet. Die aus den Früchten entnommenen Samen („Kakaobohnen") werden fermentiert und anschließend getrocknet, wobei sich ihre braune Farbe und das Aroma bildet. Der handelsübliche Kakao besteht nur aus den feinvermahlenen Keimblättern. Kakaopulver ist sehr nährstoffreich (Kakaopulver, schwach entölt: Protein 19,8 %, Fett 24,5 %; verwertbare Kohlenhydrate 10,8 %); seine anregende Wirkung beruht auf dem Gehalt an Theobromin (schwach entölter Kakao, 2,3 %) (Souci et al. 1989).

Tee

Die Teepflanze (*Camellia sinensis*) ist ein immergrüner Baum, der in den Plantagen strauchförmig (1 bis 1,5 m hoch) kultiviert wird. Die früher als zweite Art genannte *C. assamica* (mehr breitblättrige Pflanzen) wird heute als Varietät von *C. sinensis* angesehen. Unter der Bezeichnung „Tee" versteht man junge Blätter und Blattknospen, die typischerweise als „two leaves and a bud" vom Teestrauch geerntet werden. Wird grob gepflückt, kommen auch ältere Blätter ins Erntegut. Das Aroma des Schwarzen Tees entsteht durch Fermentation. Dabei werden die geernteten Blätter einem Welkeprozeß unterzogen, dem eine Fermentation und Trocknung („Röstung") folgt, die das Aroma fixiert. Bei Grünem Tee unterbleibt die Fermentation (Wurzinger 1985). Der Coffeingehalt für Schwarzen Tee wird mit 3,3 % angegeben (Souci et al. 1989).

Tabak

Er besteht aus den getrockneten Blättern der einjährigen Tabakpflanze, hauptsächlich *Nicotiana tabacum* (Virginiatabak), seltener *N. rustica* (Bauerntabak). Die Blätter werden, je nach Stellung an der Pflanze, unterschiedlich verwertet. Das Hauptalkaloid dieser *Nicotiana*-Arten ist das Nicotin. Es wird in den Wurzeln synthetisiert und in die Blätter transportiert und ist mit 0,7 bis 8,6 % (in einzelnen Proben wurden sogar 18 % nachgewiesen) im trockenen Tabakblatt enthalten (Siegel et al. 1977).

5.3 Bau und mikroskopische Diagnostik der dargestellten Genußmittel

Untersuchungsmaterial

Kaffee. Möglichst noch vom Endokarp umgebene Kaffeebohnen oder Rohkaffee (ungeröstete Kaffeebohnen). Zur leichteren Herstellung der Präparate sollte das Material längere Zeit in Alkohol-Glycerin eingelegt werden, evtl. auch in warmem Wasser einweichen. Geröstetes Kaffeepulver aufhellen (siehe Kap. 8.3).

Kakao. Samen („Kakaobohnen", d.h. mit Samenschale), längere Zeit in Alkohol-Glycerin eingelegt; Kakaopulver.

Tee. Frische Teeblätter oder Herbarmaterial, unfermentierte Blätter (Grüner Tee), in Wasser eingeweicht oder aufgekochte fermentierte Blätter (Schwarzer Tee).

Tabak. Frische Tabakblätter oder in Alkohol-Glycerin eingelegtes Material; Tabak aus Rauchtabak, Zigarren oder Zigaretten.

Reagenzien

Alkohol-Glycerin, Jod-Kaliumjodidlösung, Chloralhydratlösung, Phloroglucin-HCl-Lösung, Thioninlösung (siehe Kap. 8).

Präparation und Beobachtungen

Allgemeine Hinweise für die Präparation siehe Kap. 8.1.

Kaffee

- **Querschnitte** (quer zur Längsachse des Samens)
  Untersuchung in erhitzter Chloralhydratlösung: Zerstörung zahlreicher Inhaltsstoffe sowie Aufhellung und Quellung der Zellwände. Eine Untersuchung der Gewebestrukturen wird dadurch erleichtert.
- **Totalpräparate von der Samenschale (Silberhaut) und dem Endokarp (Pergamentschicht)**
  Untersuchung in erhitzter Chloralhydratlösung im Durchlicht: Nachweis der unterschiedlichen Zellstrukturen; im polarisierten Licht: Aufleuchten der Sklerenchymfasern des Endokarps und der Steinzellen der Samenschale.
  Untersuchung in Phloroglucin-HCl-Lösung (evtl. leicht erhitzen): Rotfärbung der verholzten Zellwände (Ligninreaktion).

Kakao

- **Querschnitte der Keimblätter** (quer zur Längsachse der Samen)
  Untersuchung im Wasserpräparat: Nachweis der Stärkekörner.
  Untersuchung in Jod-Kaliumjodidlösung: Blaufärbung der Stärkekörner.
  Untersuchung in erhitzter Chloralhydratlösung im Durchlicht: Nachweis der Zellstruktur; im polarisierten Licht: Aufleuchten der Fettkristalle.
- **Tangentialschnitte der Keimblätter** (Flächenschnitte durch die äußersten Zellschichten)
  Untersuchung in erhitzter Chloralhydratlösung im Durchlicht.

- **Querschnitte der Samenschale**
  Untersuchung in erhitzter Chloralhydratlösung im Durchlicht: Nachweis der unterschiedlichen Zellstrukturen.
  Untersuchung in Thioninlösung: Violettfärbung des Schleimes.
- **Flächenschnitte der Samenschale**
  Untersuchung in erhitzter Chloralhydratlösung im Durchlicht: Nachweis der unterschiedlichen Zellstrukturen; im polarisierten Licht: Aufleuchten der Steinzellplatten.

Tee

- **Querschnitte** (quer zur Längsachse des Blattes), ggf. die Blätter in Kork oder Styropor einklemmen oder größere Blattstücke zusammengerollt schneiden
  Untersuchung in erhitzter Chloralhydratlösung im Durchlicht: Nachweis der unterschiedlichen Zellstrukturen; im polarisierten Licht: Aufleuchten der Kristalldrusen und der Steinzellen.
- **Flächenschnitte bzw. Totalpräparate von Blattober- und -unterseite**
  Untersuchung in erhitzter Chloralhydratlösung im Durchlicht und im polarisierten Licht.

Tabakblätter

- **Querschnitte** (quer zur Längsachse des Blattes), ggf. die Blätter in Kork oder Styropor einklemmen oder größere Blattstücke zusammengerollt schneiden
  Untersuchung in erhitzter Chloralhydratlösung im Durchlicht: Nachweis der unterschiedlichen Zellstrukturen; im polarisierten Licht: Aufleuchten der Kristallansammlungen („Kristallsand“) und der Kristalldrusen.
- **Totalpräparate von Blattober- und -unterseite**
  Untersuchung in erhitzter Chloralhydratlösung im Durchlicht: Nachweis der unterschiedlichen Zellstrukturen; im polarisierten Licht: Aufleuchten der Kristallansammlungen und -drusen

Hinweis: Vergrößerungen der Abbildungen, wenn nicht anders angegeben, ca. 200fach.

Tabelle 5.2. Mikroskopisch-diagnostische Merkmale von Kaffee

	Kaffee *Coffea* spp.
Flächenschnitt	
Endokarp („Pergamentschale")	
Zellwand/-form	dickwandige, getüpfelte Sklerenchymfasern
Zellanordnung	gruppenweise sich kreuzend
Querschnitt	
Same	
Samenschale („Silberhäutchen")	mehrschichtig, dünnwandig; im mikroskopischen Bild kaum faßbar
Endosperm	
Zellform	rechteckig bis unregelmäßig polygonal
Zellwand	dickwandig, knotig getüpfelt
Tüpfel	in der Aufsicht groß, oval
Zellinhalt	Fetttropfen, Aleuronkörner
Keimling	im Endosperm eingebettet, sehr klein, diagnostisch unwichtig
Flächenschnitt	
Samenschale („Silberhäutchen")	
Zellwand/-form	dünnwandig, wenig konturiert, mit einzelnen oder gruppenweise zusammenliegenden, langgestreckten, dickwandigen, getüpfelten Steinzellen
Endosperm	wie Querschnittsbild

Diagnostisch verwertbare Unterschiede im Bau der „Kaffeebohne" von *C. arabica* und *C. robusta* gibt es nicht.

Abb. 5.1.1. Zweigstück von *Coffea arabica* mit Früchten (Kaffeekirschen), ca. ½ nat. Größe

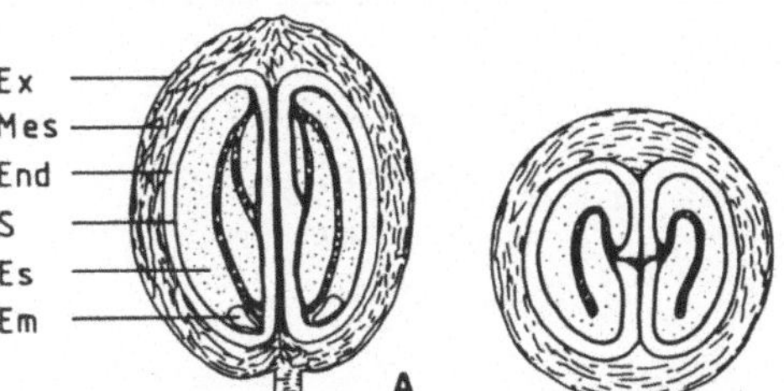

Abb. 5.1.2. A Längs- und **B** Querschnitt durch eine Kaffeefrucht mit 2 Samen, nat. Größe; *Ex* Exokarp, *Mes* Mesokarp, *End* Endokarp, *S* Samenschale, *Es* Endosperm, *Em* Embryo. (Nach Schumann aus Engler-Prantl 1891,verändert)

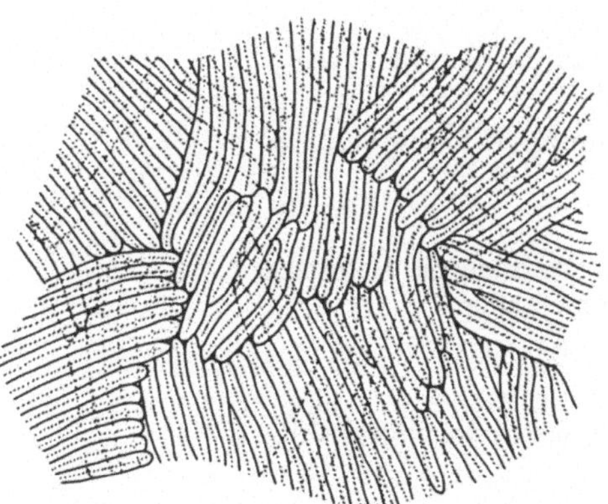

Abb. 5.1.3. Endokarp (Pergamentschale) der Kaffeefrucht, Flächenansicht auf die Sklerenchymfasern

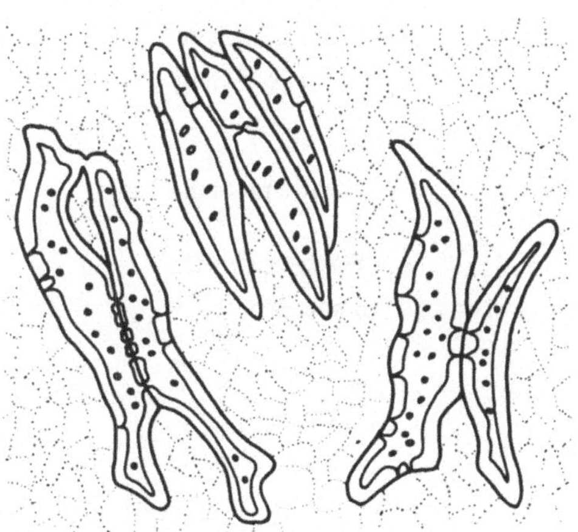

Abb. 5.1.4. Kaffee-Samenschale (Silberhäutchen), mit Steinzellgruppen in Flächenansicht

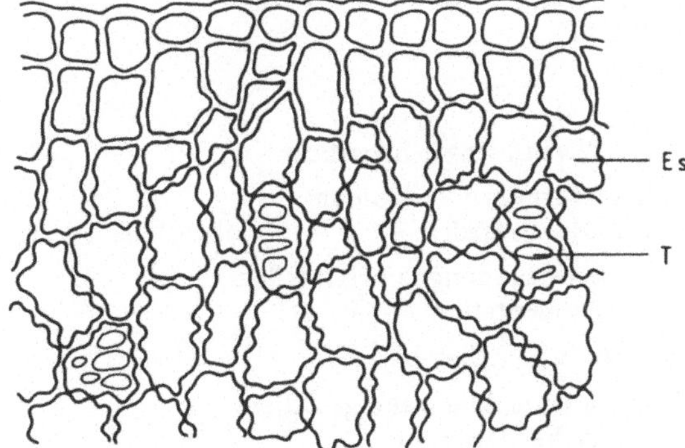

Abb. 5.1.5. Querschnitt durch den Außenteil des Kaffeesamens (Endosperm). Zellen mit knotig verdickten Wänden und ovalen Tüpfeln; *Es* Endosperm, *T* Tüpfel; Zellinhalt nicht eingezeichnet

Tabelle 5.3. Mikroskopisch-diagnostische Merkmale der Kakao-Samenschale und des Perikarps

	Kakao *Theobroma cacao* L.
Querschnitt	
Samenschale	
Epidermis	
Zellform/-wand	gestreckt-rechteckig / derbwandig
Schleimzellen	
Zellform	groß, rundlich
Zellinhalt	hellfarbiger Schleim, in wässrigen Medien quellend
Parenchym	zusammengefallenes, kollenchymatisches Gewebe
Steinzellschicht	einschichtig
Zellanordnung	in Gruppen, unterbrochen von dünnwandigen Zellen
Zellform/-wand	klein, rechteckig, U-förmig verdickt
Flächenschnitt	
Samenschale	häufig in Verbindung mit Hefezellen aus der Fermentation
Epidermis	
Zellform/-wand	groß, ± längsgestreckt, ungetüpfelt, braun
Schleimzellen	
Zellform	groß, rundlich-oval
Zellinhalt	hellfarbiger Schleim, in wässrigen Medien aufquellend
Parenchym	große, runde, teilweise derbwandige Zellen
Steinzellschicht	
Zellform/-wand	klein, Zellwand schwach verdickt
Zellanordnung	in plattenförmigen Verbänden, getrennt durch Spalten
Reste des Perikarps („Fruchtmus“)	häufig in Verbindung mit Hefezellen aus der Fermentation
Mesokarp	hypenähnliche Zellen
Endokarp	schräglaufende dünnwandige Zellen mit schwacher Tüpfelung

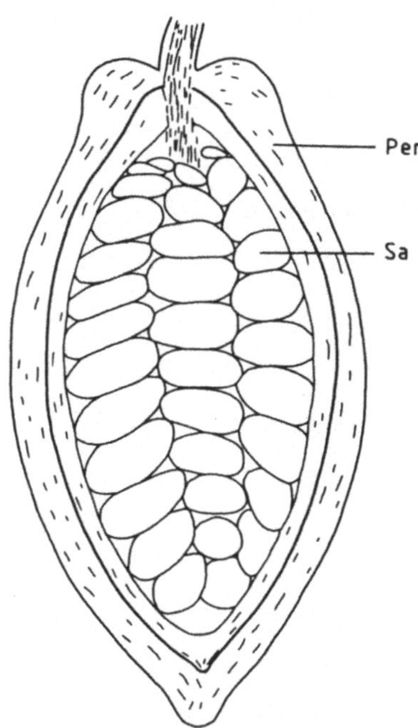

Abb. 5.2.1. Längsschnitt durch eine Kakaofrucht, ca. ½ nat. Größe; *Peri* Perikarp, *Sa* Samen

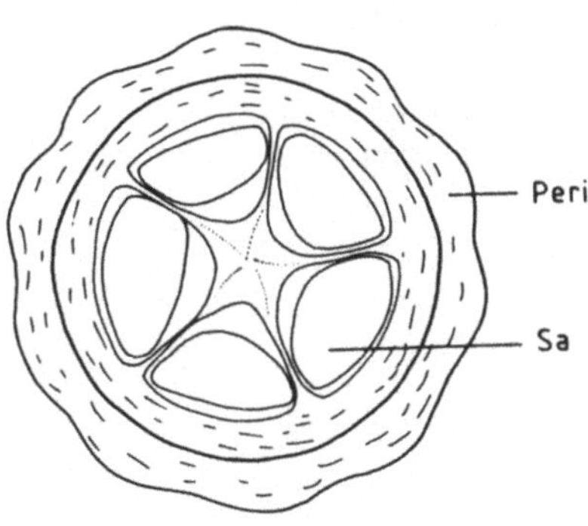

Abb. 5.2.2. Querschnitt durch die Kakaofrucht, ca. ½ nat. Größe; Erläuterungen s. Abb. 5.2.1

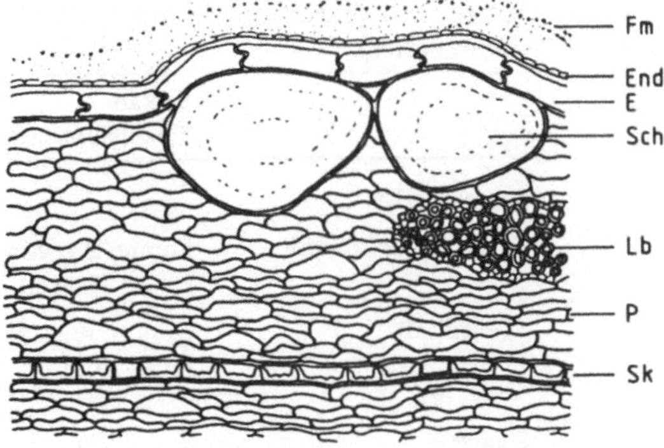

Abb. 5.2.3. Querschnitt durch die Samenschale von Kakao mit Resten des Fruchtmuses und des Endokarps. Im äußeren Teil große Schleimzellen, im inneren Teil becherförmige Sklerenchymzellen; *Fm* Fruchtmus, *End* Endokarp, *E* Epidermis, *Sch* Schleimzellen, *Lb* Leitbündel, *P* Parenchym, *Sk* Sklerenchymzellen

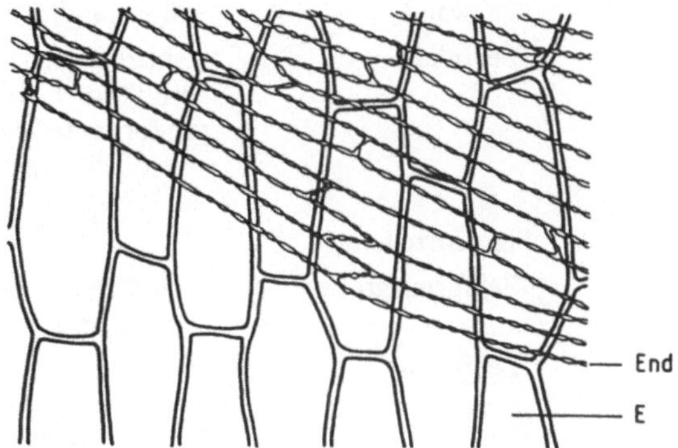

Abb. 5.2.4. Aufsicht auf die Samenschale von Kakao mit darüberliegenden Resten des Endokarps; *End* Endokarp, *E* Epidermis der Samenschale. (Nach Gassner et al. 1989, verändert)

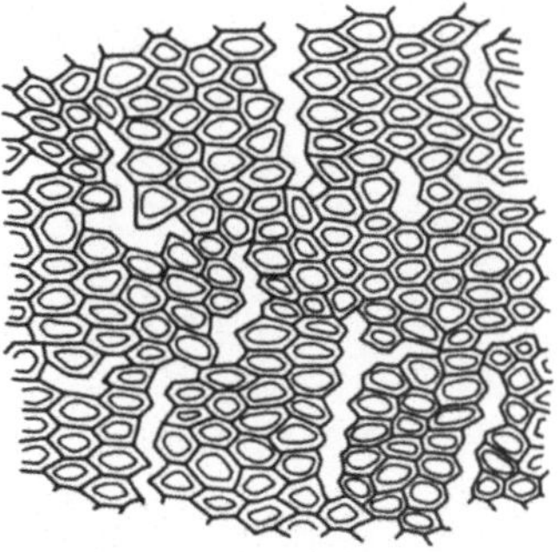

Abb. 5.2.5. Aufsicht auf die Sklerenchymzellschicht der Samenschale von Kakao; Gruppen von Sklerenchymzellen, gegeneinander verschoben (zur Orientierung s. Abb. 5.2.3)

Tabelle 5.4. Mikroskopisch-diagnostische Merkmale von Kakao (Keimblätter)

	Kakao *Theobroma cacao* L.
Querschnitt	
Keimblattepidermis	kleine, ± rechteckige Zellen mit vereinzelten Haaren
Zellinhalt	braune Pigmentkügelchen, z.T. sehr feinkörnig
Haare	
Aufbau	häufig aus mehreren Zellreihen bestehend; im unteren Teil kurze tonnenförmige Zellen mit keulenförmigem Köpfchen
Zellinhalt	wie Keimblattepidermis
inneres Keimblattgewebe	
Zellwand	dünnwandig, farblos bis bräunlich
Zellinhalt	Fetttropfen, nadelförmig auskristallisierend (pol. Licht), Aleuronkörner, Stärkekörner teilweise zusammengesetzt, rundlich bis eckig, Größe 2–12 μm
Pigmentzellen	
Zellform/-größe	rundlich bis oval, größer als die umgebenden Keimblattzellen
Zellinhalt	braunes und teilweise violettes Pigment; die Anzahl der Pigmentzellen ist sortenabhängig
Flächenschnitt	
Keimblattepidermis	
Zellform	unregelmäßig polygonal

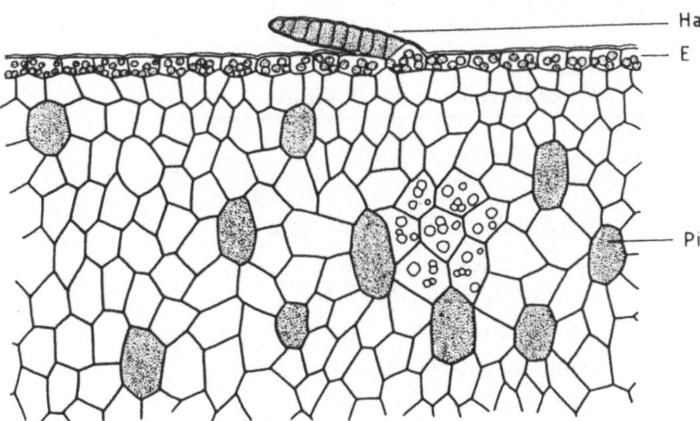

Abb. 5.2.6. Querschnitt durch das Keimblatt von Kakao. Epidermis mit Haar und braunen Pigmentkügelchen, Keimblattgewebe mit unregelmäßig verteilten Pigmentzellen, Stärkekörner teilweise eingezeichnet, Fetttropfen bzw. Fettkristalle und Aleuronkörner nicht eingezeichnet; *Ha* Haar, *E* Epidermis, *Pi* Pigmentzellen

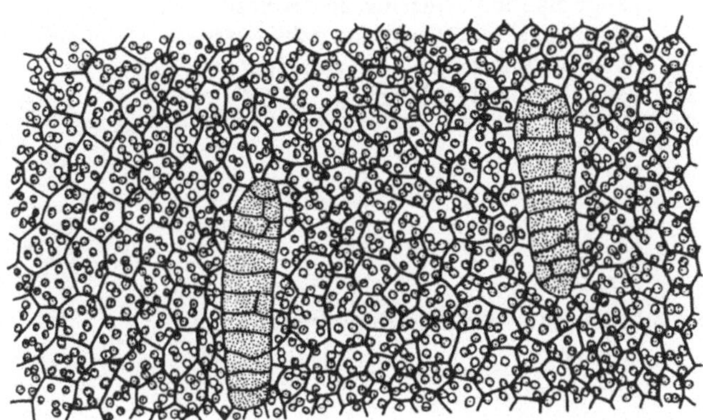

Abb. 5.2.7. Aufsicht auf die Epidermis des Keimblattes von Kakao mit mehrzelligen, keulenförmigen Haaren und braunen Pigmentkügelchen

Tabelle 5.5. Mikroskopisch-diagnostische Merkmale von Teeblättern

	Tee *Camellia sinensis* (L.) O. Kuntze
Querschnitt	
obere Epidermis	
Zellform/-wand	± rechteckig, mäßig dickwandig
Palisadenzellen	zweischichtig: obere Reihe lang, engstehend, untere Reihe kürzer
Schwammparenchym	vielschichtig
Zellinhalt	vereinzelt Kristalldrusen
Steinzellen (Sklerenchymzellen)	vorherrschend im Schwammparenchym, z.T. bis in die Palisadenschicht hineinragend, groß, ± verzweigt, dickwandig und getüpfelt; ihre Anzahl ist abhängig vom Alter der Teeblätter
untere Epidermis	
Zellwand	mäßig verdickt
Haare	Länge bis 1 mm, einzellig, an der Basis scharf abgeknickt, Zellwand mäßig verdickt, glatt; ihre Anzahl ist abhängig vom Alter der Teeblätter
Flächenschnitt	
obere Epidermis	
Zellwand	flachwellig, mäßig verdickt
Palisadenzellen	kreisförmig
Schwammparenchym	lockeres Gewebe mit zahlreichen Interzellularen
Zellinhalt	Kristalldrusen
Steinzellen	große, charakteristisch verzweigte Einzelzellen (s. oben)
untere Epidermis	
Zellwand	stärker gebuchtet, mäßig verdickt
Spaltöffnungen	zahlreich, groß, breit-elliptisch mit 3–4 Nebenzellen
Haare	s. oben

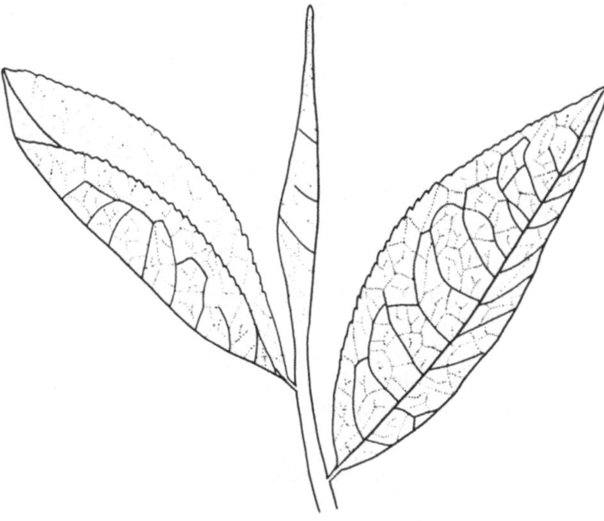

Abb. 5.3.1. Spitze eines Teezweiges mit zwei jungen Blättern und einer Blattknospe („two leaves and a bud"), ca. nat. Größe

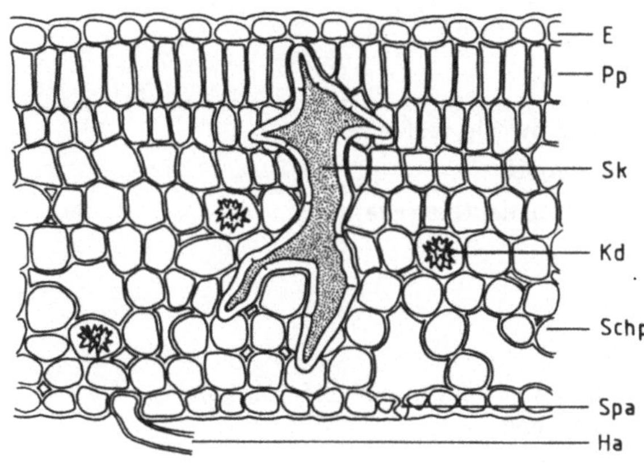

Abb. 5.3.2. Querschnitt durch ein Teeblatt mit Steinzelle und Kristalldrusen; *E* Epidermis, *Pp* Palisadenparenchym, *Schp* Schwammparenchym, *Sk* Sklerenchymzelle, *Kd* Kristalldruse, *Spa* Spaltöffnung, *Ha* Haaransatz

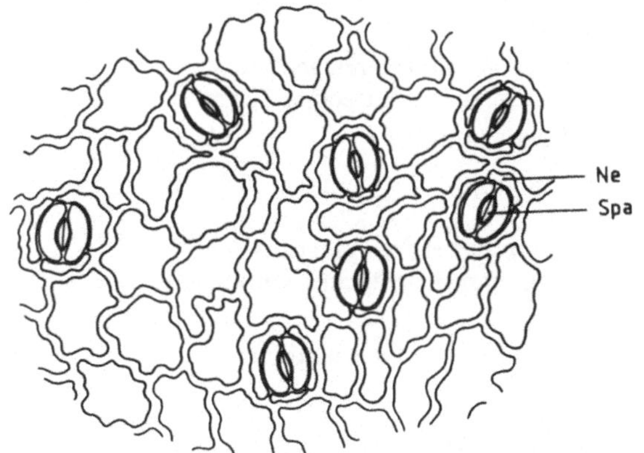

Abb. 5.3.3. Flächenansicht auf die Blattunterseite eines älteren Teeblattes mit gewellten Epidermiszellen und großen Spaltöffnungen mit 3 bis 4 Nebenzellen; *Spa* Spaltöffnung, *Ne* Nebenzellen

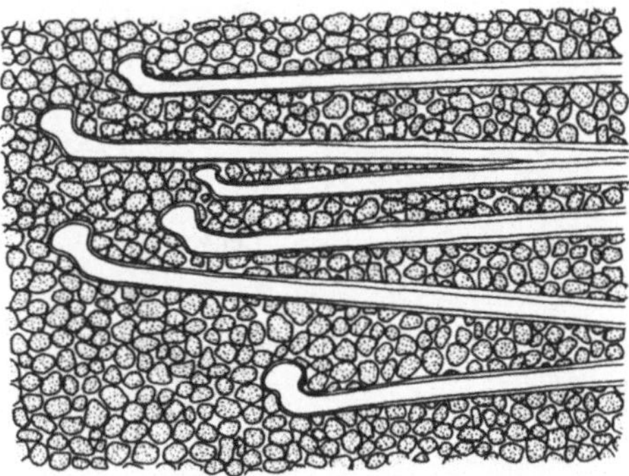

Abb. 5.3.4. Flächenansicht auf die Blattunterseite eines jungen Teeblattes mit zartwandigen Epidermiszellen und an der Basis abgeknickten Haaren

Tabelle 5.6. Mikroskopisch-diagnostische Merkmale von Tabakblättern

	Tabak *Nicotiana tabacum* L.
Querschnitt	
obere Epidermis	
Zellform/-wand	± rechteckig, mäßig dickwandig
Spaltöffnungen	vorhanden, weniger als auf der Blattunterseite
Gliederhaare	mehrzellig, häufig verzweigt, mit spitzer Endzelle
Drüsenhaare	mit einzelligem oder mehrzelligem Stiel und mehrzelligem Drüsenköpfchen; Zellen der Drüsenköpfchen mit kleinen Kristalldrusen
Palisadenzellen	einschichtig, langgestreckt
Schwammparenchym	vielschichtig
Kristalle	kleine Einzelkristalle („Kristallsand"), dichtgepackt in einzelnen Zellen des Mesophylls („Kristallsandzellen")
Leitbündel	bikollateral, von breitem Kollenchymstrang umgeben
untere Epidermis	
Zellform/-wand	± rechteckig, mäßig verdickt
Spaltöffnungen	zahlreich
Gliederhaare, Drüsenhaare	wie auf der Oberseite
Flächenschnitt	
obere Epidermis	
Zellwand	flachwellig mit ± deutlicher Kutikularstreifung
Spaltöffnungen	s. oben
Haare	s. oben
Palisadenzellen	kreisförmig durch die Epidermis durchscheinend
Schwammparenchym	lockeres Gewebe mit zahlreichen Interzellularen und kristallführenden Zellen
Kristalle	„Kristallsand" (s. oben)
untere Epidermis	
Zellwand	stärker wellig als bei der Epidermis der Blattoberseite mit ± deutlicher Kutikularstreifung
Spaltöffnungen	zahlreich (mehr als auf der Blattoberseite)
Haare	s. oben

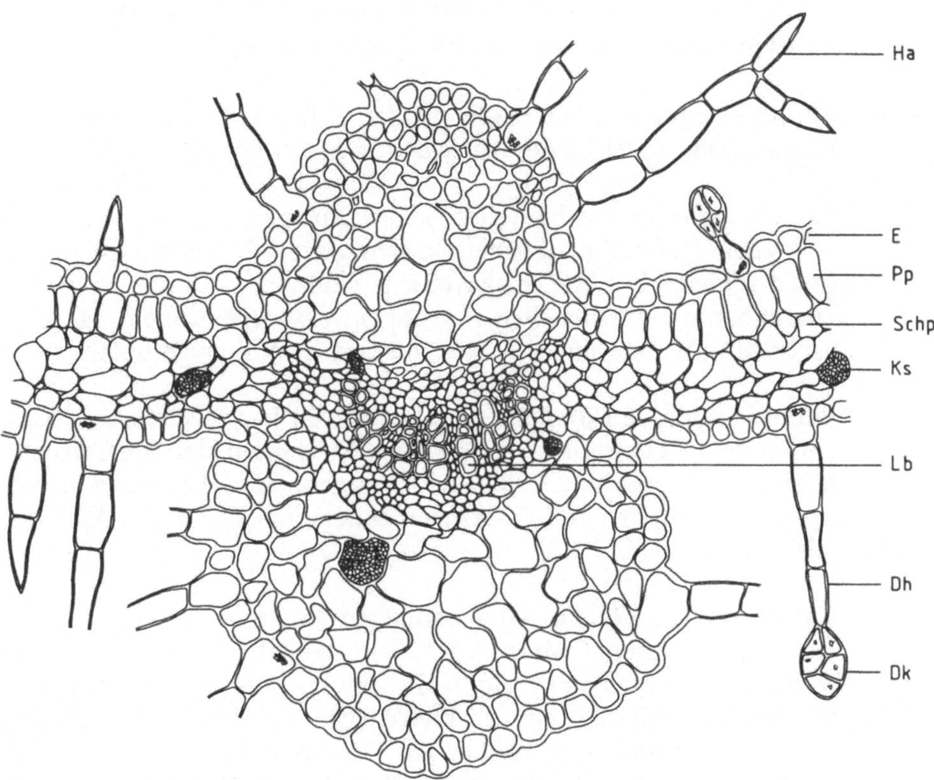

Abb. 5.4.1. Querschnitt durch die Mittelrippe eines Tabakblattes mit Glieder- und Drüsenhaaren. Einzelne Zellen im Parenchym mit kleinkörnigen Kristallen („Kristallsand") gefüllt; *Ha* Haare, *Dh* Drüsenhaar, *Dk* Drüsenköpfchen, *E* Epidermis, *Pp* Palisadenparenchym, *Schp* Schwammparenchym, *Lb* Leitbündel, *Ks* Kristallsand. (Nach Moeller-Griebel 1928, verändert)

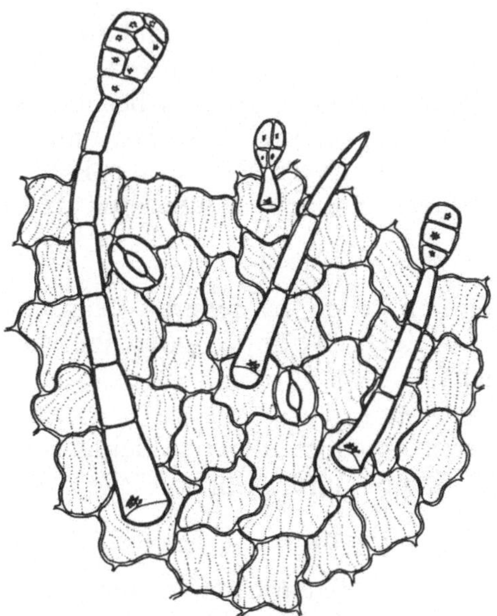

Abb. 5.4.2. Aufsichtsbild auf die Oberseite eines Tabakblattes mit Spaltöffnungen, Haar und Drüsenhaaren. Zellen der Drüsenköpfchen mit kleinen Kristalldrusen, Fußzelle der Haare mit Kristallsand

5.4 Aus der Praxis der mikroskopischen Untersuchung von Handels- und Verarbeitungsprodukten

Kaffee

Endospermgewebe. Die mäßig großen Zellen zeigen knotige Wandverdikkungen und Tüpfel (in der Aufsicht von ovaler Form).

Samenschale („Silberhäutchen"). Ihre Menge ist in handelsüblichem vermahlenem Kaffee im allgemeinen sehr gering. Trotzdem ist sie ein wichtiges, diagnostisches Merkmal: Auf einem dünnen, kaum noch als Zellgewebe erkennbaren Häutchen liegen gruppenweise angeordnete, längliche Steinzellen. Ihre Wände sind mäßig verdickt und deutlich getüpfelt.

Endokarpgewebe („Pergamentschicht"). In handelsüblichem Kaffee nicht vorhanden. Gelegentlich mit anderen Elementen der Kaffeefrucht in Futtermitteln beobachtet. Die dickwandigen, sich kreuzenden und überlagernden Gruppen von Faserzellen ähneln den Zellen des Apfelkernhauses (siehe Kap. 7, Abb. 7.1.3).

Kaffee-Ersatzstoffe. In wirtschaftlichen Notzeiten spielten Kaffee-Ersatzstoffe (z.B. Gersten-, Malz- oder Zichorienkaffee) eine größere Rolle. Sie wurden auch z.T. als unerlaubte Streckungsmittel dem Kaffee beigemischt. So wurden während des 2. Weltkrieges 315 000 t Kaffee-Ersatzstoffe in Deutschland produziert, 1977 in der BRD nur noch 10 000 t (Belitz u. Grosch 1987). Bezüglich der mikroskopischen Charakteristika von pflanzlichen Kaffee-Ersatzstoffen siehe Handbücher (z.B. Moeller-Griebel 1928, Gassner et al. 1989).

Kakao (Kakaopulver und Schokolade)

Das Untersuchungsmaterial sollte vorher durch Extraktion mit Äther entfettet und evtl. vorhandener Zucker mit Wasser aufgelöst werden.

Keimblattepidermis. Die sehr kleinen Zellen der Keimblattepidermis enthalten neben einem braunen, körnigen Zellinhalt ein weiteres Pigment in Form kleiner, brauner Kügelchen. Sie haben dadurch besonders im Aufsichtsbild ein feinporiges, teilweise „angenagtes" Aussehen und gehören zu den wenigen Leitelementen des Kakaopulvers. Die auf der Epidermis vorhandenen Haare sind in verarbeiteten Kakaoprodukten nur als Ausnahme zu beobachten.

Inneres Keimblattgewebe. Von den Zellen des inneren Keimblattgewebes sind je nach Vermahlungsgrad kleine Zellgruppen oder überwiegend nur Zellwandbruchstücke vorhanden.

Stärke. Im Wasserpräparat fallen in erheblicher Menge kleine, rundliche bis eckige, häufig zu ungleichen Zwillings- und Drillingskörnern zusammengesetzte Stärkekörner auf.

Fettkristalle. Bei nicht vollständig entfettetem Untersuchungsmaterial sind Fetttropfen bzw. Fettkristalle, einzeln und vielstrahlig zusammengesetzt, zu beobachten (polarisiertes Licht!).

Steinzellen der Samenschale („Kakaoschalen"). Die bei der Herstellung von Kakao in großen Mengen anfallenden theobrominhaltigen „Kakaoschalen" sind in Kakaoerzeugnissen als Verfälschung zu bewerten. Die in ihnen enthaltenen Steinzellen sind in Kakaoprodukten das wichtigste Leitelement für zugesetzte „Kakaoschalen", wobei der mikroskopische Nachweis besser geeignet ist als chemische Verfahren wie z.B. die Rohfaserbestimmung (Belitz und Grosch 1987). Es handelt sich um kleine Steinzellen mit mäßig verdickten, glatten Wänden. Sie sind in Gruppen angeordnet, eigentümlich gegeneinander verschoben und durch schmale Reihen dünnwandiger Zellen getrennt. Größere Gewebeteile dieser Steinzellschicht erinnern an einen „durch Erdbeben auseinandergerissenen Pflasterweg".

Schleimzellen. Sie quellen bei Wasserzutritt und schieben die anliegenden Zellen auseinander, so daß ein häufig streifenartiger, leicht schimmernder Zwischenraum entsteht. Dieser Schleim leuchtet im polarisierten Licht nicht auf, dagegen färbt er sich mit Thioninlösung blauviolett.

Fruchtreste. Vor allem in Kakaoabfallprodukten sind neben Samenschalen und geringen Mengen Keimblattgewebe in mehr oder weniger großen Mengen Teile der inneren Fruchtwand enthalten. Es handelt sich vor allem um die parallelwandigen Zellen des Endokarps und schlauchförmige, oft hyphenähnlich gestreckte Zellen aus dem Fruchtfleisch. Derartige Kakaoabfallprodukte sind meistens mit Hefezellen durchsetzt.

Tee

Epidermis/Haare. Die obere und die untere Epidermis älterer Blätter besteht aus schwach gewellten Zellen; die Unterseite enthält zahlreiche große Spaltöffnungen. Die Blattunterseiten junger Blätter sind dicht behaart, ältere Teeblätter verkahlen. Die Haare sind einzellig, über der Basis rechtwinkelig abgeknickt, lang und derbwandig.

Steinzellen. Das Blattgewebe enthält einzelne Steinzellen, die durch ihr unregelmäßig verzweigtes, gegabeltes Aussehen in Verbindung mit den oben beschriebenen Haaren das wichtigste Leitelement für Teeblätter darstellen. Auch in jungen Blättern sind sie, wenn auch nur vereinzelt, stets vorhanden.

Kristalle. Im Mesophyll und in Begleitung der Leitbündel sind zahlreiche kleine und große Kristalldrusen vorhanden.

Tabak

Haare. Kennzeichnend für Tabakblätter sind 2- bis 10zellige Gliederhaare mit meist bauchiger Fußzelle. Im oberen Teil sind sie häufig verzweigt. Außerdem finden sich zahlreiche Drüsenhaare, teils als Drüsenköpfchen mit nur einer Stielzelle, teils als lange, unverzweigte oder verzweigte Haare mit Drüsenköpfchen.

Kristalle. Besonders in Flächenansichten des Tabakblattes erkennt man die sog. „Kristallsandzellen" des Mesophylls, die als dunkle Flecken im Blattgewebe liegen. Im polarisierten Licht leuchten die zahlreichen kleinen Einzelkristalle deutlich auf. Daneben ist in den Zellen der Drüsenköpfchen je eine kleine Kristalldruse zu beobachten (polarisiertes Licht!).

Epidermis/Spaltöffnungen. Die wellig-buchtigen Epidermiszellen der Blattober- und -unterseite zeigen gelegentlich eine mehr oder weniger deutliche Kutikularstreifung. Spaltöffnungen sind auf beiden Seiten, zahlreicher allerdings auf der Blattunterseite zu finden.

6 Gewürze und Küchenkräuter

6.1 Wirtschaftliche Bedeutung

Unter Gewürzen versteht man getrocknete, lagerfähige Teile der gesamten Pflanze. Handelt es sich bei einem verwendeten Gewürz um frische Pflanzenteile, so spricht man von Würzkraut (-kräutern) (Lebensmittelrecht 1994).

Zahlreiche Pflanzen oder Teile davon, die aromatische Stoffe enthalten, sind seit altersher zum Würzen von Speisen und Getränken genutzt worden. Die ersten schriftlichen Angaben über Gewürze kommen aus Mesopotamien. Vielfach werden Gewürz- auch als Arzneipflanzen verwendet wie z.B. Kümmel, Anis und Fenchel.

Im Mittelalter breitete sich in Europa die Kenntnis über die Gewürze Ostasiens aus, verbunden mit einem grundlegenden Wandel der Eß- und Kochsitten, der sich nicht nur auf den kleinen Kreis der Oberschicht beschränkte, sondern auch das wohlhabende Bürgertum zunehmend einbezog (Göök 1965). Die daraus resultierende starke Nachfrage nach Gewürzen des

Tabelle 6.1. Importe einzelner Gewürzarten nach Deutschland und Hauptlieferländer (Paap 1992)

Gewürz	Importe [10^6 kg]	Hauptlieferländer, Anbaugebiete [Importanteil %]
Pfeffer (unvermahlen)	16,0	Indonesien 51, Brasilien 24, Malaysia 12, Indien 4, Singapur 3, Sonstige 6
Paprika (vermahlen)	11,9	Ungarn 30, Brasilien 21, Spanien 17, China 7, Türkei 6, Marokko 5, USA 3, Sonstige 11
Kümmel	2,6	Niederlande 35, Polen 33, CSFR 21, Syrien 4, Ungarn 4, Sonstige 3
Koriander	2,6	Bulgarien 34, Sowjetunion 17, Marokko 13, Ägypten 10, Ungarn 7, Rumänien 7, Sonstige 12
Muskatnuß	1,9	Indonesien 53, Grenada 25, Indien 3, Sonstige 19
Zimt (unvermahlen)	1,6	Indonesien 48, Sri Lanka 12, Madagaskar 11, China 9, Vietnam 8, Sonstige 12
Ingwer	1,4	Anbaugebiete: China, Indien, Malaysia, Thailand, Taiwan, Brasilien, Mittelamerika, Jamaika, Australien, Nigeria
Gewürznelken	0,6	Anbaugebiete: Madagaskar, Tansania, Sansibar, Indonesien (größter Produzent und Verbraucher), Malaysia, Brasilien
Macis	0,5	Anbaugebiete: Indonesien mit Molukken, Sri Lanka, Indien, Brasilien, Westindien
Kardamon	0,3	Indien, Indochina, Sri Lanka, Guatemala
Sonstige	13,1	

Orients war ein wichtiger Grund für die Suche nach Seewegen zu den fernen Gewürzparadiesen (Kolumbus glaubte 1492 Indien entdeckt zu haben!). Der stark expandierende Handel mit exotischen Gewürzen brachte Reichtum und Macht (z.B. Venedig als zeitweiliges Zentrum des Gewürzhandels im Mittelalter). Um den Besitz der gewinnbringenden Gewürzmonopole wurde erbittert gekämpft (Gööck 1965).

Gewürze sind aus unserer Welt nicht mehr wegzudenken. Allerdings ist es schwierig, die wirtschaftliche Bedeutung von Gewürzen mit entsprechend großen Produktionsmengen zu veranschaulichen. So stellt der auf den Weltmarkt kommende Pfeffer nur einen kleinen Teil der schwer abschätzbaren Gesamternte dar, die größtenteils in den Erzeugerländern verbraucht wird (z.B. in Indien). Ähnliches gilt für die vielen anderen nicht aus Europa stammenden Gewürze. Eine Auswahl der von Deutschland importierten Gewürze faßt Tabelle 6.1 zusammen.

Handels- und Verarbeitungsprodukte

Unzerkleinerte Gewürze. Viele Gewürze werden in unzerkleinertem Zustand, einzeln oder in Mischungen verwendet. Handelsprodukte: Z.B. Schwarzer Pfeffer, unvermahlen; Senfkörner, Gewürznelken, Lorbeerblätter, Kümmel.

Grob zerkleinerte und vermahlene Gewürze. Fast alle Gewürze und Würzkräuter sind in grob zerkleinerter, mehr noch in vermahlener Form im Handel. Handelsprodukte: Z.B. Pfeffer, Paprika, Muskatnuß, Zimt, Gewürznelken, Ingwer, Kurkuma (Einzelgewürz und als ein Bestandteil im Currypulver).

Geschälte Pflanzenteile. Von der reif geernteten Pfefferfrucht wird nach einem kurzen Fermentationsprozeß die äußere Fruchtschale abgeschabt, und die geschälte Frucht kommt als Weißer Pfeffer in den Handel. Auch bei der hochwertigen Zimtrinde - dem Ceylon-Zimt - sind die äußeren Rindenteile abgeschabt. Handelsprodukte: Weißer Pfeffer, Ceylon-Zimt, Ingwer, Kurkuma.

Konservierte Gewürze. Für einige Gewürze werden Salzlake, Essig oder Speiseöl als Konservierungsmittel verwendet. Handelsprodukte: Kapern, Grüner Pfeffer, eingelegter Paprika.

Gewürzmischungen und -zubereitungen. In der Lebensmittelindustrie werden zunehmend Gewürzmischungen verwendet. Derartige Gewürzkombinationen sind z.B. Kräutergewürzmischungen wie „Oregano", häufig eine Mischung aus verschiedenen Lamiaceen-Kräutern wie *Origanum heracleoticum* L., *Majorana onites* (L.) Benth, *Thymus* sp. u.a.

Den Gewürzmischungen werden häufig weitere Stoffe zugesetzt wie Glutamat, Trockenhefe oder Hefeextrakt, Kochsalz. Ebenso werden „Füllstoffe" wie Mehle oder Stärken, entweder unbehandelt oder aufgeschlossen als Quellmehle oder Quellstärken zugesetzt. Derartige Mischungen von Gewürzen mit anderen Stoffen werden als Gewürzzubereitungen bezeichnet (Lebensmittelrecht 1994).

Neben den Gewürzen und ihren Mischungen werden in der Lebensmittelindustrie Gewürzextrakte (Oleoresine) und Gewürzöle eingesetzt. Gewürzextrakte sind Auszüge aus Gewürzen, in denen sich die wertgebenden Inhaltsstoffe der Pflanzenteile wie Gewürzöle (ätherische Öle), Geschmacks-, Scharfstoffe usw. befinden. Aus den Gewürzextrakten lassen sich Gewürzöle (flüchtig) abtrennen (Gerhardt 1990).

6.2 Botanik

Die dargestellten Gewürzpflanzen und Küchenkräuter sind ein wichtiger Bestandteil der europäischen Küche und repräsentieren nur eine kleine Auswahl der weltweit genutzten Arten. Die Gliederung der botanischen Vielfalt wird nach der in der Gewürzkunde üblichen Praxis durchgeführt: Gewürze aus Früchten, Samen, Blüten, Rinden, Rhizomen, Blättern und Kräutern.

Arten (Reihenfolge nach Darstellung):

Kl. **Dicotyledoneae,** Zweikeimblättrige Bedecktsamer
Früchte. *Piper nigrum* L. (Schwarzer, Weißer und Grüner Pfeffer, Fam. Piperaceae), *Pimenta dioica* (L.) Merill (Piment, Fam. Myrtaceae), *Capsicum annum* L. (Paprika, Fam. Solanaceae), *Carum carvi* L. (Kümmel, Fam. Apiaceae), *Cuminum cyminum* L. (Römischer Kümmel, Kreuzkümmel, Mutterkümmel, Fam. Apiaceae), *Pimpinella anisum* L. (Anis, Fam. Apiaceae), *Coriandrum sativum* L. (Koriander, Fam. Apiaceae).
Samen. *Brassica nigra* (L.) Koch (Schwarzer Senf, Fam. Brassicaceae), *Sinapis alba* L. ssp *alba* (Weißer Senf, Gelbsenf, Fam. Brassicaceae), *Myristica fragrans* Houtt. (Muskatnuß und Macis, Fam. Myristicaceae).
Blüten. *Syzygium aromaticum* (L.) Merr. et Perry (Gewürznelken, Fam. Myrtaceae).
Rinden. *Cinnamomum aromaticum* Nees (Chinesischer Zimt) und *C. zeylanicum* Bl. (Ceylon-Zimt, Fam. Lauraceae).
Blätter/Kräuter. *Origanum majorana* L. (Majoran, Fam. Lamiaceae), *Thymus vulgaris* L. (Thymian, Fam. Lamiaceae), *Laurus nobilis* L. (Lorbeerblätter, Fam. Lauraceae), *Petroselinum crispum* (Mill.) Hill. (Petersilie, Fam. Apiaceae).

Kl. **Monocotyledoneae,** Einkeimblättrige Bedecktsamer
Samen. *Elettaria cardamomum* (L.) Maton (Kardamon, Fam. Zingiberaceae).
Rhizome. *Zingiber officinale* Rosc. (Ingwer, Fam. Zingiberaceae) und *Curcuma longa* L. (Kurkuma, Gelbwurz, Fam. Zingiberaceae).
Zwiebeln. *Allium sativum* L. (Knoblauch, Fam. Liliaceae) und *A. cepa* L. (Küchenzwiebel, Fam. Liliaceae).

Aus der Vielzahl der Blatt- und Krautgewürze, die hier nicht behandelt werden, sollen einige genannt werden: Dill, Kerbel und Liebstöckel (Fam. Apiaceae), Wermut, Beifuß, Estragon (Fam. Asteraceae), Portulak (Fam. Portulacaceae), Weinraute (Fam. Rutaceae), Indische Zitronenblätter (*Citrus hystrix* DC., Fam. Rutaceae), sog. „Curryblätter" (*Murraya* sp., Fam. Rutaceae), Zimtblätter (*Cinnamomum* sp., Fam. Lauraceae), Indonesische Lorbeerblätter (*Syzygium polyanthum* Walp., Reppert = *Eugenia polyantha* Wight, Fam. Myrtaceae) u.a.

Für die Würzkraft der verwendeten Pflanzenteile sind aromatische, ätherische Öle oder scharf schmeckende Substanzen (häufig Alkaloide) verantwortlich. Sie werden entweder in einzelnen Sekretzellen gebildet (z.B. Pfeffer, Ingwer, Lorbeerblätter) oder in Sekretbehältern. Diese entstehen aus Gruppen von sekretbildenden Zellen, entweder durch deren Auflösung (lysigen) oder durch Bildung eines Interzellularraumes nach deren Auseinanderweichen (schizogen). Sekretbehälter können in kugeliger Form (z.B.

Gewürznelken, Piment u.a.) oder als langgestreckte Ölgänge oder Ölstriemen (z.B. Apiaceenfrüchte) vorkommen. In anderen Fällen treten Drüsenhaare an oberirdischen Pflanzenteile auf (z.B. Lamiaceengewürze).

Bei den einzelnen Gewürzkräutern können erhebliche Schwankungen in Quantität und Qualität des ätherischen Öles auftreten, die zum Teil klimatisch, zum Teil durch den Entwicklungsstand der Pflanzen zur Erntezeit sowie durch Trocknungs- und Lagerbedingungen verursacht sind.

Früchte und Samen

Pfeffer Die in den Tropen kultivierte Kletterpflanze hat rote, beerenartige Früchte. Die Hauptmasse der Pfefferfrucht wird durch ein Perisperm gebildet. Das Endosperm tritt stark zurück und umhüllt den kleinen Keimling an der Spitze des Samens. Schwarzer Pfeffer wird als unreife, grüne Frucht geerntet, deren Schale (Exokarp) nach der Trocknung runzelig und schwarz wird (Name!). Weißer Pfeffer wird durch Schälen des äußeren Teils des Fruchtfleisches von der reifen Frucht oder auch des Schwarzen Pfeffers hergestellt. Die Hauptkomponente der das Aroma liefernden ätherischen Öle des Pfeffergewürzes ist das α-Pinen. Der brennend scharfe Geschmack des Pfeffers rührt vom nichtflüchtigen Piperin.

Piment Der Pimentbaum ist auf den Westindischen Inseln heimisch. Er trägt zweisamige, braunrote Beeren, die kurz vor der Reife geerntet und getrocknet werden. Hauptbestandteil des vor allem in kugeligen Ölbehältern des Samens befindlichen ätherischen Öles ist das Eugenol.

Paprika Die Frucht ist eine Beere, die durch Scheidewände gekammert ist. Die Samen sitzen zentral an der Basis einer aufgewölbten Plazenta. Der scharf schmeckende Inhaltsstoff des Gewürzpaprikas, das Alkaloid Capsaicin, fehlt beim Gemüsepaprika.

Apiaceenfrüchte (Kümmel, Koriander, Anis etc. siehe oben) Bei den Apiaceen verwächst bei der Reife die Samenschale mit der Fruchtwand zu einer harten Schale, die den Samen umschließt. Es handelt sich um eine Sonderform der Nußfrüchte, die als Achäne bezeichnet wird. Sie zerfällt bei der Reife meist in zwei einsamige Teilfrüchte, die über einen Fruchthalter (Karpophor) zusammenhängen (Doppelachäne). Die Fruchtwand jeder Teilfrucht durchziehen 5 Leitbündel, über denen sich Rippen hochwölben, dazwischen liegen die Riefen. Besonders unter diesen verlaufen die als Ölstriemen bezeichneten schizogenen Sekretgänge.

Kardamon Die schilfartige Staude ist in den feuchten Bergwäldern Südwestindiens beheimatet und wird dort, auf Ceylon (Sri Lanka) und dem Malayischen Archipel angebaut. Aus den Rhizomen der Pflanze wachsen Infloreszenzen, deren Blüten einen aus drei Fruchtblättern gebildeten Fruchtknoten besitzen und nach Bestäubung eine dreifächerige Kapsel bilden. Die Samen sind von einem sehr dünnen, häutigen Arillus (Samenmantel) umgeben. Die Hauptmasse des Kardamonsamens bildet ein Perisperm, das Endosperm und Embryo umschließt (Abb. 6.8.1).

Brassicaceen-Samen (Schwarzer und Weißer Senf) Die zu unterschiedlichen Gattungen gehörenden Arten ähneln sich. Sie werden bei uns und in vielen Ländern der Welt angebaut. Die Frucht ist eine Schote aus zwei verwachsenen Fruchtblättern mit einer falschen Scheidewand. Charakteristische Inhaltsstoffe der Brassicaceen sind die Glucosinolate (Senfölglykoside), die für die Gewürze als wertbestimmende Merkmale geschätzt werden, da sie nach Spaltung durch die Thioglucosidasen die scharf schmeckenden, z.T. stechend riechenden Senföle (Isothiocyanate) erzeugen (siehe aber auch ihre negative Wirkung in Futtermitteln, Kap. 3.2). Aus den Glucosinolaten Sinalbin (*Sinapis alba*) entsteht das scharf schmekkende p-Hydroxybenzylsenföl, aus Sinigrin (*Brassica nigra*) das stechend riechende und scharf schmeckende Allylsenföl (Allylisothiocyanat).

Muskatnuß und Macis

Beide Gewürze sind Teile der pfirsichartigen Frucht des zweihäusigen Muskatbaumes, der auf den südlichen Molukken beheimatet ist. Die bei der Reife aufplatzende Frucht enthält einen Samen, der von einem orangeroten, stark geschlitzten Samenmantel (Arillus) umgeben ist (Abb. 6.11.1). Der vom Samen abgelöste Samenmantel liefert die Macis („Macisblüte", „Muskatblüte"), der Samen nach Trocknung und Aufbrechen seiner harten Samenschale die Muskatnuß. Dieser, als „Nuß" bezeichnete Teil des Samens, besteht aus einem kleinen Embryo, der in ein umfangreiches Endosperm eingebettet ist, das von einem Perisperm zungenartig durchzogen wird (ruminiertes Endosperm, Abb. 6.11.2). Bevor die „Nuß" in den Handel kommt, wird sie in Kalkmilch getaucht. Diese Maßnahme war früher als Schutz gegen Insektenfraß gedacht und ist beibehalten worden. Die „Nüsse" enthalten neben Stärke ca. 30 % fettes Öl, das abgepreßt und zur Herstellung der pharmazeutisch verwendeten Muskatbutter genutzt wird, sowie ätherische Öle, bei denen α-Pinen überwiegt.

Blüten(teile) und Blütenknospen

Gewürznelken

Das sind die kurz vor dem Aufblühen gesammelten Knospen des immergrünen Gewürznelkenbaumes (Heimat: Molukken). Sie bestehen aus einem 3 bis 4 cm langen „Stiel" (Unterkelch, Receptaculum), der aus den Fruchtblättern entstanden ist. Im oberen, kugeligen Teil umhüllen vier derbe Kelchblätter die zarten Blütenblätter, die Staubblätter und den Griffel. Dicht unter dem Griffel liegt eine kleine, zweifächerige Fruchtknotenhöhle mit zahlreichen Samenanlagen (siehe Abb. 6.13.1). Alle Teile der Knospen enthalten gelbes, würzig riechendes ätherisches Nelkenöl (Hauptbestandteil: Eugenol) in kugelförmigen Sekretbehältern.

Ebenfalls als Gewürz verwendete Blüten bzw. Blütenknospen sind Safran und Kapern (nicht dargestellt).

Rinden

Zimtrinde

Der Ceylon-Zimt („Kaneel") stammt von jungen, ein- bis zweijährigen Schößlingen von *Cinnamomum zeylanicum* (Heimat: Ceylon [Sri Lanka], Hinterindien), der Chinesische Zimt („Cassia-Zimt") von Stämmen oder Ästen älterer Bäume von *C. aromaticum* (Heimat: China). Beim Ceylon-Zimt sind die äußeren Gewebeschichten (Kork und primäre Rinde) weitgehend abgeschabt; der Chinesische Zimt ist nur sehr oberflächlich geschält und enthält noch Kork und primäre Rinde. Padang-Zimt ist die Rinde von *Cinnamomum burmannii* Blume, die ebenfalls stark geschält in den Handel kommt (nicht dargestellt). Das typische Zimtaroma wird durch die Hauptkomponente des ätherischen Zimtöles, das Zimtaldehyd, bestimmt.

Rhizome

Ingwer Das ist ein unterirdisch, häufig knollig oder geweihartig wachsender Sproß (Rhizom). Es handelt sich um stärkereiche Speicherorgane, deren anatomischer Aufbau dem eines monokotylen Sprosses entspricht (z.B. Leitbündel über den gesamten Sproßquerschnitt verteilt, Abb. 6.16.2). „Schwarzer Ingwer" ist das ungeschälte Rhizom mit graugelblichen Kork als Abschlußgewebe, der beim „Weißen Ingwer" abgeschält worden ist. Hauptbestandteil des ätherischen Öles ist das Zingiberen, den scharfen Geschmack erzeugt das nichtflüchtige Gingerol.

Kurkuma (Gelbwurz) Die in Südostasien beheimatete Staude liefert mit ihren Rhizomen das Gewürz sowohl von der rundlich-knolligen Hauptachse (als Curcuma rotunda gehandelt) als auch von mehr länglichen Seitensprossen (als Curcuma longa gehandelt). Kurkuma enthält einen auffallend gelben Farbstoff (Gemisch von Curcuminen), der auch zum Färben von Lebensmitteln verwandt wird. Die Rhizome werden vor dem Trocknen gebrüht, sind hornartig, von gelbbrauner Farbe und haben einen glatten, orangegelben Bruch. Aromagebende Hauptkomponente des Kurkuma ist das ätherische Öl Tumeron.

Zwiebeln

Zwiebeln sind Speicherorgane mit einem extrem gestauchten Sproß, der sich als diskusförmiger „Zwiebelkuchen" am Grunde des Speicherorgans befindet. Die daraus entspringenden zahlreichen Wurzeln sind sproßbürtig.

Küchenzwiebel Sie ist eine „Schalenzwiebel", bei der zahlreiche, fleischig verdickte Blätter das Speicherorgan aufbauen und auf einem Querschnitt als konzentrische Ringe („Schalen") zu sehen sind. Die Verdickung des Blattes durch Reservestoff-Einspeicherung (ca. 10 % Kohlenhydrate, insbesondere Zucker, bei ca. 88 % Wassergehalt) beschränkt sich auf den Blattgrund; das Oberblatt ist lang, röhrenförmig und dient während der Vegetationsperiode der Assimilation. Die äußeren Blätter der Küchenzwiebel werden zu trockenen Hüllblättern (Abb. 6.19.1).

Knoblauch Die Knoblauchzwiebel unterscheidet sich insofern von der Küchenzwiebel, als sie nicht von ineinandergeschachtelten Blättern gebildet wird (siehe oben), sondern ein Hüllblatt umschließt mehrere kleinere Zwiebeln, die jeweils aus einem fleischig verdickten Blatt bestehen und als „Zehen" bezeichnet werden. Jede Zehe wird noch einmal von einem häutigen Hüllblatt umschlossen. Das verdickte, die Zehe bildende Blatt entspricht morphologisch dem Unterblatt und umfaßt am Grunde die Anlage für einen nächstjährigen Laubtrieb. Außen wird die „zusammengesetzte" Knoblauchzwiebel von mehreren dünnen, trockenen Hüllblättern umgeben (Abb. 6.18.1).

Blätter/Kräuter

Majoran, Thymian Unter den Blatt- und Krautgewürzen sind zahlreiche Arten aus der Familie der Lamiaceen vertreten. Familienmerkmale sind die Ausbildung des Kelches, der Drüsenschuppen und -haare und der Deckhaare.

Der Kelch besteht aus fünf, zu einer Röhre verwachsenen Blättern, die in Form von fünf Zähnen enden (Modifikation bei Majoran siehe Kap. 6.4). Form und Länge des Kelches, die Form der Zähne (gleich oder auf zwei Lippen verteilt), Anzahl der Haupt- und Nebennerven sind diagnostisch wichtige Merkmale (Abb. 6.20.1).

Drüsenschuppen können auf fast allen oberirdischen Organen der als Küchenkräuter genutzten Lamiaceen beobachtet werden. In der Aufsicht sind sie kreisrund und bestehen aus einer kurzen Stielzelle und dem Köpfchen (einem flach-schildförmigen Drüsenkörper aus gewöhnlich acht Zellen). Durch die Sekretion ätherischer Öle zwischen Zellwand und Kutikula wird diese schirmartig über den Drüsenköpfchen aufgewölbt (Abb. 6.20.2).

Drüsenhaare kommen noch neben den Drüsenschuppen vor. Sie tragen auf dem ein- bis mehrzelligen Stiel ein meist einzelliges Drüsenköpfchen. Die meisten Deckhaare sind mehrzellig und unterscheiden sich durch Form und Länge, Wanddicke, Gestaltung der Kutikula (z.B. warzig, punktiert, gestrichelt). Verzweigte Haare kommen ebenfalls vor und sind, da nicht sehr häufig, ein wichtiges diagnostisches Merkmal.

Die in den Drüsenschuppen und -haaren der verschiedenen Arten gebildeten ätherischen Öle liefern die unterschiedlichen Aromen.

Lorbeerblätter

Die Blätter des immergrünen Lorbeerbaumes enthalten in den zahlreichen Sekretzellen, die sowohl im Palisaden- als auch Schwammparenchym ausgebildet sind, ein ätherisches Öl mit dem Cineol als Hauptkomponente.

Petersilie

Die Blätter der Petersilie, wie auch alle anderen Teile der Pflanze, enthalten in Sekretgängen das Petersilienöl, das überwiegend aus Apiol (Petersilienkampher, in größeren Mengen giftig und insektizid) sowie aus Myristicin besteht (Franke 1992).

6.3 Bau und mikroskopische Diagnostik der dargestellten Gewürze und Küchenkräuter

Untersuchungsmaterial

Frisch- bzw. Trockenmaterial, je nach Härte und Dicke der zu schneidenden Partien längere Zeit vor der Verwendung in Alkohol-Glycerin einlegen.

Reagenzien

Alkohol-Glycerin, Jod-Kaliumjodidlösung, Chloralhydratlösung, Phloroglucin-HCl-Lösung, Thioninlösung (siehe Kap.8).

Präparation und Beobachtungen

Allgemeine Hinweise für die Präparation siehe Kap. 8.1.

- **Querschnitte** (ggf. das Objekt in Kork oder Styropor einklemmen)
  Untersuchung im Wasserpräparat: Nachweis von evtl. vorhandenen Stärkekörnern.
  Untersuchung in Jod-Kaliumjodidlösung: Blaufärbung der Stärkekörner, Gelbfärbung der Aleuronkörner.
  Untersuchung in erhitzter Chloralhydratlösung: Quellung bzw. Verkleisterung der Stärkekörner, Zerstörung anderer störender Inhaltsstoffe sowie Aufhellung und Quellung der Zellwände. Eine Untersuchung der Gewebestrukturen wird dadurch erleichtert; im Durchlicht: Nachweis der unterschiedlichen Zellstrukturen, im polarisierten Licht: Aufleuchten von Kristallen, von quellenden Schleimepidermen und von verdickten Zellwänden.

Untersuchung in Phloroglucin-HCl-Lösung (evtl. leicht erhitzen): Rotfärbung der verholzten Zellwände (Ligninreaktion).
Untersuchung in Thioninlösung: Violettfärbung der verschleimenden Epidermen (z.B. bei verschiedenen Senfsamen).

- **Flächenschnitte durch die Frucht- bzw. Samenschale und den Keimling** (bzw. Totalpräparate der Samenschale bei dünnschaligen Samen)
  Untersuchung in den verschiedenen Reagenzien wie bei Querschnitten.

Hinweis: Vergrößerungen der Abbildungen, wenn nicht anders angegeben, ca. 200fach.

Zusammenfassung wichtiger diagnostischer Merkmale von Gewürzen und Küchenkräutern

Die Zusammenstellung der diagnostischen Merkmale von Gewürzen folgt der in der Gewürzkunde üblichen Gliederung (Früchte, Samen, Blüten, Rinden, Rhizome, Blätter und Kräuter.

Früchte und Samen

Sie zeichnen sich durch eine Vielfalt sehr verschiedener Zellen und Geweben aus, die häufig erst in der Kombination der Merkmale (Zellgröße und -form, Zellwanddicke, Zellinhalt usw.) eine Zuordnung erlauben.

Keimlingsgewebe. Zartwandiges Gewebe, das entweder den Hauptanteil des Samens (z.B. Senfsamen) ausmacht oder gegenüber dem Endo- oder Perisperm mehr oder minder stark zurücktritt (z.B. Pfeffer). Es enthält im allgemeinen mikroskopisch erkennbare Fetttropfen.

Endosperm. Das Endosperm oder Nährgewebe besteht aus farblosen Zellen unterschiedlicher Größe und enthält neben Aleuronkörnern Öltropfen oder Stärkekörner. Es bildet vielfach den Hauptanteil des Samens (z.B. bei Kümmel und anderen Früchten der Apiaceen; Muskatnuß) oder eine mehr oder minder starke Schicht um den Keimling.

Perisperm. Es kann als zusätzliches Nährgewebe, das sich aus dem Nucellus entwickelt, im Samen vorhanden sein (z.B. bei Pfeffer und Kardamom; bei Muskatnuß als braunes Gewebe über dem Endosperm und zungenartig in dieses eindringend). Die Zellwände sind im allgemeinen dünn; der Zellinhalt ist meist Fett (Öltropfen) oder Stärke (Stärkekörner).

Samenschale. Die Samenschale kann durch ihren charakteristischen Bau (z.B. Senfsamen, Abb. 6.9.1 bis 6.10.3 und 3.3.1 sowie 3.5.1 bis 3.6.2; Paprika, Abb. 6.3.1 bis 6.3.4; Kardamom, Abb. 6.8.2 bis 6.8.4) oder Zellinhalt (Piment, Abb. 6.2.2) ein wichtiges diagnostisches Merkmal sein. Sie kann aber auch unterhalb der Fruchtwand aus untypischen, flächenförmigen Zellverbänden bestehen und nur in Zusammenhang mit den begleitenden Zellen der Fruchtwand oder der darunterliegenden Schichten diagnostizierbar sein (Pfeffer, Abb. 6.1.3; Kümmel, Abb. 6.4.1 und andere Apiaceen).

Fruchtwand. Die Elemente der Fruchtwand sind in den meisten Fällen durch die Gestaltung ihrer Zellen (z.B. Steinzellen, Ölzellen) oder durch den Zellinhalt (z.B. Kristalle) diagnostisch wichtig.

Blüten (auch in Kräutern)

Pollenkörner. Sie sind für Blüten ein wichtiges diagnostisches Merkmal.

Rinde (Sproß)

Kork. Er findet sich nur bei ungeschälten Rinden und zeichnet sich durch seine reihenförmig aufgebaute Gewebestruktur aus. Die Zellwände sind bei den als Gewürz verwendeten Rinden vielfach verdickt (Steinkork, z.B. bei Zimtrinde).

Bastfasern. Sie sind mehr oder minder zahlreich vorhanden und liegen einzeln oder in Verbänden vor.

Steinzellen. Viele Rinden enthalten Steinzellen (Zimtrinde u.a.), die oft durch ihre Größe, Form, Wandverdickung und Farbe Hinweise für die Identifizierung geben.

Wurzeln und Rhizome

Parenchym. Die Zellen sind meist zartwandig, farblos und relativ groß. Vielfach enthalten sie aufgrund ihrer Speicherfunktion in größeren Mengen Stärkekörner.

Stärkekörner. Ihre Größe und Form sind wichtige Bestimmungsmerkmale für Wurzeln und Rhizome.

Gefäße. Die als Gewürz verwendeten Wurzeln und Rhizome enthalten meist breite Gefäße mit starken, charakteristischen Wandverdickungen (Spiral-, Treppen- oder Netzgefäße).

Fasern. Das Vorkommen aber auch das Fehlen von Fasern in Speicherrhizomen sind wichtige Hinweise für die mikroskopische Diagnostik dieser Gewürzgruppe. So finden sich z.B. bei Ingwer Fasern in Begleitung der Gefäßbündel, die bei Kurkuma dagegen fehlen.

Kork. Der aus gleichartigen, flachen, in unregelmäßigen Reihen übereinander liegenden Zellen bestehende Kork bildet das Abschlußgewebe und findet sich in ungeschälten Wurzel- und Rhizomgewürzen.

Blätter und Kräuter

Grünfärbung. Die Zellen und Gewebe sind im allgemeinen grün aufgrund des Chlorophyllgehaltes.

Spaltöffnungen. Sie sind typische Merkmale der Blätter und geben durch ihre Lage (auf der Blattober-/-unterseite oder beidseitig) sowie durch ihre Form und Anzahl der Nebenzellen wichtige

diagnostische Hinweise. Zu beachten ist, daß auch Spaltöffnungen bei Blüten (z.B. Gewürznelken) und Früchten (z.B. Piment) auftreten können.

Haare. **Ein- oder mehrzellige Haare, einfache oder zusammengesetzte Deckhaare und Drüsenhaare in ihrer speziellen Ausbildung sind Hinweise auf das Vorhandensein von Blatt- bzw. Krautgewürzen.**

Hinweis: **Es treten aber auch Haare auf Früchten (z.B. Anis, Piment u.a.) und Blüten (Zimtblüten, Kapern u.a., hier nicht behandelt) auf.**

Tabelle 6.2. Mikroskopisch-diagnostische Merkmale von Pfeffer

	Pfeffer *Piper nigrum* L.
Querschnitt	
Epidermis	kleinzellig, diagnostisch unwichtig
äußere Steinzellenschicht	mehrschichtige Steinzellen, getrennt durch dünnwandige Parenchymzellen
Zellform/-wand	häufig radial gestreckt, gelblich, dickwandig und deutlich getüpfelt
Parenchym	außen großzellig, innen kleinere Zellen, mit eingestreuten Sekretzellen („Harzzellen") und Leitbündeln
Ölzellenschicht	
Zellschicht	ein- bis zweischichtig
Zellform/-inhalt	große Zellen mit Öltropfen
innere Steinzellen („Becherzellen")	einschichtig, Zellen lückenlos aneinandergereiht
Zellform/-wand	becherförmig, U-förmig verdickt
Samenschale	mehrschichtig, kollabiert, braun; verwachsen mit Endokarp und Perisperm
Perisperm	
Zellschicht	vielschichtig
Zellform/-wand	großzellig, dünnwandig
Zellinhalt	sehr kleinkörnige, festgepackte Stärke
Ölzellen	unregelmäßig im Perispermgewebe verteilt
Zellinhalt	gelbe Öltropfen, in sehr kleinen Nadeln auskristallisierendes Piperin
Endosperm und Keimling	diagnostisch unwichtig
Flächenschnitt	
äußere Steinzellen	Gruppen von gelblichen Steinzellen mit dunklem Inhalt, eingebettet in braune Parenchymzellen
Ölzellenschicht	große Ölzellen mit farblosen Öltröpfchen
innere Steinzellenschicht	regelmäßige, farblose Zellen mit mäßig verdickten, getüpfelten Wänden; durch die darunterliegende Samenschale oft braun erscheinend

Abb. 6.1.1 A. B. Pfefferkorn (Vergr. ca. 2fach). **A** Schwarzer Pfeffer, **B** Weißer Pfeffer. (Nach Gassner et al. 1989, verändert)

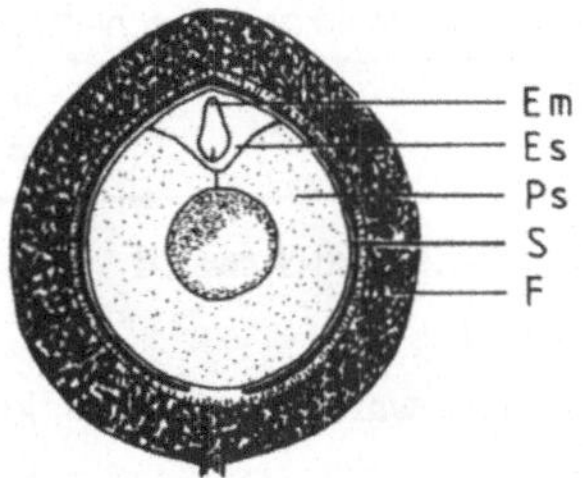

Abb. 6.1.2. Pfefferfrucht, Längsschnitt, Vergr. ca. 5fach; *Em* Embryo, *Es* Endosperm, *Ps* Perisperm, *S* Samenschale, *F* Fruchtschale. (Nach Gassner et al. 1989, verändert)

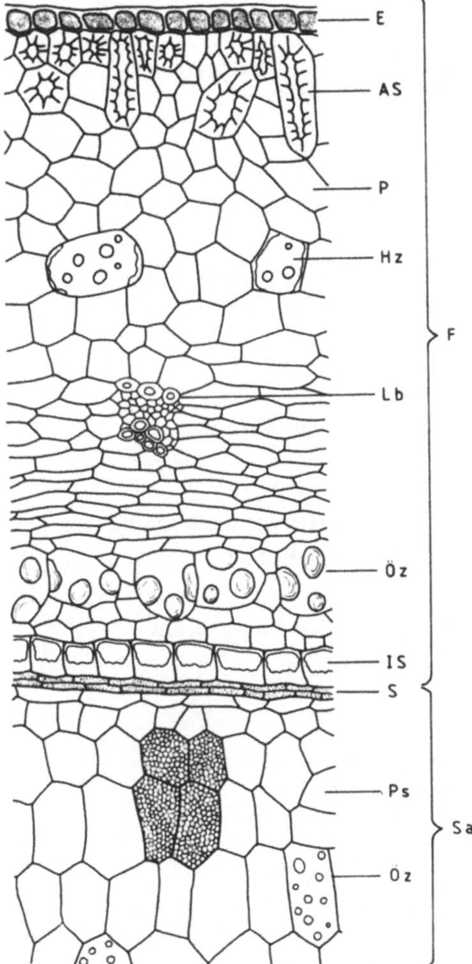

Abb. 6.1.3. Querschnitt durch Fruchtschale und Perisperm von Schwarzem Pfeffer, Stärkekörner in Perispermzellen teilweise eingezeichnet; *E* Epidermis, *AS* äußere Steinzellenschicht, *P* Parenchym, *Hz* Harzzelle, *Lb* Leitbündel, *Öz* Ölzelle, *IS* innere Steinzellenschicht, *S* Samenschale, *Ps* Perispermzellen, *F* Fruchtschale, *Sa* Same

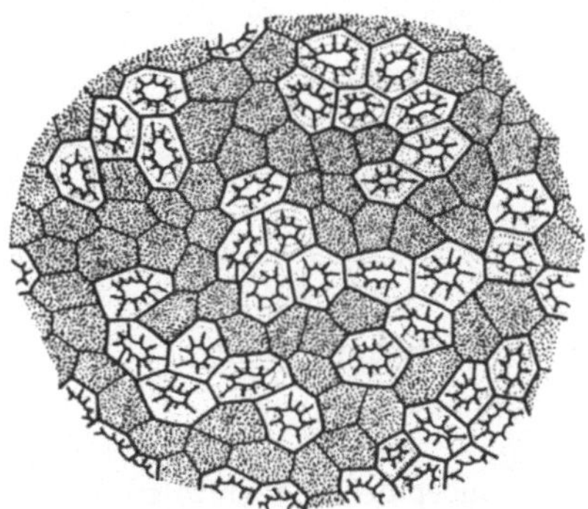

Abb. 6.1.4. Flächenansicht auf die äußere Steinzellenschicht der Pfefferfrucht; Steinzellen mit dazwischenliegenden Parenchymzellen

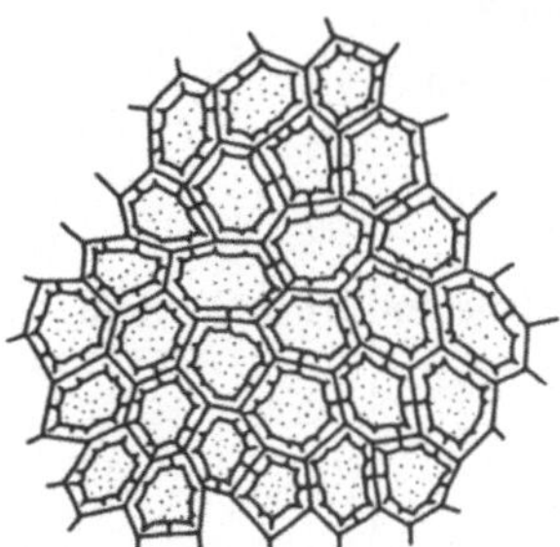

Abb. 6.1.5. Flächenansicht auf die innere Steinzellenschicht („Becherzellen") von Pfeffer

Tabelle 6.3. Mikroskopisch-diagnostische Merkmale von Piment

	Piment *Pimenta dioica* (L.) Merill
Querschnitt/Fruchtwand	
Epidermis	
Zellform/-wand	kleinzellig, Zellwand verdickt, mit Spaltöffnungen und Haaren
Haare	vereinzelt, besonders deutlich in der Kelchregion; einzellig, farblos, sehr dickwandig mit strichförmigem Lumen
Ölbehälter	groß und kugelig, umgeben von braunen, dünnwandigen Epithelzellen
Parenchym	vielschichtig, dünnwandig
Zellinhalt	vereinzelt große Kristalldrusen
Steinzellen	einzeln und in Gruppen im Parenchymgewebe
Zellform	rundlich, unterschiedlich groß
Zellwand	überwiegend dickwandig, vereinzelt dünnwandig; deutlich feingeschichtet und getüpfelt, oft mit braunem Inhalt
Querschnitt/Same	
Epidermis	kleinzellig, diagnostisch unwichtig
subepidermale Schichten	
Zellform/-wand	groß, häufig länglich gestreckt, dünnwandig
Zellinhalt	rotbraun, gefärbter Zellinhalt
Keimling	
Ölbehälter	an der Peripherie des Keimlingsgewebes
Form	einzeln, groß und rundlich
Parenchym	
Zellinhalt	Stärkekörner, einfach oder zusammengesetzt, Größe: Einzelkörner 5–12 µm, zusammengesetzte Stärkekörner bis 25 µm
Flächenschnitt/Fruchtwand	
Epidermis	kleine Zellen mit Spaltöffnungen und kurzen Haaren, an der ausgereiften Frucht besonders in der Kelchregion gut sichtbar
Ölbehälter	groß, rund, umschlossen von braunen Epithelzellen, die durch die Epidermis hindurchscheinen
Steinzellen und Kristalldrusen	s. oben

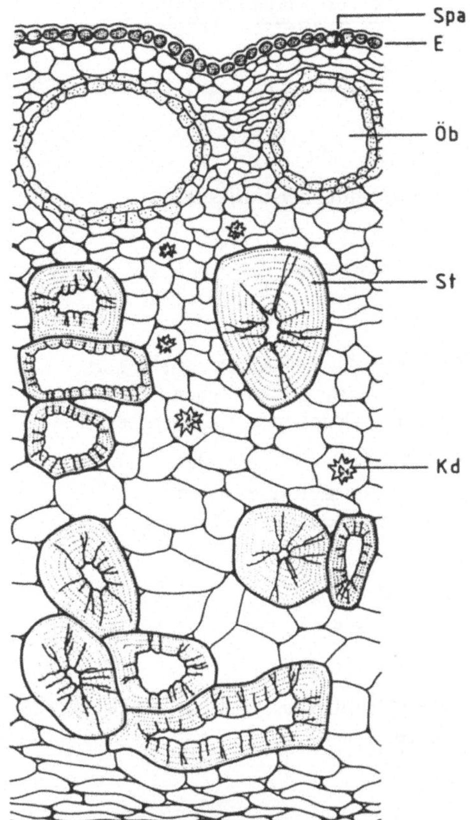

Abb. 6.2.1. Querschnitt durch die Fruchtschale von Piment; *Spa* Spaltöffnung, *E* Epidermis, *Öb* Ölbehälter, *St* Steinzelle, *Kd* Kristalldruse

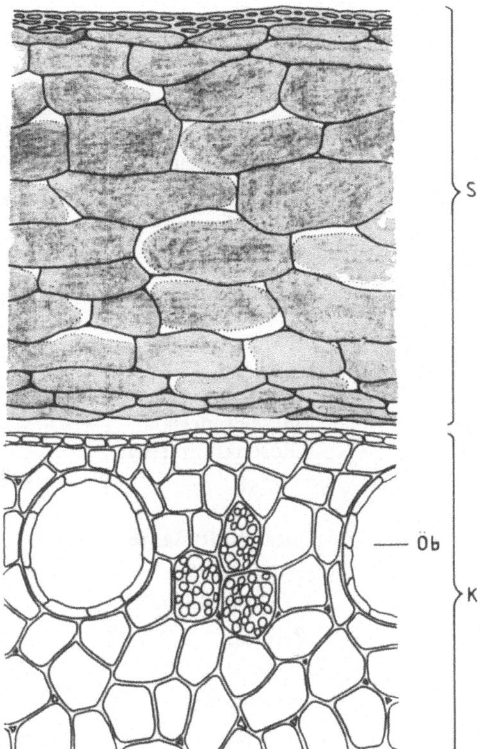

Abb. 6.2.2. Querschnitt durch Samenschale und Keimling von Piment mit Ölbehältern. Stärkekörner im Keimlingsgewebe teilweise eingezeichnet; *S* Samenschale, *K* Keimling, *Öb* Ölbehälter

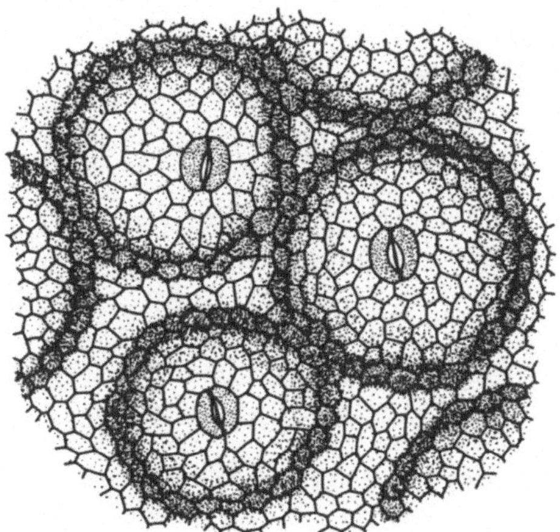

Abb. 6.2.3. Flächenansicht auf die Epidermis (mit Spaltöffnungen) und darunterliegende Ölbehälter von Piment

Abb. 6.2.4. Haare der Pimentfrucht

Tabelle 6.4. Mikroskopisch-diagnostische Merkmale von Gewürzpaprika

	Gewürzpaprika *Capsicum annum* L.
Querschnitt/Fruchtschale	
äußere Epidermis	
Zellwand	stark verdickt mit deutlicher Kutikula
Hypodermzellen	
Zellschicht/-wand	mehrschichtig, dickwandig
Parenchym	
Zellwand/-größe	dünnwandig, Zellgröße nach innen zunehmend; innerste Schicht mit sehr großen Zellen („Großzellen") dazwischen Gruppen von kleinen Zellen
Zellinhalt	durch Carotinoide rötlich gefärbte Öltropfen
innere Epidermis („Rosenkranzzellen")	kleinzellig, dünnwandig, unterbrochen von Gruppen mäßig verdickter, getüpfelter Steinzellen
Querschnitt/Same	
Epidermis („Gekrösezellen")	
Zellwand	knotig verdickte, deutlich geschichtete Radial- und Innenwände
Endosperm	
Zellwand	mäßig verdickt
Zellinhalt	Aleuronkörner und fettes Öl
Flächenschnitt/Fruchtschale	
äußere Epidermis	
Zellwand	dickwandig, Kutikula mit Rissen
Hypoderm	
Zellwand	dickwandig
Parenchym	
Zellform/-wand	großzellig, dünnwandig
innere Epidermis („Rosenkranzzellen")	
Zellwand	dünnwandig, mit eingestreuten Gruppen von welligen, mäßig verdickten, getüpfelten Steinzellen
Flächenschnitt/Same	
Epidermis („Gekrösezellen")	
Zellform/-wand	wellig-buchtig, ungleichmäßig wulstig-geschichtet verdickt

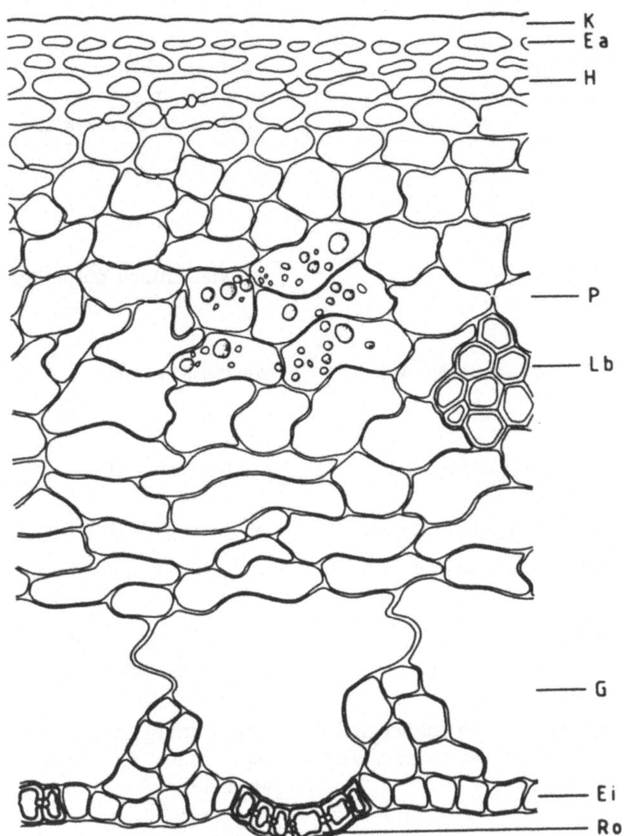

Abb. 6.3.1. Querschnitt durch die Fruchtwand von Paprika; *K* Kutikula, *Ea* Epidermis außen, *H* Hypoderm, *P* Parenchym, *Lb* Leitbündel, *G* Großzellen, *Ei* Epidermis innen, *Ro* Rosenkranzzellen, Öltropfen in Parenchymzellen teilweise eingezeichnet

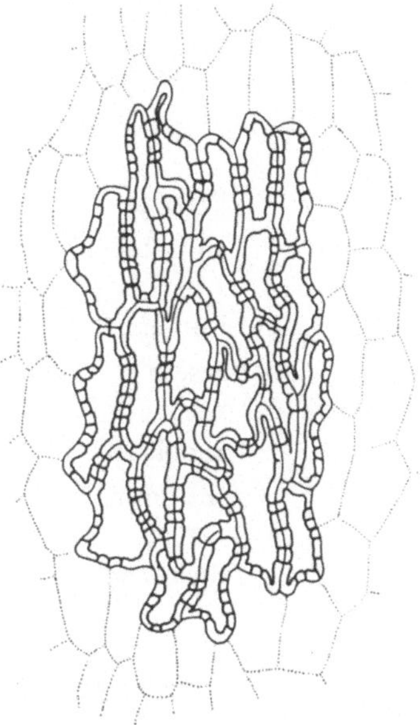

Abb. 6.3.3. Flächenansicht auf die innere Epidermis der Paprikafrucht mit Rosenkranzzellen

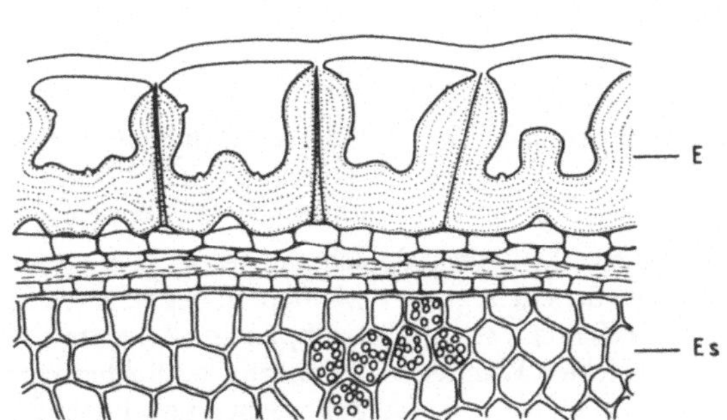

Abb. 6.3.2. Querschnitt durch die Samenschale von Paprika. Epidermis mit knotig verdickten, geschichteten Wänden; *E* Epidermis, *Es* Endosperm, Aleuronkörner in den Endospermzellen teilweise eingezeichnet

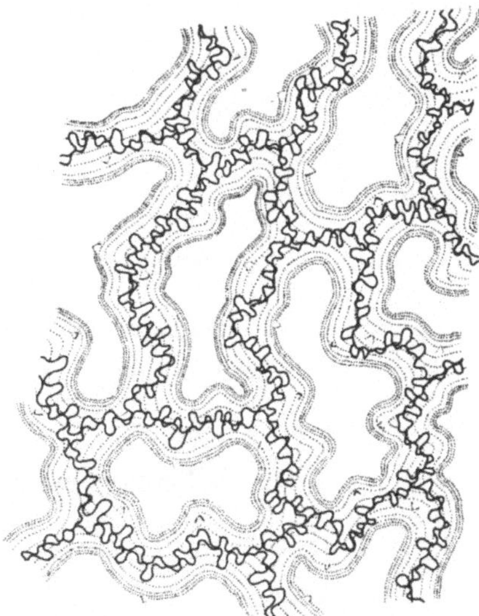

Abb. 6.3.4. Flächenansicht auf die Epidermis der Samenschale von Paprika („Gekrösezellen")

Tabelle 6.5. Mikroskopisch-diagnostische Merkmale von Kümmel und Römischem Kümmel (Kreuzkümmel)

	Kümmel *Carum carvi* L.	Römischer Kümmel, Kreuzkümmel *Cuminum cyminum* L.
Querschnitt/ Fruchtwand		
Epidermis		
Haare	ohne Haare	mit vielzelligen Zottenhaaren
Mesokarp		
Parenchym	diagnostisch unwichtig	wie bei Kümmel
Ölgänge		
Anzahl/Form	je 6 pro Einzelfrucht, linsenförmig	wie bei Kümmel
Leitbündel	in den Rippen der Frucht	wie bei Kümmel
Fasern	in Begleitung der Leitbündel, zahlreich	in Begleitung der Leitbündel, spärlich
Endokarp	einschichtig	einschichtig
Zellform	tangential gestreckt, quaderförmig	tangential gestreckt, schmal
Zellwand	dünnwandig, in der Scheitelregion zum Teil steinzellartig verdickt	dünnwandig, in der Scheitelregion zum Teil steinzellartig verdickt
Samenschale	diagnostisch unwichtig	wie bei Kümmel
Endosperm		
Zellform/-wand	± quadratisch, derbwandig	
Zellinhalt	Öltropfen, Aleuronkörner, kleine Kristalldrusen	
Keimling	diagnostisch unwichtig	wie bei Kümmel
Flächenschnitt/ Fruchtwand		
Epidermis		
Haare	fehlen	vielzellige Zottenhaare und kraterartige Abbruchstellen
Ölgänge	braun, längsgestreckt	braun, längsgestreckt
Breite	110–200 µm	sehr breit, bis 300 µm
Endokarp (Querzellen)		
Anordnung	Querzellen in ± parallelen Reihen	Querzellen in meist parallelen Reihen, z.T. leicht gewinkelt angeordnete Gruppen
Zellform/-wand	mäßig breit, gestreckt; Zellwände ± gewellt, in der Scheitelregion Gruppen von Zellen mit steinzellenartig verdickten Wänden	schmal, gestreckt mit glatten Zellwänden, in der Scheitelregion Gruppen von Zellen mit steinzellenartig verdickten Wänden; außerdem länglich-stabförmige Steinzellen aus dem Mesokarp

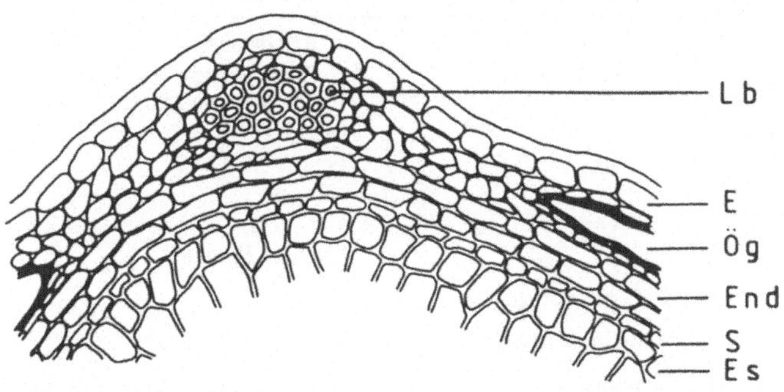

Abb. 6.4.1. Querschnitt durch Frucht- und Samenschale und Endospermgewebe von Kümmel; *Lb* Leitbündel, *E* Epidermis, *Ög* Ölgang, *End* Endokarp, *S* Samenschale, *Es* Endosperm (Aleuronkörner nicht eingezeichnet). (Nach Thoms 1929, verändert)

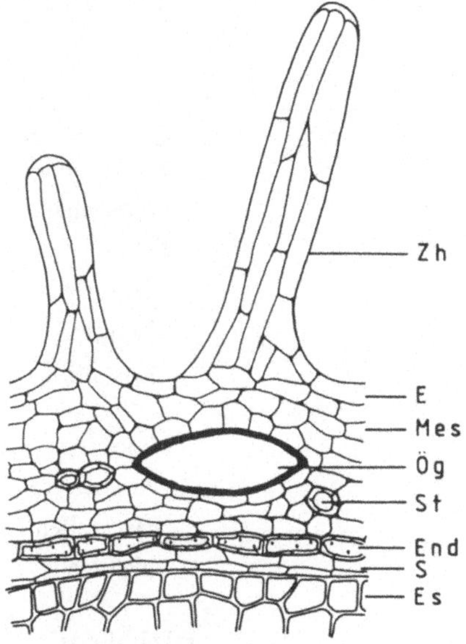

Abb. 6.5.1. Querschnitt durch Frucht- und Samenschale und Endosperm aus der Scheitelregion von Römischem Kümmel; *Zh* Zottenhaare, *E* Epidermis, *Mes* Mesokarp, *Ög* Ölgang, *St* Steinzelle, *End* Endokarp, *S* Samenschale, *Es* Endosperm (Aleuronkörner nicht eingezeichnet)

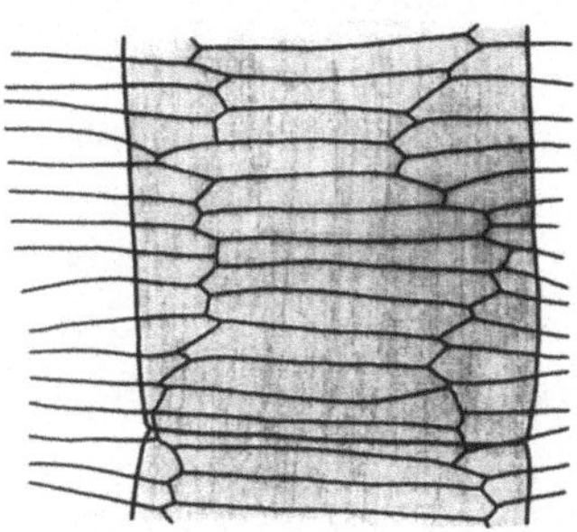

Abb. 6.4.2. Flächenansicht auf das Endokarp der Kümmelfrucht (Querzellenschicht) mit darüberliegendem Ölgang

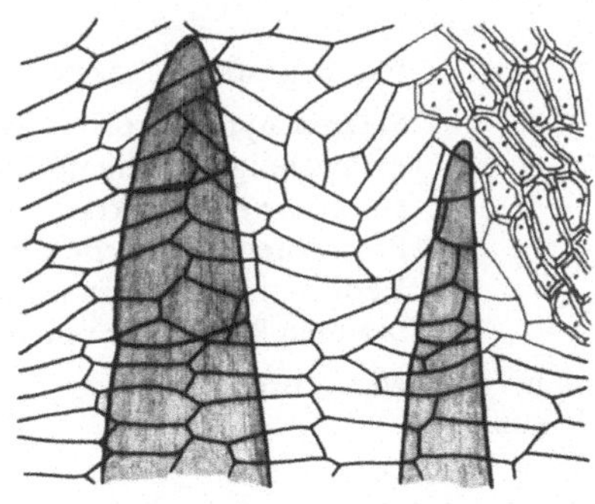

Abb. 6.4.3. Flächenansicht aus der Scheitelregion der Kümmelfrucht. Zwei Ölgänge mit Endokarpzellen (Querzellen), deren Wände an der Spitze der Frucht steinzellenartig verdickt sind

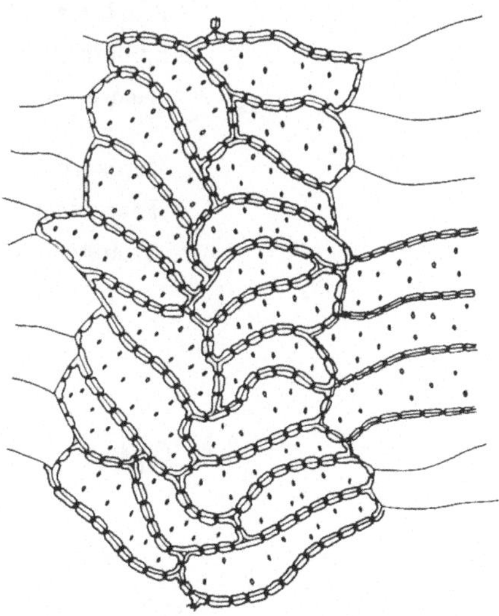

Abb. 6.5.2. Flächenansicht aus der Scheitelregion von Römischem Kümmel mit Endokarpzellen (Querzellen), Zellwände teilweise steinzellenartig verdickt. (Nach Weber 1951, verändert)

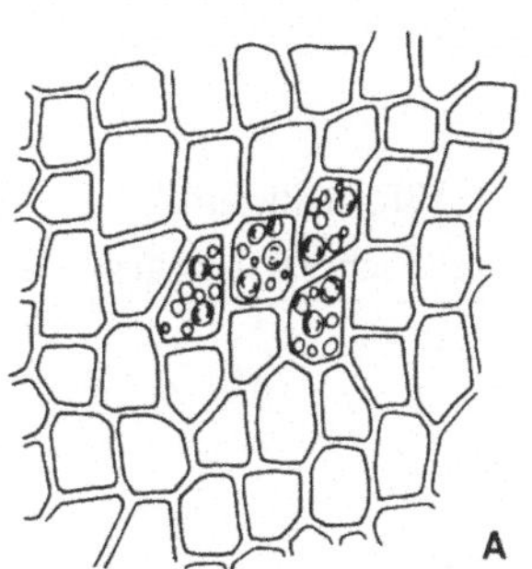

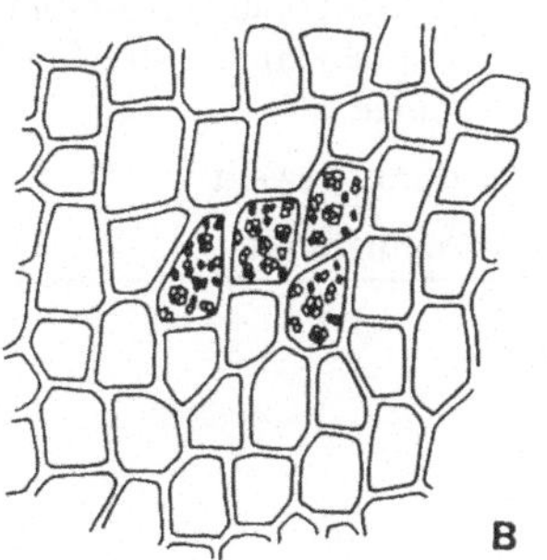

Abb. 6.4.4 A, B. Endospermzellen von Kümmel, **A** mit Aleuronkörnern (teilweise eingezeichnet), **B** mit Kristalldrusen (im erhitzten Chloralhydratpräparat deutlich erkennbar)

Tabelle 6.6. Mikroskopisch-diagnostische Merkmale von Anis und Koriander

	Anis *Pimpinella anisum* L.	Koriander *Coriandrum sativum* L.
Querschnitt/ Fruchtwand		
Epidermis		
Haare	zahlreich	ohne Haare
Zellform	einzellig, gekrümmt	
Zellwand	derbwandig, feinwarzig	
Kristalle	nicht vorhanden	kleine Einzelkristalle und Drusen
Mesokarp		
Parenchym	diagnostisch unwichtig	mehrschichtig
Faserzellen	fehlen	mehrschichtig, dickwandig
Ölgänge	zahlreich	je 2 an den Fugenseiten der Teilfrüchte
Leitbündel	in den Rippen	in den Hauptrippen
Fasern	spärlich	diagnostisch unwichtig
Endokarp	einschichtig	einschichtig
Samenschale	diagnostisch unwichtig	diagnostisch unwichtig
Endosperm	wie bei Kümmel, s. dort	wie bei Kümmel, s. dort
Keimling	diagnostisch unwichtig	diagnostisch unwichtig
Flächenschnitt/ Fruchtwand		
Epidermis		
Haare	s. oben	s. oben
Mesokarp		
Parenchym	diagnostisch unwichtig	braun, großzellig, derbwandig
Sklerenchymfasern	spärlich	Sklerenchymfaserplatten aus dickwandigen, wellenförmig gewundenen, sich kreuzenden Faserzellen (pol. Licht!); häufig in Verbindung mit derbwandigen, braunen Parenchymzellen
Ölgänge	zahlreich, ± schmal, braun, parallel laufend, zuweilen untereinander verbunden	wenig, breit, braun
Breite	60–110 µm	200–300 µm
Endokarp (Querzellen)		
Anordnung	Querzellen in ± parallelen Reihen; häufig in Verbindung mit den längsgestreckten Ölgängen	Querzellen in ± parallelen Reihen
Zellwand	dünn, gewellt	mäßig dickwandig
Zellform	mäßig breit	sehr schmal, langgestreckt

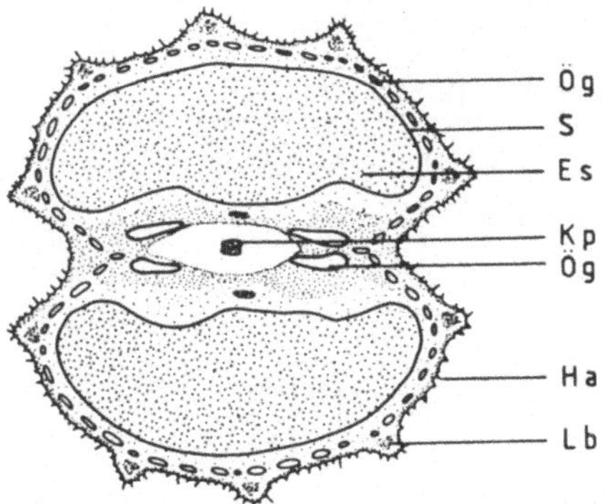

Abb. 6.6.1. Querschnitt durch die Anisfrucht (20:1); *Ög* Ölgang, *S* Samenschale, *Es* Endosperm, *Kp* Karpophor, *Ha* Haar, *Lb* Leitbündel

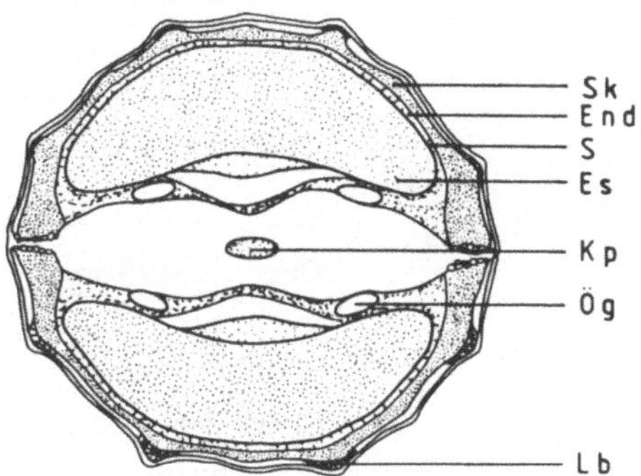

Abb. 6.7.1. Querschnitt durch die Korianderfrucht (10:1); *Sk* Sklerenchymfasern, *End* Endokarp, weitere Erläuterungen s. 6.6.1. (Nach Gassner et al. 1989, verändert)

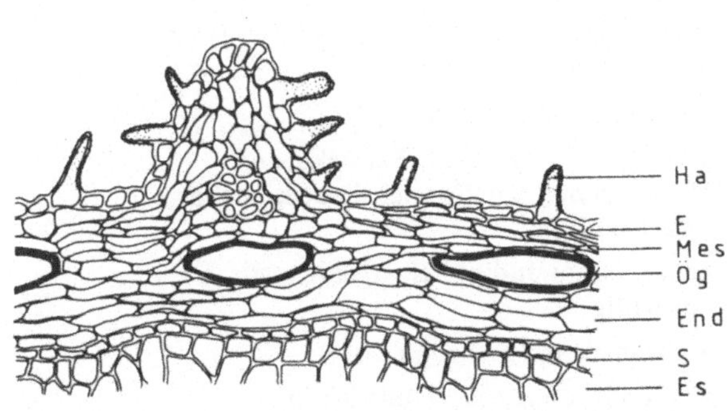

Abb. 6.6.2. Querschnitt durch Frucht- und Samenschale und Endospermgewebe der Anisfrucht, Endospermzellen ohne Inhalt gezeichnet; *Ha* Haar, *E* Epidermis, *Mes* Mesokarp, *Ög* Ölgang, *End* Endokarp, *S* Samenschale, *Es* Endosperm. (Aus Moeller-Griebel 1928, verändert)

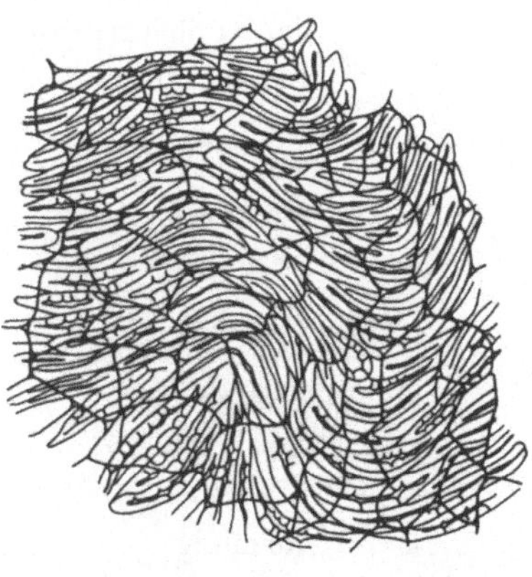

Abb. 6.7.2. Flächenansicht auf die wellenförmig gebogenen Sklerenchymfasern aus dem Mesokarp von Koriander mit darüberliegenden Parenchymzellen. (Aus Moeller-Griebel 1928)

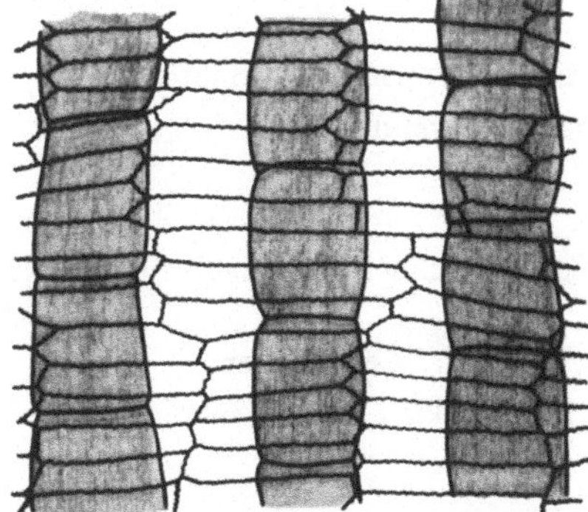

Abb. 6.6.3. Flächenansicht auf das Endokarp (Querzellenschicht) von Anis mit darüberliegenden Ölgängen. (Nach Staesche 1970, verändert)

Abb. 6.7.3. Flächenansicht auf das Endokarp (Querzellenschicht) von Koriander

Tabelle 6.7. Mikroskopisch-diagnostische Merkmale von Kardamom

	Kardamom *Elettaria cardamomum* (L.) Maton
Querschnitt/Arillus	dünnes Häutchen stark kollabierter Zellen, diagnostisch unwichtig
Querschnitt/Same	
Epidermis	
Zellform/-wand	± quadratisch, Zellwand mäßig verdickt
Querzellen	
Zellschicht/-wand	einschichtig, zartwandig
Ölzellen	
Zellform/-wand	groß, ± rechteckig, dünnwandig
Zellinhalt	Öltropfen
Parenchym	mehrschichtig, meist stark kollabiert, diagnostisch unwichtig
innere Steinzellenschicht	einschichtig, Zellen lückenlos aneinandergereiht
Zellform/-wand	palisadenartig-becherförmig, Zellwand im unteren Teil stark verdickt, dunkelrotbraun
Perisperm	vielschichtig
Zellform/-wand	großzellig, dünnwandig
Zellinhalt	sehr kleine, festgepackte Stärkekörner, kleine, schmal-tafelförmige Einzelkristalle (pol. Licht!)
Endosperm	kleine, dünnwandige Zellen, diagnostisch unwichtig
Zellinhalt	Aleuronkörner, Fetttropfen
Keimling	kleinzellig, diagnostisch unwichtig
Flächenschnitt/Same	
Epidermis	
Zellform/-wand	in Längsrichtung der Samen gestreckte, faserähnliche Zellen
Zellwand	derbwandig, fein getüpfelt
Querzellen	
Zellschicht	rechtwinklig zu den Epidermiszellen verlaufend
Zellform/-wand	gestreckt, ± schmal, dünnwandig
Ölzellen	
Zellform/-inhalt	groß, unregelmäßig rechteckig mit kleinen Öltropfen
innere Steinzellenschicht	als dunkelrotbraune Zellplatte erscheinend
Zellwand	allseitig stark verdickt mit kleinem Lumen, dunkelrotbraun
Flächenschnitt/ Fruchtschale	
Zellform/-wand	große Zellen mit mäßig verdickten Wänden und Fasergruppen, eingestreute Harzzellen
Zellinhalt	vereinzelt kleine, schmal-tafelförmige Einzelkristalle (pol. Licht!)

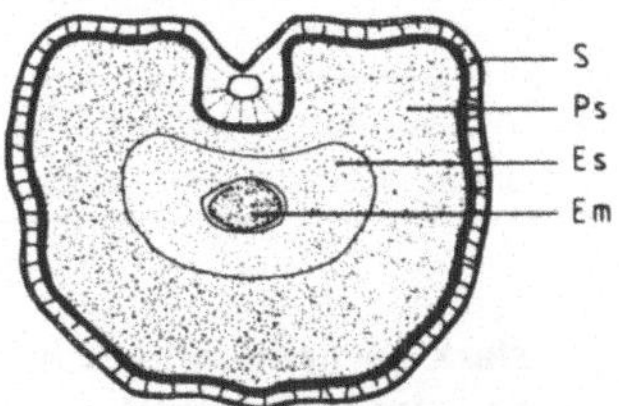

Abb. 6.8.1. Schematischer Querschnitt durch den Samen von Kardamom (ohne Arillus), Vergr. ca. 10fach; *S* Samenschale, *Ps* Perisperm, *Es* Endosperm, *Em* Embryo

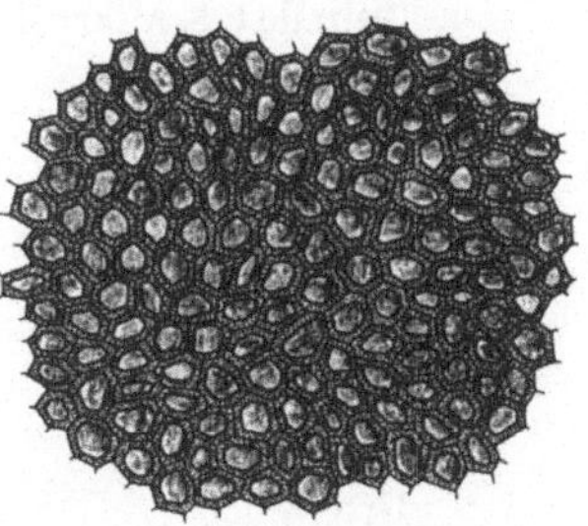

Abb. 6.8.4. Flächenansicht auf die Steinzellenschicht von Kardamom

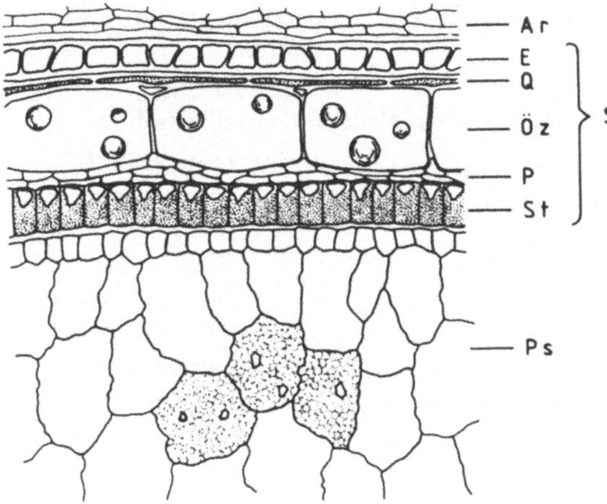

Abb. 6.8.2. Querschnitt durch Samenschale und Endospermgewebe eines Kardamomsamens. Stärkekörner und Kristalle in einigen Zellen des Perisperms gezeichnet; *S* Samenschale, *Ar* Arillus, *E* Epidermis, *Q* Querzellen, *Öz* Ölzellen, *P* Parenchym, *St* Steinzellen, *Ps* Perisperm

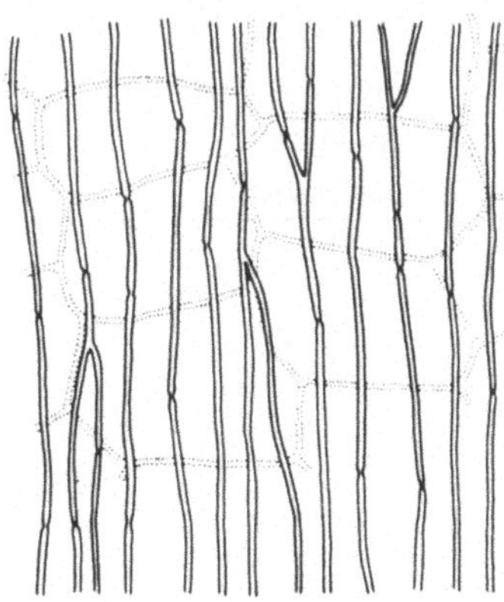

Abb. 6.8.3. Flächenansicht auf die Epidermiszellen von Kardamom mit den darunterliegenden, deutlich erkennbaren Ölzellen (ohne die undeutliche, dünnwandige Querzellenschicht)

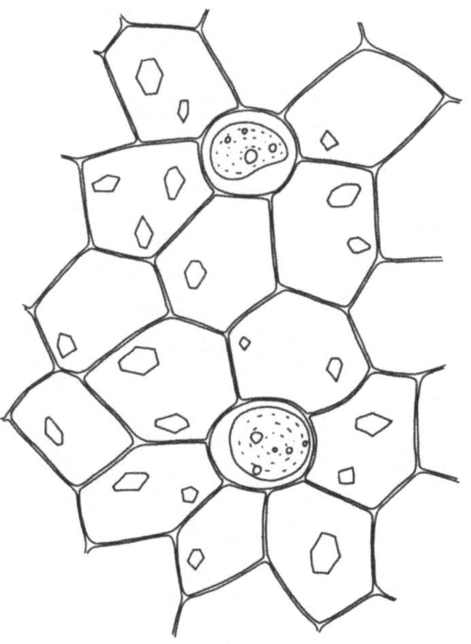

Abb. 6.8.5. Flächenansicht auf die Epidermiszellen der Fruchtschale von Kardamom mit Kristallen und eingestreuten Harzzellen; Faserzellen hier nicht dargestellt

Tabelle 6.8. Mikroskopisch-diagnostische Merkmale von Schwarzem und Weißem Senf (Gelbsenf)

	Schwarzer Senf *Brassica nigra* (L.) Koch	Weißer Senf (Gelbsenf) *Sinapis alba* L. ssp. *alba*
Querschnitt		
Epidermis	kaum quellend	stark quellend mit geschichtetem Schleim (pol. Licht!)
Großzellen	kollabiert, diagnostisch unwichtig	zweischichtig
Palisadenzellen		
Höhe	unterschiedlich, 16–32 µm	unterschiedlich, 32–40 µm
Radialwände	braun, nur im unteren Teil verdickt	farblos, nur im unteren Teil verdickt
Pigmentschicht	einschichtig, kleinzellig mit dunklem Inhalt	mehrschichtig, kleinzellig, farblos
Aleuronschicht		wie Schwarzer Senf
Zellform	reckteckig-rundlich	
Zellwand	mäßig verdickt	
Zellinhalt	Aleuronkörner	
Innenschichten	diagnostisch unwichtig	diagnostisch unwichtig
Keimblattzellen		wie Schwarzer Senf
Zellform/-wand	lang-rechteckig, dünnwandig	
Zellinhalt	Fetttropfen, Aleuronkörner	
Flächenschnitt		
Epidermis	kaum Quellung	starke Quellung mit geschichtetem Schleim (pol. Licht!)
Großzellen	diagnostisch unwichtig	mit kollenchymatischen Wandverdickungen und zahlreichen Interzellularen
Palisadenzellen		
Zellschicht	mosaikartig, braun	mosaikartig, farblos
Zellumen	englumig	englumig
Maschenzeichnung	markant	undeutlich

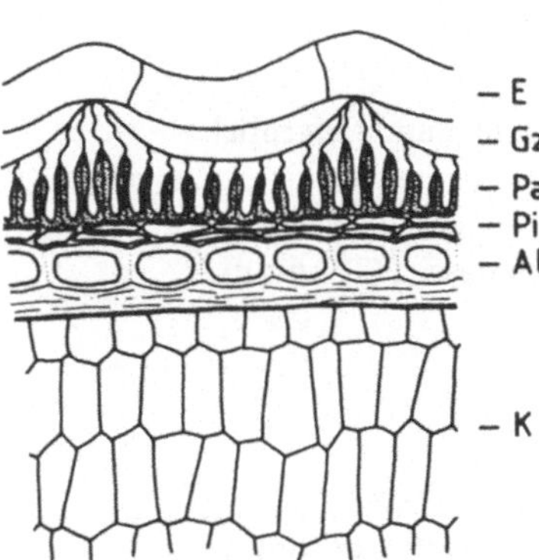

Abb. 6.9.1. Querschnitt durch Samenschale und Keimblatt von Schwarzem Senf. Zellinhalt (Fetttropfen, Aleuronkörner) in Keimblattzellen nicht eingezeichnet; *E* Epidermis, *Gz* Großzellen, *Pa* Palisadenzellen, *Pi* Pigmentzellen, *Al* Aleuronzellen, *K* Keimblatt

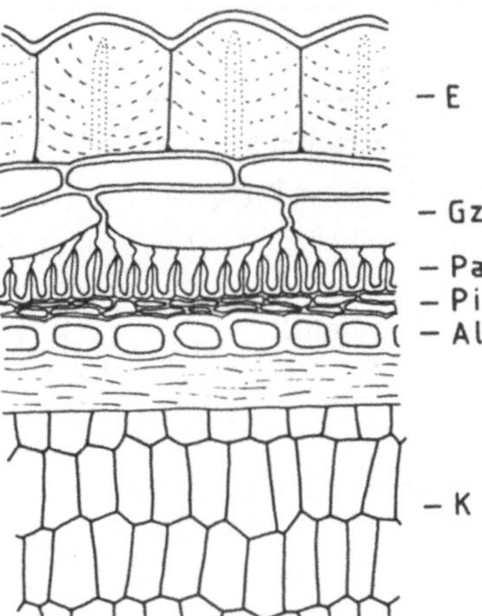

Abb. 6.10.1. Querschnitt durch Samenschale und Keimblatt von Weißem Senf (Gelbsenf). Zellinhalt (Fetttropfen, Aleuronkörner) in den Keimblattzellen nicht eingezeichnet. Schleim der Epidermiszellen (*E*) mit deutlicher Schichtung; Erläuterungen s. Abb. 6.9.1

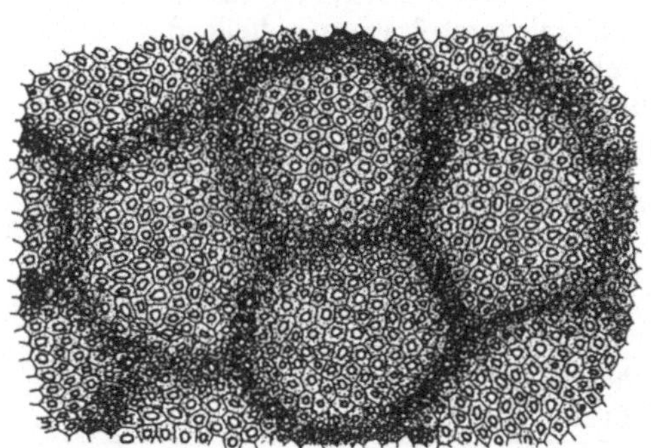

Abb. 6.9.2. Flächenansicht auf die Samenschale von Schwarzem Senf. Die Maschenzeichnung (durchscheinende Palisadenzellen) ist deutlich sichtbar

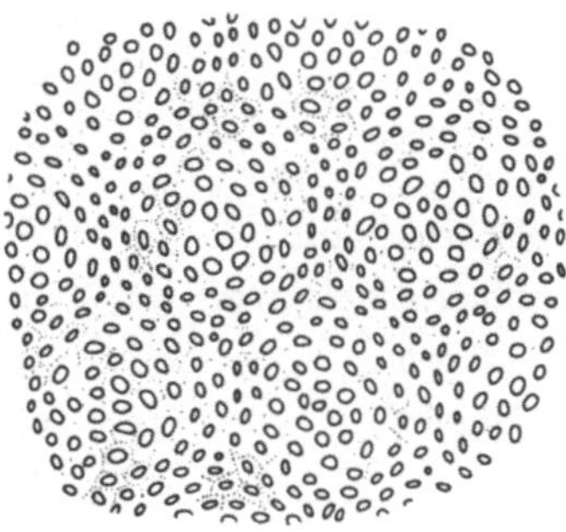

Abb. 6.10.2. Flächenansicht auf die Palisadenzellen der Samenschale von Weißem Senf

Abb. 6.10.3. Flächenansicht auf die Epidermiszellen (Schleimzellen) der Samenschale von Weißem Senf

Tabelle 6.9. Mikroskopisch-diagnostische Merkmale der Muskatnuß

	Muskatnuß *Myristica fragrans* Houtt.
Querschnitt	
Primäres Perisperm	
Zellform	kleinzellig, flach tafelförmig und tangential gestreckt
Zellinhalt	Kristalle (deutlich im Flächenbild, s. unten), z.T. braune Phlobaphenmassen (Thoms u. Brandt)
sekundäres Perisperm (Perispermfalten)	
Zellform/-wand/-inhalt	kleinzellig, dünnwandig, z.T. kollabiert, mit braunem Inhalt; als braune, zungenähnliche Stränge ins Endospermgewebe hineinragend
Ölzellen	vereinzelt in den Außenschichten des prim. Perisperms, zahlreich im Gewebe des sekundären Perisperms (Perispermfalten)
Endospermzellen	
Zellform/-wand	große polygonale Zellen, farblos, dünnwandig
Zellinhalt	Stärkekörner, einzeln und zusammengesetzt, Größe: 3–20 µm, Aleuronkörner, Fett, das im erkalteten Chloralhydrat-Präparat auffallend büschelförmig auskristallisiert (im pol. Licht intensiv gelborange)
Keimling	diagnostisch unwichtig
Flächenschnitt	
primäres Perisperm	
Zellform	rundlich
Zellinhalt	prismatische und tafelförmige Kristalle, im pol. Licht erkennbar

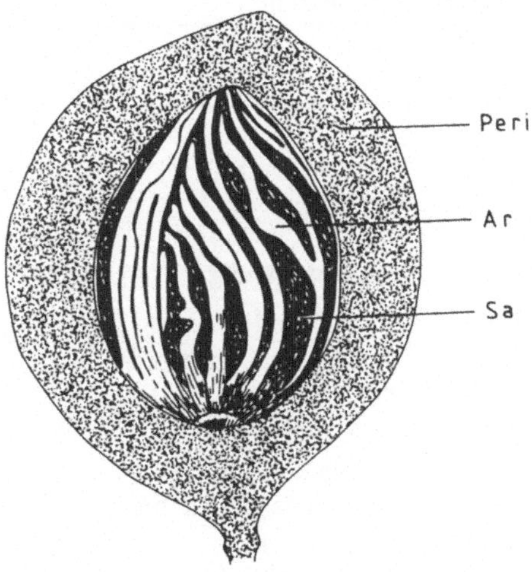

Abb. 6.11.1. Aufbau der Muskatnußfrucht nach Entfernung einer Fruchtschalenhälfte, nat. Größe; *Peri* Perikarp, *Ar* Arillus, *Sa* Same

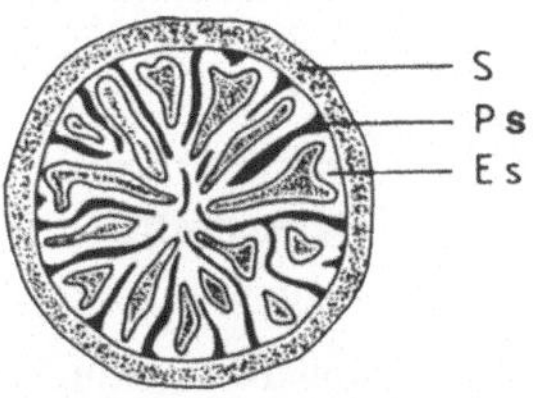

Abb. 6.11.2. Querschnitt durch die Muskatnuß mit äußerem Perisperm (primärem Perisperm), zungenartig nach innen vordringenden Perispermfalten (sekundäres Perisperm, dunkel) und Endospermgewebe (hell), nat. Größe; *S* Samenschale, *Ps* Perisperm, *Es* Endosperm

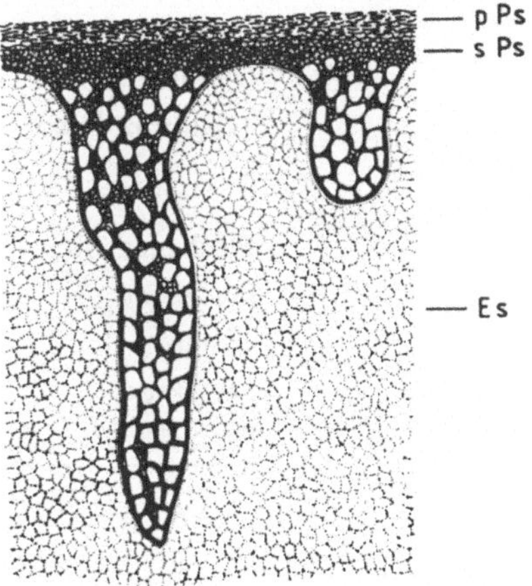

Abb. 6.11.3. Schwach vergrößerter Querschnitt durch die Muskatnuß mit äußerem (primärem) Perisperm, Perispermfalten (sekundäres Perisperm, dunkel) und Endospermgewebe (hell); *p Ps* primäres Perisperm, *s Ps* sekundäres Perisperm, *Es* Endosperm

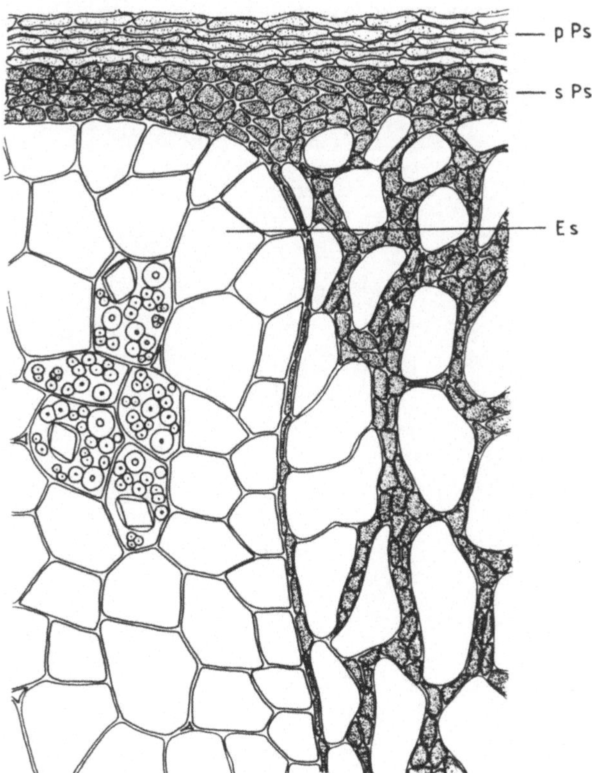

Abb. 6.11.4. Querschnitt durch die Muskatnuß mit äußerem (primärem) Perisperm, Perispermfalte (sekundäres Perisperm) und Endospermgewebe. Stärkekörner und Eiweißkristalle in Endospermzellen teilweise eingezeichnet; Erläuterungen siehe Abb. 6.11.3

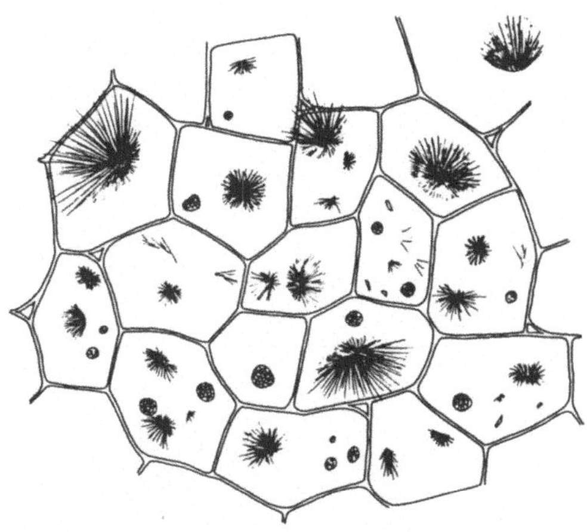

Abb. 6.11.5. Endospermzellen der Muskatnuß mit büschelförmig auskristallisiertem Fett. Stärkekörner nicht eingezeichnet

Tabelle 6.10. Mikroskopisch-diagnostische Merkmale von Mais

	Macis, Samenmantel (= Arillus) von *Myrstica fragrans* Houtt.
Querschnitt	
Arillus	
äußere und innere Epidermis	
Zellform/-wand	tangential, gestreckt, derbwandig
Hypodermis	wie Epidermis
Parenchym	
Zellform/-wand	groß, rundlich, dünnwandig
Zellinhalt	Fett (nicht auskristallisierend), Amylodextrinkörner (Färbung mit Jod-Kaliumjodidlösg.: weinrot)
Ölzellen	zahlreich im Parenchymgewebe eingebettet
Zellform/-inhalt	große, rundliche Zellen mit gelblichen Öltropfen (nicht auskristallisierend)
Flächenschnitt	
Epidermis	
Zellform	langgestreckt, faserähnlich
Zellwand	derb, ungetüpfelt
Parenchym und Ölzellen	siehe Querschnitt

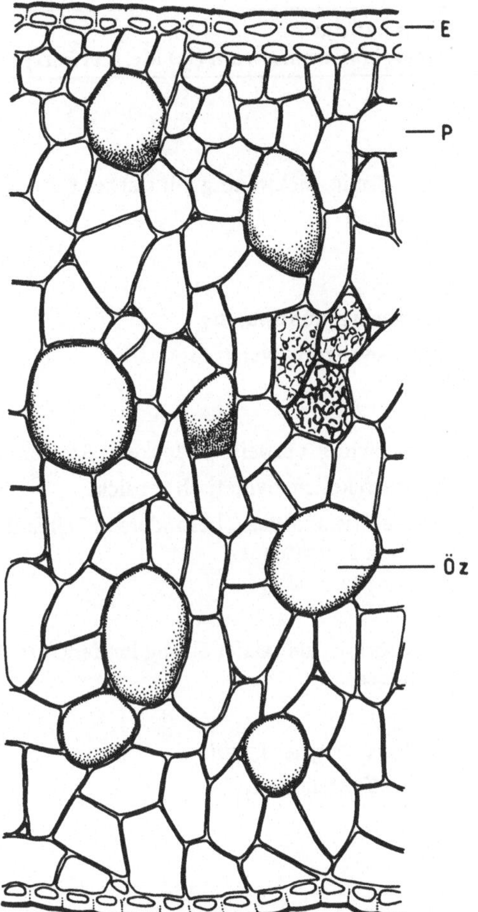

Abb. 6.12.1. Querschnitt durch Macis mit beiderseitigen Epidermen und Parenchym mit Ölzellen. Amylodextrinkörner in einzelnen Zellen eingezeichnet; *E* Epidermis, *P* Parenchym, *Öz* Ölzellen

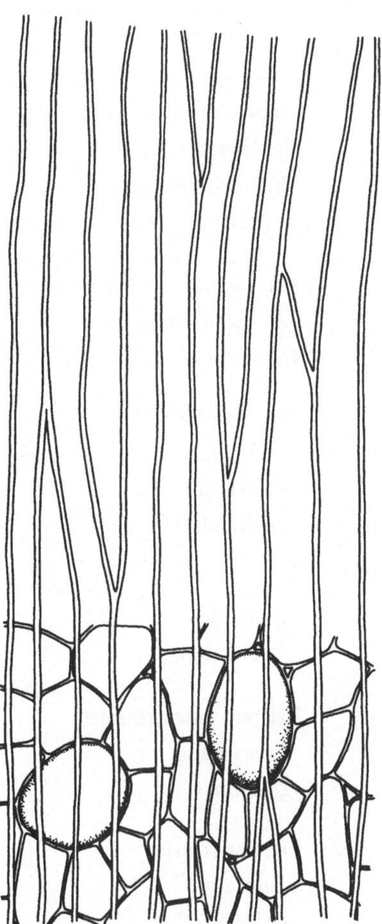

Abb. 6.12.2. Flächenansicht auf die langgestreckten Epidermiszellen von Macis mit darunterliegenden Parenchym- und Ölzellen

Tabelle 6.11. Mikroskopisch-diagnostische Merkmale von Gewürznelken

	Gewürznelken *Syzygium aromaticum* (L.) Merr. et Perry
Querschnitt durch den Unterkelch	
Epidermis	
Zellform/-wand	tafelförmig, dickwandig mit starker Kutikula
Spaltöffnungen	vereinzelt
subepidermales Parenchym	
Zellform/-wand	kleinzellig, dünnwandig
Ölbehälter	groß, oval-rund, verstreut
inneres Parenchym	
Zellschicht	vielschichtig, teilweise als lockeres Schwammgewebe
Zellwand	schwach kollenchymatisch verdickt
Zellinhalt	kleine Kristalldrusen, besonders in Zellen der inneren Schichten
Leitbündel	
Anordnung	kreisförmig, als axialer Strang im Zentrum des Gewebes
Kristallkammerfasern	
Anordnung	in Begleitung der Leitbündel
Zellinhalt	kleine Kristalldrusen
Flächenschnitt	
Epidermis	
Zellform	kleinzellig, polygonal, vereinzelt Spaltöffnungen
Ölbehälter	groß, rund, durch die Epidermis hindurchscheinend
Längsschnitt	
Kristallkammerfasern	
Zellform/-wand	gestreckt-faserförmig, dünnwandig
Zellinhalt	reihenförmig kleine Kristalldrusen
Fasern	in Begleitung der Leitbündel
Zellform	gestreckt-spindelförmig
Zellwand	mäßig verdickt
Teile der oberen Blütenregion	
Antherengewebe	
Zellwand	dünnwandig mit zarten, spangenartigen Leisten
Pollen	klein, stumpf-dreieckig, Keimporen erkennbar

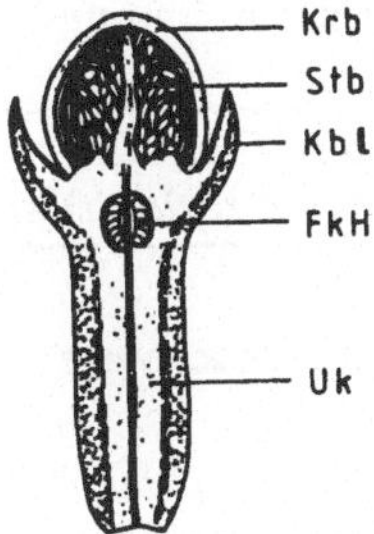

Abb. 6.13.1. Längsschnitt durch die Blüte einer Gewürznelke (Vergr. ca. 3fach); *Krb* Kronblätter, *Stb* Staubblätter, *Kbl* Kelchblätter, *FkH* Fruchtknotenhöhle, *Uk* Unterkelch (Receptaculum)

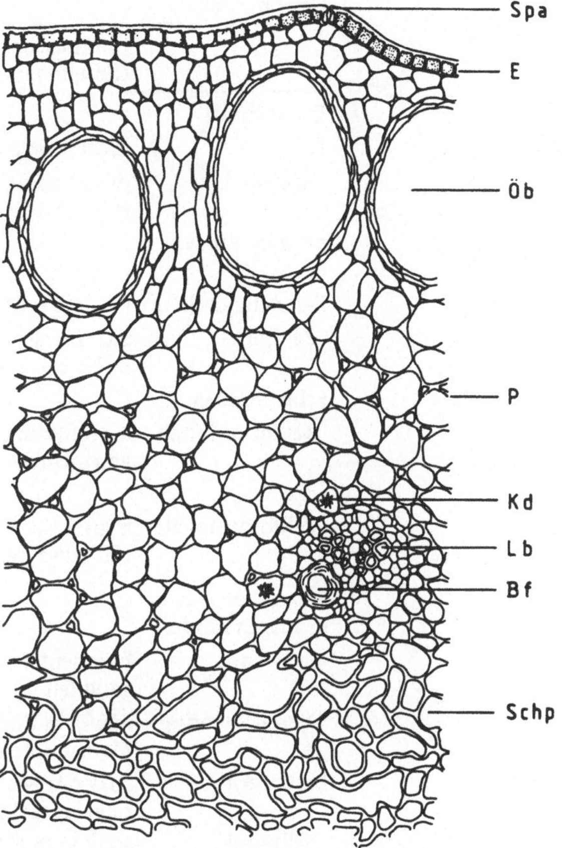

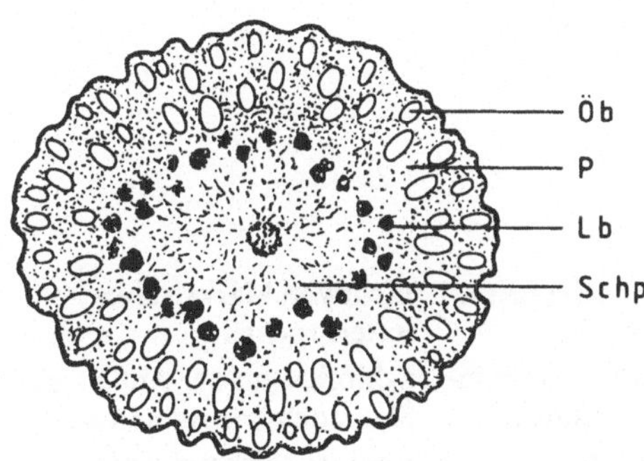

Abb. 6.13.2. Querschnitt durch den Unterkelch einer Gewürznelke (Vergr. ca. 20fach); *Öb* Ölbehälter, *P* Parenchym, *Lb* Leitbündel, *Schp* Schwammparenchym

Abb. 6.13.3. Querschnitt durch den Unterkelch einer Gewürznelke; *Spa* Spaltöffnung, *E* Epidermis, *Öb* Ölbehälter, *P* Parenchym, *Kd* Kristalldrusen, *Lb* Leitbündel, *Bf* Bastfaser, *Schp* Schwammparenchym

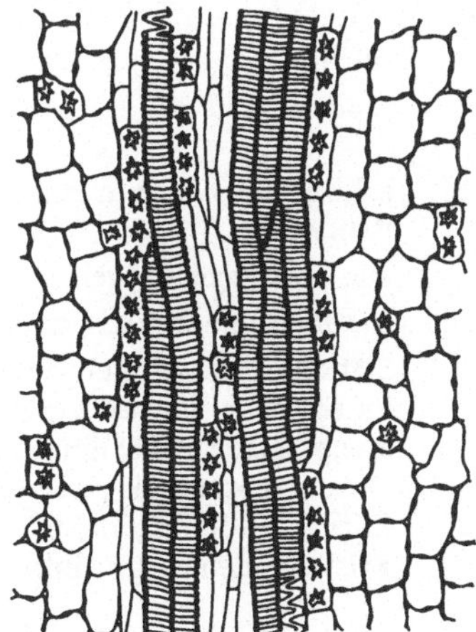

Abb. 6.13.4. Längsschnitt durch den Unterkelch einer Gewürznelke mit Gefäßen und kristallführenden Zellen (Kristallkammerfasern)

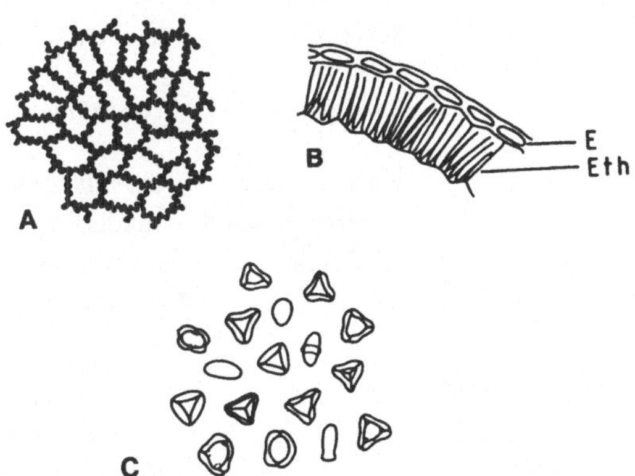

Abb. 6.13.5 A–C. Antherengewebe und Pollenkörner der Gewürznelke. **A** Aufsichtsbild auf das Endothecium, **B** Querschnitt durch die Antherenwand; *E* Epidermis, *Eth* Endothecium, **C** Pollenkörner

Tabelle 6.12. Mikroskopisch-diagnostische Merkmale von Chinesischem Zimt und Ceylon-Zimt

	Chinesischer Zimt *Cinnamomum aromaticum* Nees	Ceylon-Zimt *Cinnamomum zeylanicum* Bl.
Querschnitt		
Kork	mehrschichtig	fehlt in der Handelsware
Zellwand	dünnwandig, innerste Lage steinzellartig verdickt	
primäre Rinde		fehlt in der Handelsware bzw. nur als Rest vorhanden
Parenchymzellen	braun, großzellig, derbwandig	
Zellinhalt	kleinkörnige Stärke (s. unten), häufig braune, gerbstoffhaltige Klumpen	
Schleimzellen		
Zellform/-inhalt	± groß, rundlich mit geschichtetem Schleim	
Ölzellen		
Zellform/-inhalt	± groß, rundlich mit gelben Harzklumpen	
Steinzellen i. d. primären Rinde		
Zellwand	hufeisenförmig verdickt, getüpfelt	
Sklerenchymring	häufig in Verlängerung der prim. Markstrahlen unterbrochen	nicht von Markstrahlzellen unterbrochen
Bastfasern	an der Außenseite des Sklerenchymringes einzeln oder in Bündeln	zahlreich, an der Außenseite des Sklerenchymringes in Bündeln
Zellwand	stark verdickt, ungetüpfelt, hellfarbig	weniger stark verdickt, ungetüpfelt, hellfarbig
Steinzellen im Sklerenchymring	unterschiedlich groß, Zellwände unterschiedlich dick, getüpfelt, z.T. hufeisenförmig	unterschiedlich groß, Zellwände unterschiedlich dick, getüpfelt, nicht hufeisenförmig
sekundäre Rinde	stark entwickelt	schwächer entwickelt
Parenchym	kleinzellig, dünnwandig	kleinzellig, dünnwandig
Zellinhalt	Stärkekörner s. unten, zahlreich	Stärkekörner s. unten, weniger zahlreich
Schleim- u. Ölzellen	s. oben	s. oben
Bastfasern	rel. wenig und einzeln liegend	zahlreich, vielfach in tangentialen Bändern
Markstrahlen	ein- bis dreizellig breit	ein- bis dreizellig breit
Zellform/-wand	rundlich-quadratisch, dünnwandig	rundlich-quadratisch, dünnwandig
Zellinhalt	zahlreiche Stärkekörner, einzelnkugelig und zu 2–5 zusammengesetzt; Größe: Einzelkörner: 4–12 µm, zusammengesetzte Körner: 12–30 µm, kleine Kristallnadeln und -prismen, weniger zahlreich als bei Ceylon-Zimt	Stärkekörner weniger zahlreich, Einzelkörner und zu 2–5 zusammengesetzt; Größe: Einzelkörner 2–7 µm, zusammengesetzte Körner 10–18 µm, kleine Kristallnadeln, sehr zahlreich
Flächenschnitt (tangentialer Längsschnitt)		
Bastfasern	spärlich, bis 600 µm lang, kompakt (Ø bis 40 µm), gerade, spindelförmig, englumig, ungetüpfelt	sehr zahlreich, bis 600 µm lang, schlank (Ø bis 25 µm), gerade, spindelförmig, englumig, ungetüpfelt
Markstrahlen	spindelförmig	spindelförmig

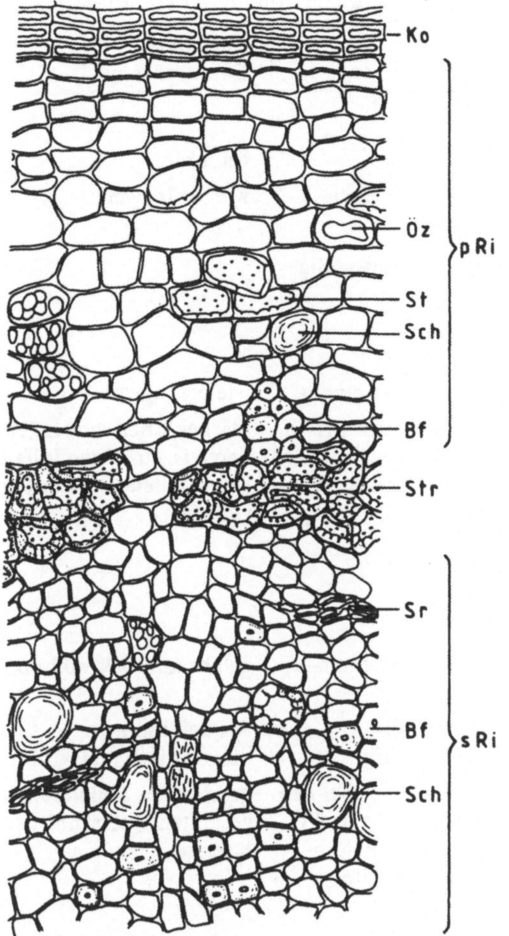

Abb. 6.14.1. Querschnitt durch Chinesischen Zimt, Markstrahlen z.T. mit Inhalt gezeichnet; *Ko* Korkzellen, *Öz* Ölzelle, *St* Steinzelle, *Sch* Schleimzelle, *Bf* Bastfasern, *Str* Steinzellring, *Sr* Siebröhren, *pRi* primäre Rinde, *sRi* sekundäre Rinde

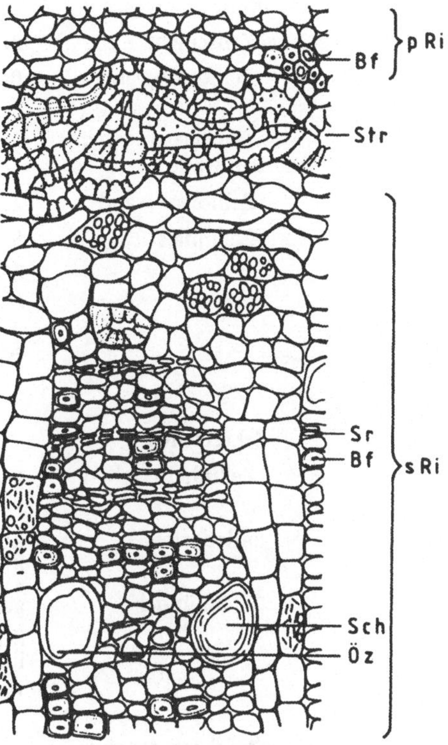

Abb. 6.15.1. Querschnitt durch Ceylon-Zimt; Erläuterung der Abkürzungen s. Abb. 6.14.1

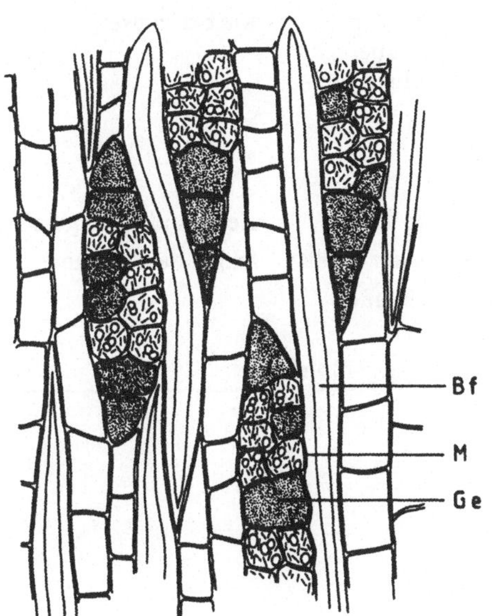

Abb. 6.15.2. Flächenschnitt (tangentialer Längsschnitt) durch den inneren Teil von Ceylon-Zimt. Markstrahlzellen mit Kristallnadeln und Stärkekörnern; *M* Markstrahlparenchym, *Bf* Bastfaserzelle, *Ge* Gerbstoffzelle

Tabelle 6.13. Mikroskopisch-diagnostische Merkmale von Ingwer und Kurkuma

	Ingwer *Zingiber officinale* Rosc.	Kurkuma *Curcuma longa* L.
Querschnitt		
Farbe	weißgrau	gelbbraun
Kork	nur bei ungeschälter Ware	wie bei Ingwer
Zellschicht	mehrschichtig	
Zellform/-wand	flach rechteckig, dünnwandig	
Speicherparenchym der Rinde		
Zellform/-wand	groß-polygonal, dünnwandig	wie bei Ingwer
Zellinhalt	Stärkekörner flach, exzentrisch geschichtet, in der Aufsicht breit-eiförmig, an einem Ende ± spitz auslaufend, in Seitenansicht schmal-elliptisch, Länge: 20–35 μm	Stärkekörner verkleistert, durch den ausgetretenen Inhalt der Sekretzellen (s. unten) gelb gefärbt
Sekretzellen		
Zellinhalt	gelbe bis gelbbraune Sekret-klumpen	gelbbraune Sekretklumpen
Endodermis	kollabiert, stärkefrei, diagnostisch unwichtig	wie bei Ingwer, diagnostisch unwichtig
Gefäßbündel	geschlossen kollateral, über den gesamten Querschnitt verteilt; im Zentralzylinder von derb-wandigen Fasern begleitet	geschlossen kollateral, über den gesamten Querschnitt verteilt; faserfrei
Speicherparenchym des Zentralzylinders		
Zellform/-wand	groß-polygonal, dünnwandig	wie bei Ingwer
Zellinhalt	Stärkekörner, s. oben	verkleisterte Stärke (s. oben)
Sekretzellen	s. oben	s. oben
Flächenschnitt		
Kork s. oben	großzellig, braun und dünn-wandig, in Schichten über-einanderliegende Zellen	wie bei Ingwer
Speichergewebe	s. oben	
Gefäße		
Zellform	Netz- oder Treppengefäße	Netz- und Spiralgefäße
Faserzellen	häufig in Begleitung der Gefäße	fehlen bei Kurkuma
Zellform	sehr lang, rel. breit, häufig einseitig eingebuchtet	
Zellwand	mäßig verdickt, schräg getüpfelt	

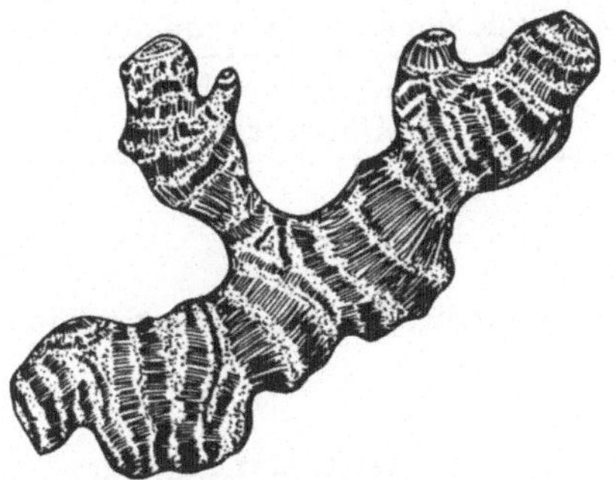

Abb. 6.16.1. Ingwer, ungeschältes Rhizom, nat. Größe

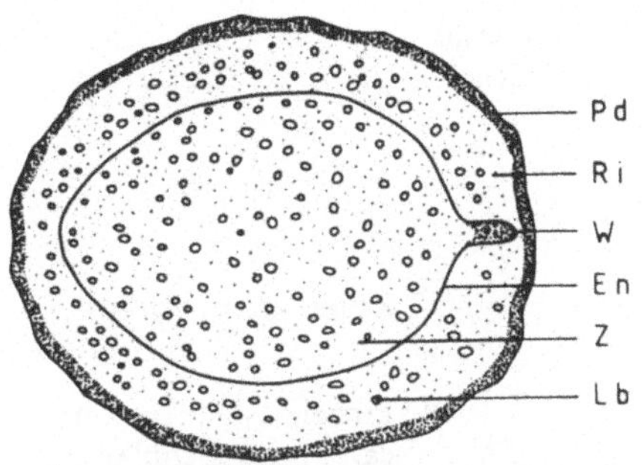

Abb. 6.16.2. Querschnitt durch ein Ingwer-Rhizom, Vergr. ca. 3fach; *Pd* Periderm, *Ri* Rinde, *W* Wurzel, *En* Endodermis, *Z* Zentralzylinder, *Lb* Leitbündel. (Nach Oltmanns aus Karsten-Weber-Stahl 1962, verändert)

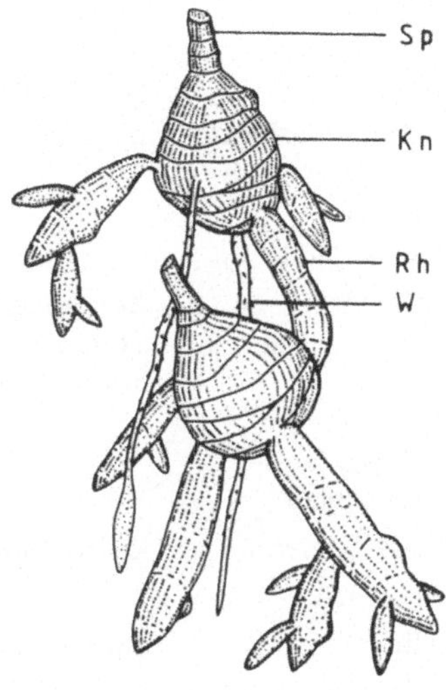

Abb. 6.17.1. Kurkuma, ungeschältes Rhizom, ca. ½ nat. Größe; *Sp* Sproß, *Kn* Knolliges Rhizom („Curcuma rotunda"), *Rh* Rhizomast („Curcuma longa"), *W* Wurzel

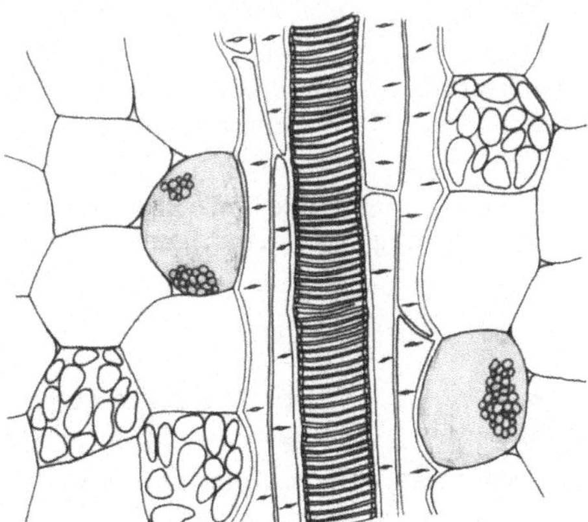

Abb. 6.16.3. Längsschnitt durch ein Ingwer-Rhizom mit Gefäß, Fasern, Sekretzellen; Stärkekörner in einigen Zellen gezeichnet

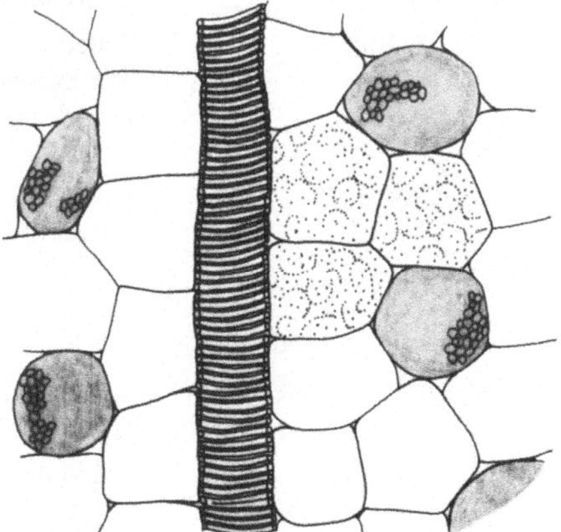

Abb. 6.17.2. Längsschnitt durch ein Kurkuma-Rhizom mit Gefäß, Sekretzellen. Verkleisterte Stärkekörner in einigen Zellen gezeichnet

Tabelle 6.14. Mikroskopisch-diagnostische Merkmale von Knoblauch und Zwiebel

	Knoblauch *Allium sativum* L.	Küchenzwiebel *Allium cepa* L.
Querschnitt		
trockenes Hüllblatt		
äußere Epidermis	Zellen ± rechteckig, dünnwandig	Zellen ± rechteckig, dünnwandig
Hypoderm		
Zellinhalt	große Einzelkristalle	große Einzelkristalle
weitere Zellschichten	diagnostisch unwichtig	diagnostisch unwichtig
trockenes Schuppenblatt		fehlt bei der Küchenzwiebel
Epidermis	Zellen rechteckig, Zellwände allseitig stark verdickt, deutliche Schichtungslinien	
fleischiges Schuppenblatt		
äußere Epidermis	Zellen dünnwandig	Zellen dünnwandig
Hypoderm		
Zellinhalt	ohne Kristalle	Einzelkristalle bis zum ca. 3. Schuppenblatt
Mesophyll	Zellen groß, dünnwandig	Zellen groß, dünnwandig
Gefäßbündel	unregelmäßig verstreut	unregelmäßig verstreut
Flächenschnitt		
trockene Hüllblätter		
äußere Epidermis	Zellen in der Längsrichtung gestreckt, ± rechteckig	Zellen in der Längsrichtung gestreckt, ± rechteckig
Hypoderm	Zellen quaderförmig, quer zu den Epidermiszellen liegend, Wände verdickt, besonders a. d. Schmalseite getüpfelt	Zellen groß, ± rechteckig, quer zu den Epidermiszellen liegend, Wände schwach verdickt, getüpfelt
Zellinhalt	große Einzelkristalle, breitprismenförmig bis würfelförmig	große Einzelkristalle, langprismenförmig bis quaderförmig
fleischige Schuppenblätter		
äußere Epidermis	Zellen längsgestreckt, vereinzelt Spaltöffnungen	Zellen längsgestreckt, Spaltöffnungen (Anzahl sortenabhängig)
Hypoderm	Zellen quer zu den Epidermiszellen	Zellen quer zu den Epidermiszellen
Zellinhalt	ohne Kristalle	kleine Einzelkristalle (s. oben)
Mesophyll	Zellen groß, rundlich	Zellen groß, rundlich
trockenes Schuppenblatt		fehlt bei der Küchenzwiebel
Epidermis	lange, stark verdickte Zellen, strichförmig getüpfelt	

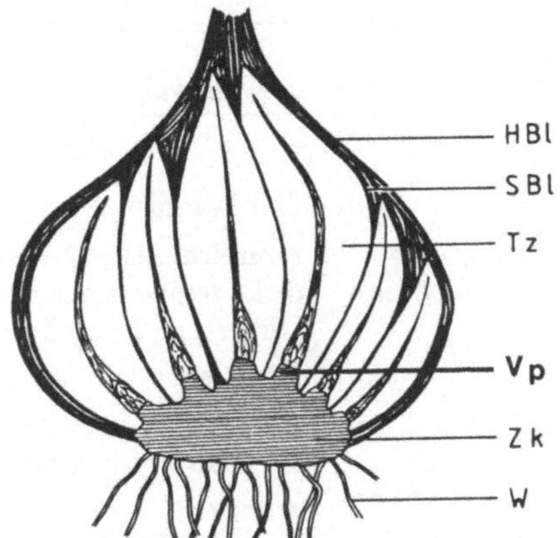

Abb. 6.18.1. Längsschnitt durch eine Knoblauchzwiebel, nat. Größe; *HBl* Hüllblatt, trocken, *SBl* Schuppenblatt, trocken, *Tz* fleischiges Blatt (Tochterzwiebel), *Vp* Vegetationspunkt, *Zk* Zwiebelkuchen, *W* Wurzeln

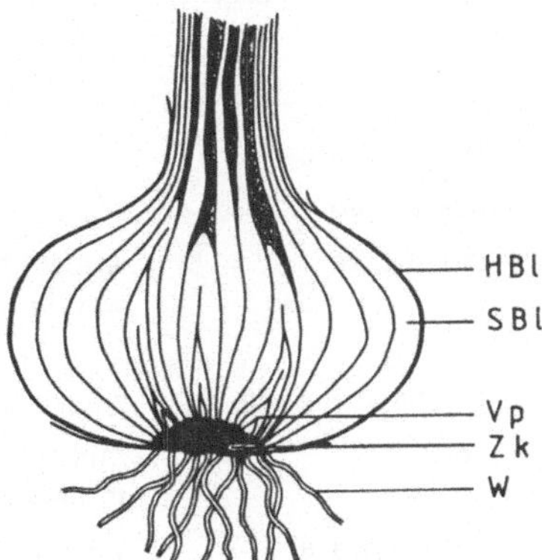

Abb. 6.19.1. Längsschnitt durch die Küchenzwiebel, nat. Größe; *SBl* fleischiges Blatt; weitere Erläuterungen der Abkürzungen siehe Abb. 6.18.1

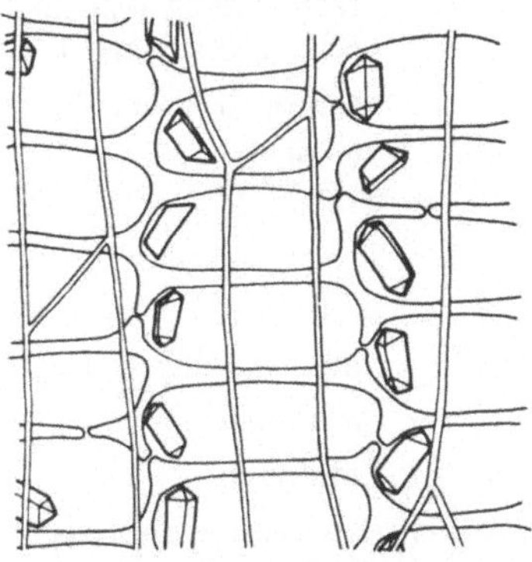

Abb. 6.18.2. Flächenansicht auf die äußeren Schichten des trockenen Hüllblattes von Knoblauch mit Kristallen in den Hypodermzellen

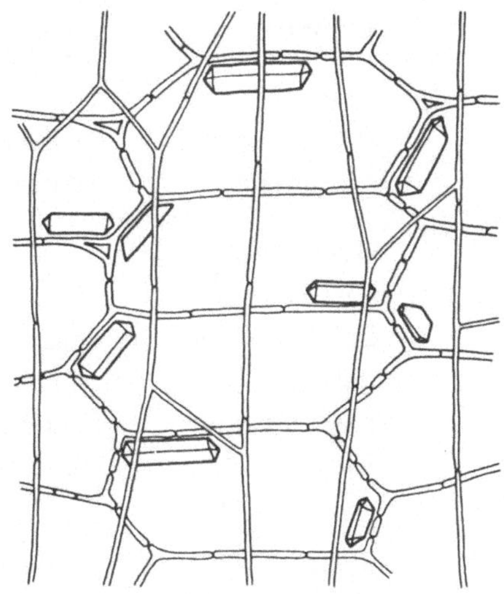

Abb. 6.19.2. Flächenansicht auf die äußeren Schichten des trockenen Hüllblattes der Küchenzwiebel mit Kristallen in den Hypodermzellen

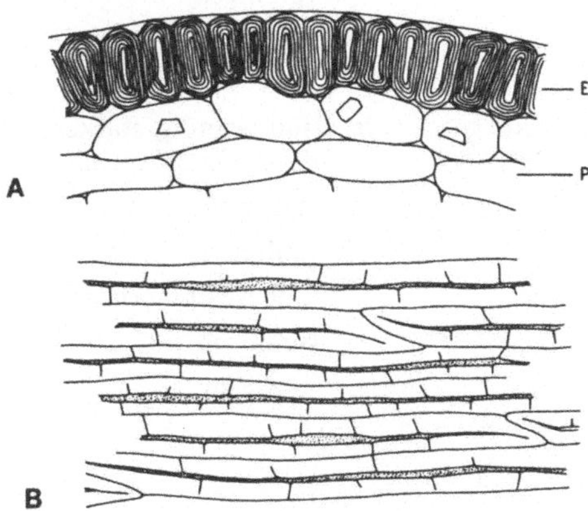

Abb. 6.18.3 A, B. Trockenes Schuppenblatt der Knoblauchzwiebel. **A** Querschnitt durch die äußeren Schichten mit stark geschichteten Epidermis-Zellwänden und Einzelkristallen in den Hypodermzellen; **B** Flächenansicht auf die faserartigen Epidermiszellen

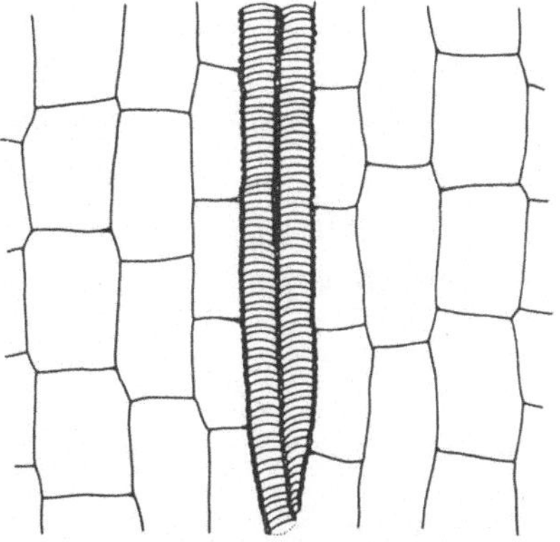

Abb. 6.19.3. Parenchymatische Zellen und Gefäße aus dem Mesophyll eines fleischigen Blattes der Küchenzwiebel

Tabelle 6.15. Mikroskopisch-diagnostische Merkmale von Majoran- und Thymianblättern

	Majoran *Origanum majorana* L.	Thymian *Thymus vulgaris* L.
Querschnitt		
obere Epidermis	dünnwandig	dünnwandig
Deckhaare	zahlreich, dünnwandig, feinwarzig, 1- bis 5zellig, gebogen	zahlreich, Zellwand mäßig verdickt, feinwarzig, meist einzellig, kurz, stumpf-kegelförmig
Drüsenschuppen	zahlreich	zahlreich
Aufbau	mehrere Drüsenzellen mit schirmartiger Kutikula	mehrere Drüsenzellen mit schirmartiger Kutikula
Drüsenhaare	vereinzelt	vereinzelt
Aufbau	ein- bis zweizelliger Stiel mit ein- bis zweizelligem, oft keulig verbreiterten Drüsenköpfchen	eine kurze Stielzelle mit einzelligem Drüsenköpfchen
untere Epidermis	dünnwandig	dünnwandig
Spaltöffnungen	zahlreich	zahlreich
Deckhaare	zahlreicher als auf der oberen Epidermis	zwei- bis dreizellig, mit fast rechtwinklig abgeknickter Endzelle („Kniehaare")
Drüsenschuppen	zahlreich (s. oben)	zahlreich (s. oben)
Drüsenhaare	zahlreich	vereinzelt
Flächenschnitt		
obere Epidermis		
Zellwand/-form	dünnwandig, leicht gewellt	dünnwandig, leicht gewellt
Deckhaare	zahlreich und dichtstehend	zahlreich
Drüsenschuppen	zahlreich	zahlreich
Form	kreisrunde Anordnung von 6–12 Drüsenzellen mit schirmartiger Kutikula	kreisrunde Anordnung von ca. 12 Drüsenzellen mit schirmartiger Kutikula
Farbe	farblos bis blaßgelblich (Stereomikroskop!)	gelbrot (Stereomikroskop!)
Drüsenhaare	vereinzelt	vereinzelt
Spaltöffnungen	vereinzelt	vereinzelt
untere Epidermis		
Zellwand/-form	dünnwandig, stärker gewellt als die obere Epidermis	dünnwandig, stärker gewellt als die obere Epidermis
Deckhaare	zahlreich und dichtstehend	zahlreich
Drüsenschuppen	zahlreich	zahlreich
Form	s. obere Epidermis	s. obere Epidermis
Drüsenhaare	vereinzelt	vereinzelt
Spaltöffnungen	zahlreich	zahlreich

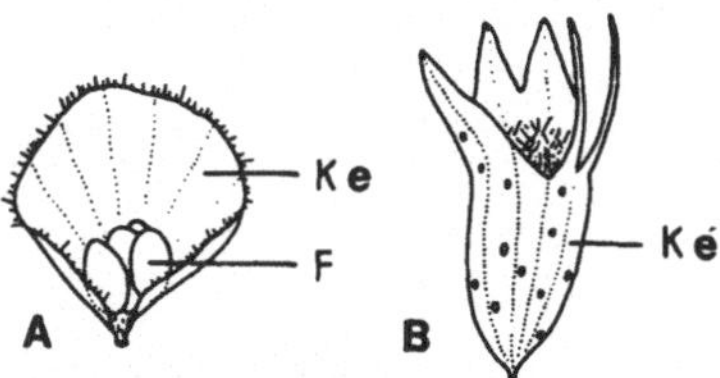

Abb. 6.20.1 A, B. Kelch von Majoran (**A**) und Thymian (**B**) (Vergr. ca. 8fach); *Ke* Kelch, *F* Früchte

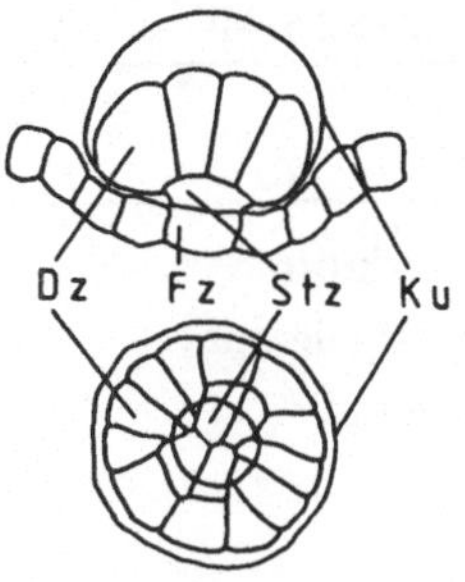

Abb. 6.20.2. Labiatendrüsenschuppe, oben: im Längsschnitt, unten: in Flächenansicht; *Dz* Drüsenzelle, *Fz* Fußzelle, *Stz* Stielzelle, *Ku* abgehobene Kutikula. (Nach Staesche 1970)

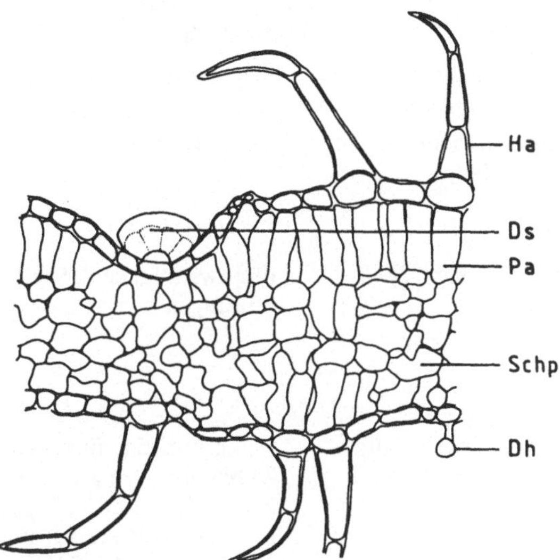

Abb. 6.20.3. Querschnitt durch ein Majoranblatt mit Drüsenschuppe, Drüsenhaar und Deckhaaren; *Ha* Deckhaar, *Ds* Drüsenschuppe, *Dh* Drüsenhaar, *Pa* Palisadenparenchym, *Schp* Schwammparenchym. (Nach Mitlacher aus Berger 1954, verändert)

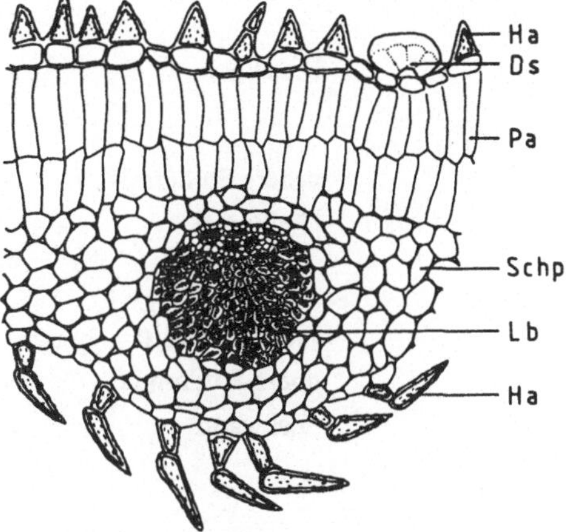

Abb. 6.21.1. Querschnitt durch ein Thymianblatt mit Drüsenschuppe und Deckhaaren (auf der Blattoberfläche spitzkegelig, auf der Blattunterseite gekniet); *Lb* Leitbündel, weitere Erläuterungen der Abkürzungen s. Abb. 6.20.3. (Nach Kadletz aus Berger 1954, verändert)

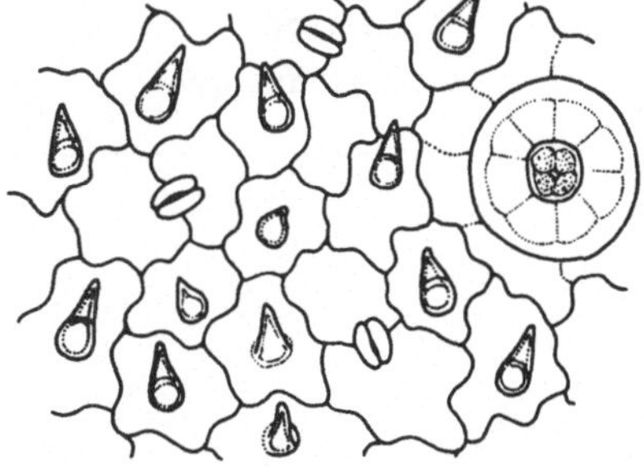

Abb. 6.21.2. Flächenansicht auf die obere Epidermis eines Thymianblattes mit Drüsenschuppe, kurzen Deckhaaren und Spaltöffnungen

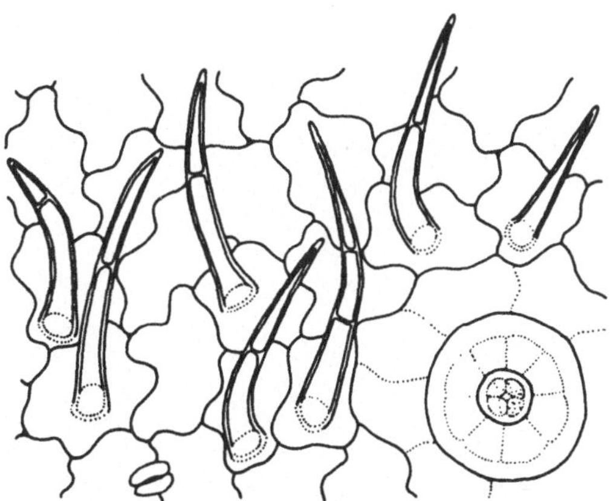

Abb. 6.20.4. Flächenansicht auf die obere Epidermis des Majoranblattes mit Deckhaaren, Drüsenschuppe und Spaltöffnung

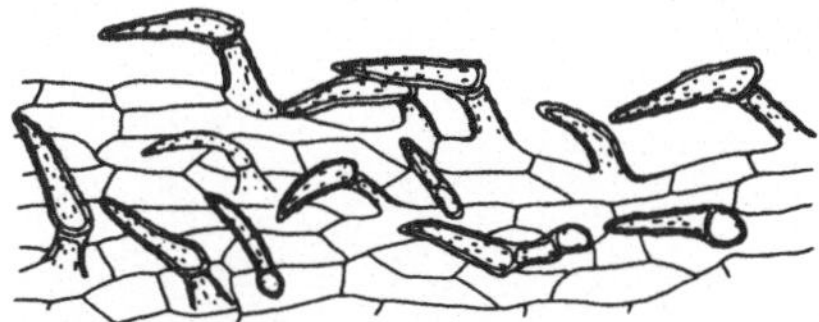

Abb. 6.21.3. Flächenansicht auf die Epidermis eines Blattstielchens von Thymian mit geknieten Haaren. (Aus Moeller-Griebel 1928, verändert)

Tabelle 6.16. Mikroskopisch-diagnostische Merkmale vom Lorbeer- und Petersilienblatt

	Lorbeerblatt *Laurus nobilis* L.	Petersilie *Petroselinum crispum* (Mill.) Hill.
Querschnitt		
obere Epidermis		
Zellwand	mäßig verdickt, mit starker Kutikula, kahl	dünnwandig mit zarter Kutikula; über den größeren „Blattadern" Papillen
Mesophyll		
Palisadenzellen	zweischichtig	einschichtig
Schwammparenchym	mehrschichtig	mehrschichtig
Leitbündel	von zahlreichen dicken Sklerenchymkappen umschlossen	diagnostisch unwichtig
Ölzellen	groß, rund, unregelmäßig im Mesophyll verteilt	keine Ölzellen
untere Epidermis		
Zellwand	mäßig verdickt, kahl, Spaltöffnungen	dünnwandig, kahl, Spaltöffnungen
Flächenschnitt		
obere Epidermis		
Zellwand	wellig-buchtig, dickwandig	wellig-buchtig, dünnwandig; Zellen über den größeren Blattnerven („Blattadern") papillös mit asymmetrisch zur Blattspitze verschobenen Gipfeln („tropfenförmig") und deutlicher Kutikularstreifung
Spaltöffnungen	keine Spaltöffnungen	vereinzelt
Sklerenchymfasern	in Begleitung der Leitbündel	diagnostisch unwichtig
untere Epidermis		
Zellwand	wellig-buchtig, kahl	wellig-buchtig, kahl
Spaltöffnungen	zahlreich, groß mit schmalem, strichförmigem Spalt	zahlreich

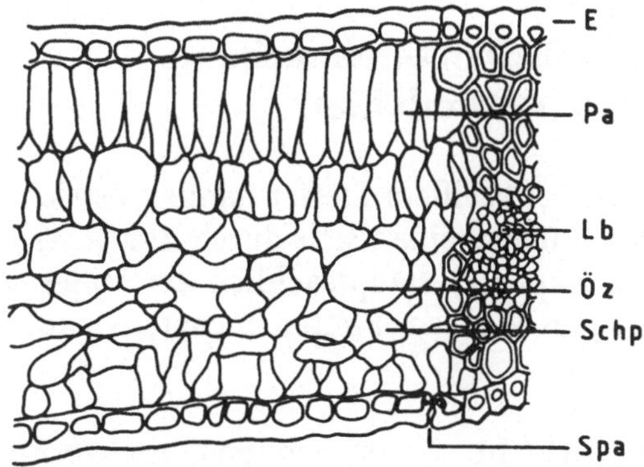

Abb. 6.22.1. Querschnitt durch ein Lorbeerblatt; *E* Epidermis, *Pa* Palisadenparenchym, *Lb* Leitbündel, *Öz* Ölzelle, *Schp* Schwammparenchym, *Spa* Spaltöffnung

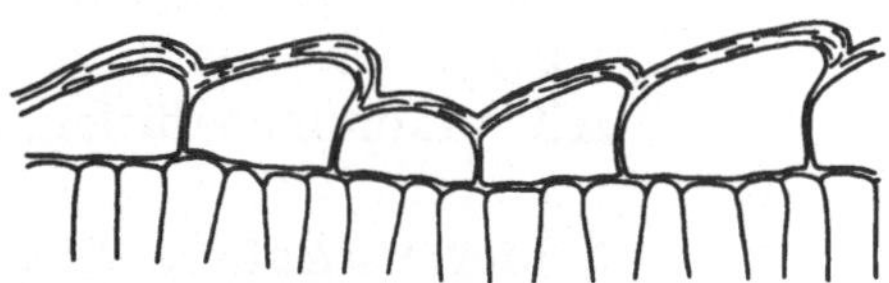

Abb. 6.23.1. Querschnitt durch die Epidermis eines Petersilienblattes mit papillös vorgewölbten Epidermiszellen über dem Blattnerv

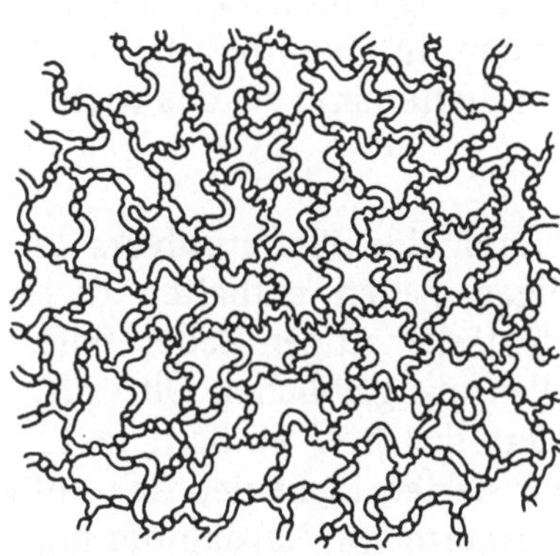

Abb. 6.22.2. Flächenansicht auf die obere Epidermis des Lorbeerblattes mit dickwandigen, stark gewellten und getüpfelten Epidermiszellen

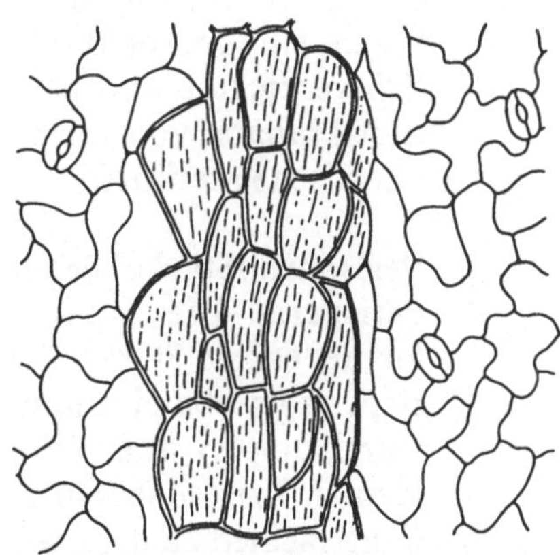

Abb. 6.23.2. Flächenansicht auf die Oberseite eines Petersilienblattes. Papillös vorgewölbte Epidermiszellen mit deutlicher Kutikularstreifung über dem Blattnerv und Spaltöffnungen. (Aus Moeller-Griebel, verändert)

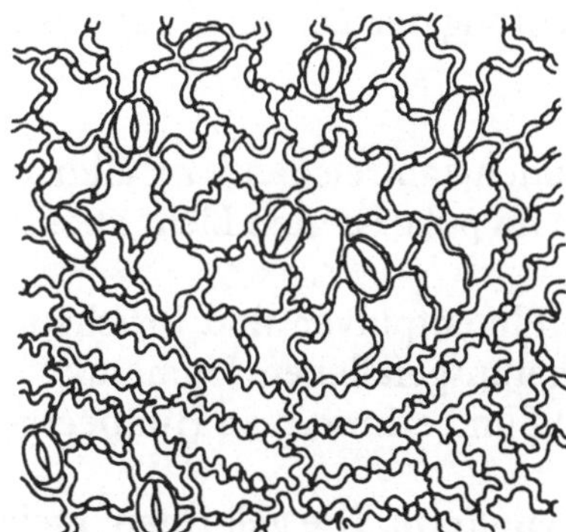

Abb. 6.22.3. Flächenansicht auf die untere Epidermis des Lorbeerblattes mit Spaltöffnungen. Epidermiszellen über den Blattnerven („Blattadern") gestreckt und mit stark gewellten Wänden

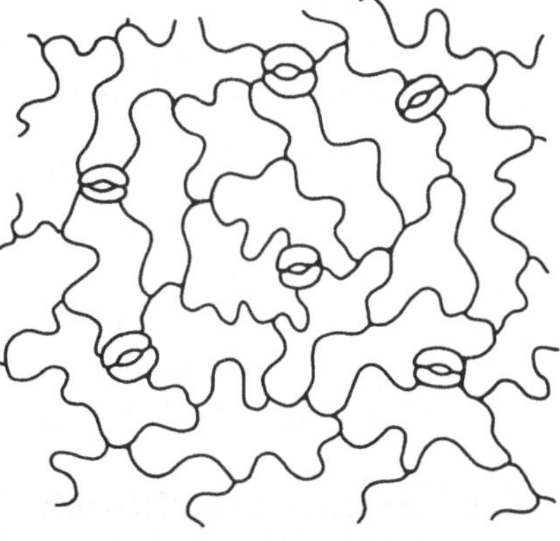

Abb. 6.23.3. Flächenansicht auf die untere Epidermis eines Petersilienblattes mit dünnwandigen, stark gewellten Epidermiszellen und Spaltöffnungen

6.4 Aus der Praxis der mikroskopischen Untersuchung von Handels- und Verarbeitungsprodukten

Pfeffer Sowohl bei Schwarzem als auch bei Weißem Pfeffer handelt es sich um die Früchte von *Piper nigrum*. Sie unterscheiden sich durch den Anteil an äußeren Fruchtwandteilen (siehe Kap. 6.2), hauptsächlich der äußeren Steinzellenschicht, die in vermahlenem Weißem Pfeffer höchstens ganz vereinzelt vorkommen dürfen.

Epidermis/Äußere Steinzellenschicht. Kennzeichnend für vermahlenen Schwarzen Pfeffer ist die schwarzbraune Epidermis mit Gruppen von gelblichen Steinzellen dunkleren Inhalts aus der darunterliegenden äußeren Steinzellenschicht.

Innere Steinzellenschicht („Becherzellen"). Die farblosen, durch die darunterliegende braune Samenschale meist bräunlich erscheinenden Zellen bilden eine lückenlose Schicht sehr regelmäßig rundlicher Zellen mit deutlich verdickten und getüpfelten Zellwänden. In einem erhitzten Chloralhydrat-Präparat von vermahlenem Weißen Pfeffer sind sie das wichtigste diagnostische Merkmal.

Perisperm/Stärkekörner. Den Hauptanteil des Pfefferpulvers bildet das Perisperm. Die farblosen, dünnwandigen Zellen enthalten dichtgepackt kleine, eckige Stärkekörner. Neben den stärkehaltigen Zellen fallen im Perispermgewebe einzelne stärkefreie Zellen mit gelblichen Öltröpfchen oder Harzklumpen auf. Teilweise kristallisiert das hier enthaltene Piperin zu kleinen Kristallnadeln aus, die im polarisierten Licht deutlich aufleuchten (Unterschied zu dem sehr ähnlichen Perisperm von Kardamom mit kleinen, plättchenförmigen Kristallen).

Piment **Ölbehälter.** Im Aufsichtsbild scheinen die Ölbehälter als große, braun umrandete Kreise durch die Epidermis. Im Scheitel über dem Ölbehälter ist häufig eine Spaltöffnung zu sehen. Die Ölbehälter ähneln denen der Gewürznelken, die ebenfalls zur Familie der Myrtaceen gehören.

Steinzellen. Sie liegen einzeln oder im Verband vor und zeichnen sich durch eine besonders regelmäßige Schichtung der Zellwand aus. Ihre Größe, Form und Zellwanddicke variiert stark.

Kristalle. Die in der Fruchtwand liegenden zahlreichen Kristalldrusen von unterschiedlicher Größe sind besonders im polarisierten Licht erkennbar.

Samenschale. Charakteristisch für das Pimentpulver sind Bruchstücke der Samenschale und die aus den Zellen herausgefallenen Pigmentkörper. Sie fallen als rote Klumpen oder Schollen auf und erinnern an Himbeergelee.

Paprika **Fruchtwandepidermis mit Kutikula/Hypoderm.** Die gelbroten, meist kompakten Gewebeteile der Epidermis mit den hypodermalen Schichten zeigen beim Fokussieren von außen nach innen eine dicke, glasähnliche Kutikula mit deutlichen Rissen. Die tiefer liegende Epidermis besteht aus polygonalen, dickwandigen Zellen mit darunter liegenden, ebenso gestalteten Zellen des Hypoderms.

Mittelschichten. Die nach innen zunehmend größer werdenden Zellen sind dünnwandig und enthalten zahlreiche Öltropfen, die durch die in ihnen gelösten Carotinoide gelbrot gefärbt sind. Diese gefärbten Öltropfen sind überall im Präparat zu sehen.

Innere Epidermis (Rosenkranzzellen). In der inneren Epidermis treten im Aufsichtsbild Gruppen von gestreckten, unregelmäßig welligen Zellen mit mäßig verdickten und deutlich getüpfelten Wänden auf (Rosenkranzzellen).

Epidermis der Samenschale (Gekrösezellen). Gegenüber den relativ zarten Rosenkranzzellen fallen Fragmente der Gekrösezellen durch die groben Windungen der stark verdickten und deutlich geschichteten Zellwände auf. Sie heben sich auch durch ihr farbloses bis blaßgelbliches Aussehen aus der Menge der rötlichen Zellpartien heraus.

Allgemeine Erkennungsmerkmale der Apiaceenfrüchte

Wichtigstes Erkennungsmerkmal in Pulvern ist das vorherrschende Endospermgewebe, das bei allen Arten gleich aussieht. Es besteht aus hellen Gewebepartien, deren Zellen häufig quadratisch bis rechteckig geformt sind. Die Zellwände sind mäßig verdickt, ungetüpfelt und quellen in Chloralhydratlösung stark auf. Als Zellinhalt sind zahlreiche Öltropfen und sehr kleine Kristalldrusen (polarisiertes Licht!) zu beobachten.

Kümmel

Ölgänge/Querzellen. Die breiten, braungelben Ölgänge mit darüberliegenden, rechtwinklig zum Ölgang verlaufenden Querzellen sind ein charakteristisches Merkmal.

Römischer Kümmel (Kreuzkümmel, Mutterkümmel)

Vielzellige Zottenhaare. Sie sind das wichtigste Erkennungsmerkmal für Römischen Kümmel, in feinvermahlenen Pulvern aber häufig schwer zu finden. Ihre Abbruchstellen auf der Fruchtwandepidermis sehen kraterförmig vertieft aus.

Ölgänge/Querzellen. Die Ölgänge des Römischen Kümmels sind, wie die vom Kümmel, breit. Die quer zu ihnen verlaufenden Querzellen sind schmal und dünnwandig; nur in der äußersten Spitzenregion der Frucht haben sie verdickte, deutlich getüpfelte Zellwände und bilden Zellpartien von paralleler bis leicht gewinkelter, verschobener Anordnung.

Anis

Haare. Kurze, dickwandige, warzige Haare (meist einzellig), die häufig gekrümmt sind. Sie sind ein wichtiges Erkennungsmerkmal für Anis.

Ölgänge/Querzellen. Schmale, eng zusammenliegende Ölgänge sind zusammen mit den oben beschriebenen Haaren typisch für Anisfrüchte. Breitere Ölgänge treten seltener auf. Die Wände der Querzellen sind dünn und gewellt.

Koriander

Faserplatten. Korianderpulver ist charakterisiert durch großflächige Sklerenchymplatten des Mesokarps, die aus mehrschichtigen, wellig ineinander verschlungenen, dickwandigen Fasern bestehen. Sie erinnern an „geharkte Gartenwege“ und sind besonders deutlich im polarisierten Licht zu sehen.

Kardamom

Epidermis der Samenschale/Querzellen. Die langgestreckten, derben, faserartig gestreckten Epidermiszellen treten häufig in Verbindung mit den darunterliegenden Ölzellen auf, die als kastenförmige Zellen quer zu den Epidermiszellen erkennbar sind (Verwechslungsmöglichkeit mit Macis siehe unten).

Innere Steinzellenschicht (Palisadenzellen). Die Zellschicht ist ähnlich aufgebaut wie die innere Steinzellenschicht der Pfefferfrucht (siehe oben). Sie fällt als rotbraune, kompakte Zellschicht auf, deren Zellen aber im Durchmesser etwas kleiner sind als die des Pfeffers. Die Innen- und Radialwände sind deutlich stärker verdickt, und das runde Lumen ist erheblich kleiner.

Perisperm/Stärkekörner. Das großzellige Perispermgewebe ist dicht mit kleinen, kugeligen oder polyedrischen Stärkekörnern angefüllt. Die stärkeführenden Zellen erscheinen im Wasserpräparat im Umriß weniger scharf als die des Pfeffers und wirken häufig durch das Herausfallen von Stärkeballen wie „angenagt". Außer den Stärkekörnern befinden sich in den Zellen 1 bis 3 kleine, tafelförmige Kristalle, die im polarisierten Licht gelblich, zum Teil aber auch rötlich, grün und blau aufleuchten und eine sichere Unterscheidung zwischen Kardamom- und Pfeffer-Perispermzellen in Gewürzmischungen erlauben.

Fruchtwand. Fruchtwandbestandteile sind ohne Würzwert, daher gelten mit der Schale vermahlene Kardamomen als weniger wertvoll. Solche Pulver sind äußerlich schon an ihrer gelblichen Farbe zu erkennen. Mikroskopisch erkennt man sie durch großzelliges Parenchymgewebe mit tafelförmigen, rhombischen Kristallen, die im polarisierten Licht, wie die im Perisperm, in verschiedenen Farben aufleuchten. Außerdem sind gelbbraune Harzklumpen enthalten. Dickwandige, schwach schräggetüpfelte Fasern und Faserbündel vervollständigen das Bild von Fruchtwandbeimengungen.

Weißer Senf

Epidermis. Die mit geschichtetem Schleim gefüllten Epidermiszellen quellen in wäßrigen Medien stark auf und sind im polarisierten Licht als hellleuchtende Kreise mit zwei sich im Zellmittelpunkt kreuzenden dunklen Balken zu erkennen. Sie kommen in Verbindung mit den farblosen Palisadenzellen oder in isolierten Zellgruppen vor.

Palisadenschicht. Die in vermahlenen Produkten meist im Aufsichtsbild erscheinenden Samenschalenfragmente zeigen das typische Bild lückenlos nebeneinanderliegender, dickwandiger Zellen. Bei Weißem Senf ist diese Schicht farblos, die Zellen sind englumig. Teilweise ist in Flächenansicht ein schwaches Maschennetz zu beobachten.

Schwarzer Senf

Epidermis. Die Zellen quellen in wäßrigen Medien nur sehr wenig. Sie sind auch im polarisierten Licht kaum erkennbar.

Palisadenschicht. In der Aufsicht fallen die gelbbraunen Stücke der Samenschale in Verarbeitungsprodukten mit einem deutlichen Maschennetz auf, das durch die Palisadenzellschicht „gezeichnet" wird. Die becherförmigen Verdickungen im unteren Teil der sehr engen Palisadenzellen sind im Aufsichtsbild weniger deutlich als bei anderen Brassiacaceensamen, da sie von den nach außen dünner werdenden Radialwänden teilweise verdeckt sind (Abb. 6.9.1).

Muskatnuß

Allgemein gilt, daß Muskatnußpulver wenig charakteristische Merkmale bietet.

Endospermgewebe. Den Hauptanteil des Muskatnußpulvers bildet das Endosperm. Es besteht aus großen, rundlichen Zellen mit zarten, z.T. farblosen, z.T. braun gefärbten Zellwänden.

Perispermgewebe. Im Muskatnußpulver sind Fragmente des Perispermgewebes als dunkelbraune Gewebefetzen zu erkennen, die teils aus kleinen tafelförmigen Schichten, teils aus großzelligem Gewebe mit Sekretbehältern bestehen.

Im polarisierten Licht erkennt man in den Außenschichten des Perisperms kleine tafelförmige oder prismatische Kristalle.

Fettsäurekristalle. In einem erhitzten und anschließend erkalteten Chloralhydrat-Präparat fallen als typisches Merkmal für Muskatnuß die feinstrahligen, meist mehr oder weniger büschelförmigen, z.T. in großen Zusammenballungen („Igel") sichtbaren Fettsäurekristalle auf.

Macis

Epidermis/Ölzellen. Die in der Aufsicht langgestreckten, faserähnlichen Zellen mit mäßig verdickten Zellwänden ähneln den Epidermiszellen des Kardamomsamens (siehe oben). Sie treten meist in Verbindung mit dem fettreichen Parenchymgewebe und den darin befindlichen großen, runden Ölzellen mit gelblichem Inhalt auf.

Parenchym/Ölzellen. Das Parenchymgewebe und die zahlreichen darin eingebetteten Ölzellen bilden die Hauptmasse von vermahlener Macis. Die Ölzellen mit ihrem leuchtend gelb gefärbten Inhalt sind ein wichtiges Erkennungsmerkmal für Macis (einzeln liegende Ölzellen können in Gewürzmischungen mit verkleisterten Stärkeklumpen von Kurkuma verwechselt werden!).

Gewürznelken

Ölbehälter. Das kleinzellige Grundgewebe mit den großen, ovalen Ölbehältern bildet den größten Teil vermahlener Gewürznelken. Das Aufsichtsbild auf die Epidermiszellen mit den darunterliegenden Ölbehältern erinnert an die zur gleichen Familie gehörenden Pimentfrüchte (siehe oben), jedoch sind alle weiteren Zellgewebe so unterschiedlich, daß eine Identifizierung beider Gewürze keine Schwierigkeiten macht.

Kristalle. Das Gewebe der Gewürznelke enthält zahlreiche kleine Kristalldrusen. Sie sind einzeln, in klumpigen Ansammlungen und vielfach in Reihen kettenartig angeordnet. Im polarisierten Licht bieten diese „Kristallketten" ein besonders schönes und charakteristisches Bild.

Faserzellen. Die die Gefäßbündel begleitenden Sklerenchymfasern sind meist kurz und gedrungen. Ihr braunen Wände zeigen keine Schichtung und kaum eine Tüpfelung, wodurch sie eigenartig „glatt" erscheinen (Mäckel u. Deutschmann 1977).

Antherengewebe/Pollen. Allgemein ist das zarte Antherengewebe mit seinen in Seitenansicht „gestrichelt"-spangenförmig verdickten Zellwänden typisch für Blüten. Die kleinen, dreieckigen Pollenkörner, einzeln oder noch dicht zusammenliegend, sind ein weiterer diagnostischer Hinweis auf Gewürznelken.

Zimt Allgemein gilt, daß die Rinden der verschiedenen Zimt liefernden *Cinnamomum*-Arten sich anatomisch sehr ähneln. Bei der Zuordnung von Zimtpulvern zu einzelnen Arten stellen die Kristalle in den Markstrahlen das wichtigste Merkmal dar.

Markstrahlzellen/Kristalle. Sie treten häufig in Verbindung mit spindelförmigen Faserzellen auf (siehe unten). Ceylonzimt und Chinesischer Zimt haben sehr kleine Kristallnadeln, die z.T. in großer Menge in den Markstrahlzellen zu beobachten sind (polarisiertes Licht!). Eine Unterscheidung von Pulvern dieser beiden Zimtarten ist besonders bei sehr starker Vermahlung oder in Mischungen sehr unsicher. Andere Zimtarten, wie z.B. der Padang-Zimt, sind durch die Form ihrer Kristalle (Würfel-, Platten-, Rhombenform) bei viel Erfahrung eventuell differenzierbar (Staesche 1970).

Fasern. Sie treten in Zimtpulvern je nach botanischer Herkunft und Vermahlungsstärke relativ zahlreich in Gruppen oder als Einzelfasern auf. Bei Ceylonzimt und Chinesischem Zimt sind sie mehr oder weniger schmal, spindelförmig mit strichförmigem Lumen und im polarisierten Licht deutlich zu erkennen.

Steinzellen. Einen großen Anteil des Zimtpulvers stellen grobe, dickwandige Steinzellen, einzeln oder in Gruppen, dar.

Stärkekörner. Die kleinen Stärkekörner sind kugelig oder eckig und treten als Einzelkörner oder als zusammengesetzte Körner (2 bis 5 Einzelkörner) auf. Sie bilden ein zusätzliches diagnostisches Merkmal für Zimtpulver.

Ingwer **Stärke.** Hauptanteil eines Ingwerpulvers sind die charakteristischen Stärkekörner: Sie sind einfach und haben an der schmaleren Seite oft eine kleine Spitze, in der das Schichtungszentrum liegt. Von der Seite gesehen erscheinen sie zigarrenförmig (Abb. 6.16.3).

Gefäße/Fasern. Die Gefäße sind relativ breit mit netz- oder treppenförmiger Tüpfelung. Vielfach sind sie begleitet von nur schwach verdickten, schräggetüpfelten Fasern mit häufig einseitigen, bogenförmigen Einbuchtungen (Abb. 6.16.3).

Kurkuma **Stärke.** Das vor allem durch seine gelbe Farbe gekennzeichnete Kurkumapulver besteht überwiegend aus verkleisterter Stärke, die zu braungelben Klumpen aggregiert ist (Färbung mit Jod-Kaliumjodidlösung!).

Gefäßbündel. Die wie bei Ingwer relativ breiten Gefäße sind nicht von Fasern begleitet: Kurkumapulver enthält, im Gegensatz zu Ingwer, keine Fasern.

Kork. Gelegentlich sind in Kurkumapulver Teile des wenigschichtigen, großzelligen Korkes zu beobachten.

Küchenzwiebel

Äußere Hüllblattepidermis/Hypoderm. Nur die Epidermis der trockenen Hüllblätter mit den darunterliegenden quergerichteten Hypodermzellen hat für die Untersuchung von Zwiebelpulver einen gewissen diagnostischen Wert. Die weiten, dünnwandigen Hypodermzellen enthalten große, gestreckt-prismatische Einzelkristalle (vgl. Knoblauch). Da aber das Hüllblatt im Verhältnis zum Zwiebelkörper nur einen geringen Anteil hat und bei der Bereitung von Zwiebelpulver häufig die äußeren Schichten entfernt werden, sind diese kristallführenden Zellen gewöhnlich schwer zu finden.

Knoblauch

Äußere Hüllblattepidermis/Hypoderm. Bei Knoblauch sind ebenfalls in der Hypodermschicht der äußeren trockenen Hüllblätter Einzelkristalle vom Typ der Küchenzwiebel vorhanden. In der Literatur werden sie als „kurze Prismen" beschrieben und als Unterscheidungsmöglichkeit zur Küchenzwiebel gewertet (Mäckel u. Deutschmann 1977). Da es Übergänge und Überschneidungen der Kristallformen gibt, ist Vorsicht bei der Verwendung dieses Differenzierungsmerkmals geboten.

Trockene Schuppe/Faserzellen der Epidermis. Die die einzelnen Knoblauchzehen umgebende zähe Haut bietet mit ihrer typischen Epidermis ein sicheres mikroskopisch-diagnostisches Merkmal. Die Zellen sind in der Aufsicht faserartig gestreckt, dicht nebeneinanderliegend, dickwandig und getüpfelt. Die Anzahl dieses charakteristischen Gewebes in einem Knoblauchpulver ist abhängig von der Größe der verwendeten Knoblauchzehen: Kleine Zehen haben verhältnismäßig mehr davon als große, fleischige Zehen.

Majoran und Thymian

Allgemein gilt für die Untersuchung von Blatt- und Krautgewürzen der Lamiaceen: Liegt das zu untersuchende Material in gröberer Form vor, kann schon eine rasche, orientierende stereomikroskopische Untersuchung bei schwacher Vergrößerung (ca. 10fach) wichtige Hinweise erbringen (z.B. Bau des Kelches, Form der Blätter). Eine Differenzierung vermahlener Lamiaceenkräuter bzw. -blätter erfordert die Erkennung feinerer Strukturen, wozu eine stärkere mikroskopische Vergrößerung benötigt wird.

Majoran

Kelch. Der Kelch von Majoran erscheint durch Rückbildung der beiden unteren und völliger Verwachsung der drei oberen Blätter einblättrig und ähnelt den Blütendeckblättchen (Abb. 6.20.1 A).

Deckhaare. Die Blattoberfläche ist mit einem dichten Filz mehrzelliger Haare bedeckt. Sie sind schlank, lang und schwach gekrümmt mit spitzer Endzelle. Winzige Kristallnadeln in der Nähe der Querwände sind in erhitzten Chloralhydrat-Präparaten im polarisierten Licht gut erkennbar. Die Kutikula ist feinwarzig.

Drüsenschuppen. Sie sind auf der Blattober- und -unterseite vorhanden.

Thymian

Kelch. Thymian hat einen röhrig-glockigen Kelch mit 10 bis 13 Nerven. Die Oberlippe ist kurz-dreizähnig, die Unterlippe tief in zwei pfriemliche Zähne gespalten (Abb. 6.20.1 B).

Deckhaare. Auf der Blattoberseite befinden sich zahlreiche kurze, einzellige, oft zahnförmige Haare. Auf der Blattunterseite sind die Haare häufig zwei-, seltener dreizellig; die auf den Blattadern und dem Blattstiel sitzenden Haare haben eine typisch rechtwinklig abgebogene Endzelle („Kniehaare").

Drüsenschuppen. Sie finden sich auf beiden Blattseiten, zum Teil tief in die Epidermis eingesenkt, und fallen durch ihre intensiv gelbrote Farbe sofort auf.

Drüsenhaare. Ebenfalls auf beiden Blattseiten und etwas vertieft sitzend treten Drüsenhaare auf. Sie haben einen ein- bis zweizelligen Stiel und ein birnenförmiges, geneigtes Drüsenköpfchen.

Lorbeerblatt

Epidermis der Unter- und Oberseite. Die Blattunterseite zeigt dickwandige, stark gewellte Epidermiszellen mit zahlreichen Spaltöffnungen und markante Sklerenchymfasern in Begleitung der Leitbündel („Blattadern"). Sie erinnert dadurch an eine Straßenübersichtskarte. Dieses Bild ist typisch für Lorbeerblätter. Die Oberseite hat ebenfalls dickwandige, gewellte Zellen, aber keine Spaltöffnungen.

Petersilie

Epidermis/Oberseite. Die über den stärkeren „Blattadern" (Leitbündeln) liegenden Epidermiszellen erlauben eine sichere mikroskopische Identifizierung. Sie sind hier papillös vorgewölbt und gestreckt, ihre Kutikula ist deutlich gestreift. Die wellig-buchtigen Epidermiszellen der übrigen Blattspreite, Spaltöffnungen auch auf der Blattoberseite und das Fehlen von Haaren oder Kristallen vervollständigen das mikroskopische Bild des Petersilienpulvers.

7 Obst

7.1 Wirtschaftliche Bedeutung

Die Bezeichnung „Obst“ umfaßt eine große Anzahl von Früchten meist mehrjähriger Pflanzen, die überwiegend roh genossen werden und von angenehmem Geschmack sind. Der Mensch sammelte ursprünglich Obst von wildwachsenden Pflanzen, doch schon im Altertum wurden in Persien, Ägypten, Griechenland und Italien Obstkulturen angelegt. Zu Beginn des 18. Jahrhunderts entwickelte sich der Erwerbsobstbau. Heute gibt es ausgedehnte Kulturen der verschiedenen Obstarten, in Deutschland z.B. im Alten Land (Äpfel, Kirschen), im Bodenseegebiet (Äpfel, Wein, Kirschen), an der Bergstraße (Wein) u.a.

Der Wunsch nach einer gesunden, vitaminreichen Ernährung hat in den letzten Jahren die Nachfrage nach Obst sehr verstärkt, die nur zu einem Teil durch die einheimische Erzeugung und zu einem erheblichen Teil durch Importe gedeckt wird (Südfrüchte, insbesondere Citrusfrüchte und Bananen).

Eine führende Stelle in der Weltproduktion nehmen die **Citrusfrüchte** ein (Tabelle 7.1). Neben ihrer Beliebtheit als Tafelobst ist ihre Bedeutung auch auf die Vielfacht der Früchte der zahlreichen Arten dieser Gattung mit ihrer unterschiedlichen Verwendung zurückzuführen (z.B. auch Saftgewinnung und Konfitüren). Hier sind zu nennen: Orangen; Früchte aus der Mandarinengruppe: Mandarinen, Tangerinen, Satsumas, Clementinen, Temples und Tangelos; Grapefruits und Pampelmusen; Kumquats (Anbau in China und Japan).

Tabelle 7.1. Weltproduktion ausgewählter Obste (FAO 1990)

Art	Weltproduktion [10^9 kg]	Hauptproduktionsländer und BRD [10^9 kg]
Citrus sp. incl. Orangen, Mandarinen, Tangerinen etc.	73,2	
Orangen	52,2	Brasilien 17,5; USA 7,1; China 4,7; Spanien 2,6
Weinbeeren	59,9	Italien 8,5; Frankreich 7,3; Spanien 6,5; UdSSR 5,6; BRD 1,2
Äpfel	40,3	China 4,7; USA 4,3; Frankreich 2,4; BRD 2,7
Erdbeeren	2,4	USA 0,6; Polen 0,2; Japan 0,2; Spanien 0,2; BRD 0,2
Tomaten	69,3	USA 10,9; UdSSR 6,7; Türkei 5,8; China 5,6; BRD 0,1

Weintrauben werden in großem Maße zur Saft- und Weinherstellung angebaut (Keltertrauben). Außerdem sind sie ein beliebtes Tafelobst (verschiedene grüne und blaue Sorten). Getrocknete Weinbeeren sind als Rosinen, Korinthen und Sultaninen im Handel. Der **Apfel** dominiert unter den einheimischen Obstarten. Die zahlreichen Sorten sind aufgrund unterschiedlichen Geschmacks, Säuregehaltes, verschiedener Festigkeit des Fruchtfleisches u.a. für zahlreiche Verwendungen geeignet. Aufgrund seiner langen Haltbarkeit bis weit in den Winter hinein war er früher für die Bevölkerung ein wertvoller Vitamin-C-Lieferant. **Erdbeeren** gehören zu den leicht verderblichen Früchten und werden vor allem roh gegessen. Außerdem sind sie eine beliebte Frucht für Marmeladen. **Tomaten** stehen der Verwendung nach zwischen Obst und Gemüse. Sie werden roh gegessen, zu Saft verarbeitet, verschiedenartig konserviert oder sprühgetrocknet verwendet (in Trockensuppen und -soßen).

Handels- und Verarbeitungsprodukte

Vollständige Früchte. Sie werden roh, gekocht oder anders zubereitet, konserviert, getrocknet sowie als Grundlage für die Saftgewinnung verwendet. Handelsprodukte: Z.B. Tafelobst, Trockenobst, Marmelade, Kompott, Saft.

Geschälte Früchte, ggf. auch vom Steinkern oder Kernhaus befreit. Sie werden zerkleinert, gekocht oder anders konserviert. Handelsprodukte: Z.B. Apfelmus, Tomatenmark, Ketchup (feinhomogenisiertes Tomatenmark unter Zusatz von Zucker, Gewürzen und anderen Stoffen).

Fruchtschalen von Citrusfrüchten. Man erhält sie kandiert, getrocknet und vermahlen. Handelsprodukte: Orangeat, Zitronat; Albedo und Flavedo als Gewürz.

Fruchtschalen als Rohstoff für die Gewinnung ätherischer Öle. Aus den Schalen verschiedener Citrusfrüchte (Orangen, Zitronen, Limetten, Pomeranzen) wird das stark duftende ätherische Öl gewonnen, das in der Limonaden-, Likör-, Süßwaren- und Parfümindustrie verwendet wird. Handelsprodukte: Orangen-, Zitronenöl.

Rückstände der Saftgewinnung. Diese sog. Trester oder Pülpen werden als Viehfutter verwendet. Handelsprodukte: Weintrester, Apfeltrester, Citruspülpen (-trester).

Rückstände der Ölgewinnung. Die Samen der Weinbeeren enthalten ca. 10 % Öl (Franke 1992), das als Speiseöl verwendet wird. Die Rückstände der ausgepreßten Kerne werden in der Futtermittelindustrie genutzt und wurden hin und wieder als Besatz in anderen Ölsaatrückständen (z.B. Sojaextraktionsschrot) festgestellt (siehe Kap. 7.4). Handelsprodukte: Traubenkernkuchen, Traubenkernextraktionsschrot.

7.2
Botanik

In morphologischer Hinsicht zeigen die als Obst zusammengefaßten Früchte eine große Diversität. Bei den dargestellten Beispielen wurden insbesondere Arten ausgewählt, die sich durch die Vielfalt ihrer Verarbeitungsprodukte auszeichnen.

Kl.: **Dicotyledonae**, Zweikeimblättrige Bedecktsamer

Arten (Reihenfolge nach Darstellung)

Malus sylvestris (L.) P. Miller (Apfel, Fam. Rosaceae), *Citrus* sp. (Citrusfrüchte, Fam. Rutaceae), *Vitis vinifera* L. (Weinbeere, Fam. Vitaceae), *Fragaria* spp. (Erdbeere, Fam. Rosaceae), *Lycopersicon esculentum* (L.) Mill. (Tomate, Fam. Solanaceae).

Apfel

Er ist in der gemäßigten Zone das wichtigste Obst, von dem etwa 2000 Sorten angebaut werden, und gehört zum Kernobst. Die eigentliche Frucht stellt das pergamentschalige, fächerige „Kernhaus“ mit je einem Samen dar, während der fleischige Teil des Apfels aus dem nach der Befruchtung um die eigentliche Frucht herumgewachsenen Blütenboden entstanden ist (Gistl 1950; Rauh 1950).

Apfelsine (Orange)

Ihr Anbaugebiet liegt hauptsächlich in den Subtropen und den wärmeren Gebieten der gemäßigten Zone. Sie gehört zur vielfach genutzten Gattung *Citrus* und kommt in zahlreichen Sorten auf den Markt. Die Früchte sind Beeren, bei denen das Perikarp die „Schale“ bildet. Auf ein dünnes, wachsbedecktes Exokarp folgt nach innen ein Mesokarp, das aus dem äußeren, durch Carotinoide orangefarbenen Teil besteht (das Flavedo), in dem zahlreiche Ölbehälter mit ätherischem Öl enthalten sind. Der innere, weiße Teil des Mesokarps (das Albedo) besteht aus einem schwammigen Gewebe. Das Endokarp stellt die dünne Haut dar, die die Wand der Fruchtfächer (Fächer des Fruchtknotens) auskleidet. Die Fruchtfächer umschließen die Samen (Abb. 7.2.2). In diesen Fruchtfächern befinden sich zahlreiche sog. Saftschläuche, die aus dem Endokarp als innere Auswüchse (Emergenzen) in die Fruchtfächer hineingewachsen sind und das saftige „Fruchtfleisch“ der reifen Citrusfrüchte bilden (Rauh 1950; Troll 1957; Strasburger 1991).

Weinbeere

Entgegen dem üblichen Sprachgebrauch handelt es sich bei dem Fruchtstand der Weinrebe nicht um eine Traube, sondern um eine Rispe. Die einzelnen Früchte des Fruchtstandes sind Beeren mit einer festen Schale (Exokarp) und saftreichem Fruchtfleisch (Mesokarp), in das die Samen eingebettet sind. Korinthen sind kleine, kernlose, rote, in getrocknetem Zustand schwarzbraune Beeren.

Erdbeere

Sie ist eine Sammelnußfrucht, d.h. zahlreiche, zu kleinen Nüßchen reduzierte Teilfrüchte sitzen auf der fleischig entwickelten Blütenachse. Bei der Gartenerdbeere, von der es zahlreiche Sorten gibt, gliedert sich diese in ein weißliches, zapfenartiges Mark und die durch Anthocyan rot gefärbte Rinde, das eigentliche „Fruchtfleisch“. Die Früchte der Walderdbeere (*Fragaria vesca* L.) sind ohne Mark.

Tomate Es gibt zahlreiche Sorten, deren Früchte in Form und Größe variieren (Rick 1978). Die Frucht entsteht durch Verwachsung von 2 bis 4 Fruchtblättern. Sie gehört zu den Beerenfrüchten und enthält unter einer Fruchtschale ein saftreiches Gewebe (Pulpa). Die zahlreichen Samen sind eingebettet in ein Plazentagewebe. Die verschleimende Samenschale bildet zusammen mit der ebenso verschleimenden Plazenta eine gallertartige Schicht um die Samen. Bei der Reife verfärbt sich das Fruchtfleisch durch Carotinoide rot (Umwandlung der Chloroplasten in Chromoplasten).

7.3 Bau und mikroskopische Diagnostik der dargestellten Obstarten

Untersuchungsmaterial Frisch- bzw. Trockenmaterial, letzteres evtl. je nach Härte und Dicke der zu schneidenden Partien längere Zeit vor der Verwendung in Alkohol-Glycerin einlegen.

Reagenzien Alkohol-Glycerin, Jod-Kaliumjodidlösung, Chloralhydratlösung, Phloroglucin-HCl-Lösung, Thioninlösung (siehe Kap. 8).

Präparation und Beobachtungen Allgemeine Hinweise für die Präparation siehe Kap. 8.1.

- **Querschnitte** (quer zur Längsachse der Frucht bzw. des Samens) durch die äußeren Schichten bis in den Keimling (kleine Früchte und Samen ggf. in Kork oder Styropor einklemmen)
  Untersuchung im Wasserpräparat: Nachweis von Stärkekörnern.
  Untersuchung in Jod-Kaliumjodidlösung: Blaufärbung der Stärkekörner, Gelbfärbung der Aleuronkörner.
  Untersuchung in erhitzter Chloralhydratlösung: Quellung bzw. Verkleisterung der Stärkekörner und anderer störender Inhaltsstoffe sowie Aufhellung und Quellung der Zellwände. Eine Untersuchung der Gewebestrukturen wird dadurch erleichtert; im Durchlicht: Nachweis der unterschiedlichen Zellstrukturen, im polarisierten Licht: Aufleuchten von Kristallen, von quellenden Schleimepidermen und von verdickten Zellwänden.
  Untersuchung in Phloroglucin-HCl-Lösung (evtl. leicht erhitzen): Rotfärbung der verholzten Zellwände (Ligninreaktion).
  Untersuchung in Thioninlösung: Violettfärbung verschleimter Epidermen.
- **Flächenschnitte durch die Frucht bzw. den Samen**
  Untersuchung in den verschiedenen Reagenzien wie bei Querschnitten.

Hinweis: Vergrößerungen der Abbildungen, wenn nicht anders angegeben, ca. 200fach.

Angesichts der botanischen Vielfalt der Obste und der eingeschränkten Auswahl der dargestellten Objekte können in dieser Übersicht nur einige Hinweise auf mikroskopisch-diagnostische Merkmale gegeben werden.

Epidermis. Die Zellen sind im allgemeinen relativ dünnwandig. Gelegentlich sind mehr oder minder zahlreich Spaltöffnungen zu beobachten. Bei Früchten der Rosaceen (Apfel, Birne) ist vielfach eine deutliche „Fensterung“ zu beobachten, d.h. eine Unterteilung der ursprünglichen Epidermiszelle durch dünnere Zellwände nachträglicher Zellteilungen.

Parenchymzellen des Fruchtfleisches. Ein großzelliges, dünnwandiges Gewebe ohne weitere typische Merkmale kennzeichnet das Fruchtfleisch vieler Obstfrüchte.

Faserzellen. Eine Schicht aus dickwandigen, sich kreuzenden, faserartigen Zellen ist kennzeichnend für das Endokarp verschiedener Früchte (u.a. im sog. „Kerngehäuse“ des Apfels).

Kristalle. Das Vorkommen und die Form von Kristallen sind wichtige diagnostische Merkmale (z.B. große, rhombenförmige Kristalle in verschiedenen Schichten der Orangen, lange Kristallnadel-Bündel im Fruchtfleisch der Ananas (hier nicht dargestellt) u.a.

Haare. Viele Früchte besitzen mehr oder weniger zahlreiche Haare auf der Fruchtwand und teilweise auch auf den Kelchblättern.

Farbstoffe. Die Zellen vieler Früchte enthalten markante Farbstoffe, die wichtige Hinweise zur Identifizierung geben können, z.B. orangerote Carotinoide der Chromoplasten (Tomate), blaue und rote Anthocyane der Vakuolen (z.B. Heidelbeere, Johannisbeere).

Tabelle 7.2. Mikroskopisch-diagnostische Merkmale vom Apfel

	Apfel *Malus sylvestris* (L.) P. Miller
Querschnitt/Fruchtwand	
Epidermis	
Zellwand	mäßig verdickt mit starker Kutikula
Fruchtfleisch	
Parenchym	vielschichtig
Zellwand/-form	dünnwandig, kugelig oder sackförmig
Zellgröße	außen kleinzellig, innen großzellig
Zellinhalt	bis kurz vor der Reife kleinkörnige Stärke, Einzelkristalle und grobstrahlige Drusen in der Nähe der Leitbündel und in der Nähe des Kernhauses
Kernhaus	
Zellschicht/-wand	mehrschichtig, dickwandig
Zellinhalt	teilweise Kristalle
Querschnitt/Samenschale	
Epidermis	
Zellform	rechteckig, radial gestreckt (Zellen in wäßrigen Medien quellend)
subepidermale Schicht	
Zellschicht/-wand	vielschichtig, ± dickwandig
Endosperm	
Zellschicht/-form	mehrschichtig, ± rechteckig
Zellwand/-inhalt	mäßig verdickt, Aleuronkörner
Keimling	
Zellform/-wand	kleinzelig, dünnwandig
Zellinhalt	Aleuronkörner und Öltropfen
Flächenschnitt/Fruchtwand	
Epidermis	
Zellform	polygonal, ± fensterartig geteilt
Kernhaus	
Zellform	sich kreuzende Faserzellverbände
Zellinhalt	vereinzelt Kristalle in Kristallkammerfasern
Flächenschnitt/Samenschale	
Epidermis	
Zellform	langgestreckt (Zellen in wäßrigen Medien quellend)
subepidermale Faserschicht	
Zellform	längliche Faserzellen
Zellwand	stark verdickt, braungelblich
Haare (am Stielansatz und am Kelch)	lang (ca. 800 µm), dünnwandig, bandförmig

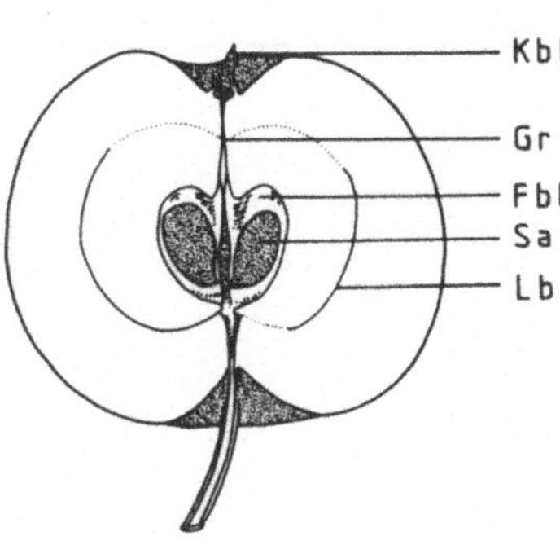

Abb. 7.1.1. Längsschnitt durch die Apfelfrucht, ca. ½ nat. Größe; *Kbl* Kelchblatt, *Gr* Griffel, *Fbl* Fruchtblatt, *Lb* Leitbündel, *Sa* Same. (Nach Rauh 1950, verändert)

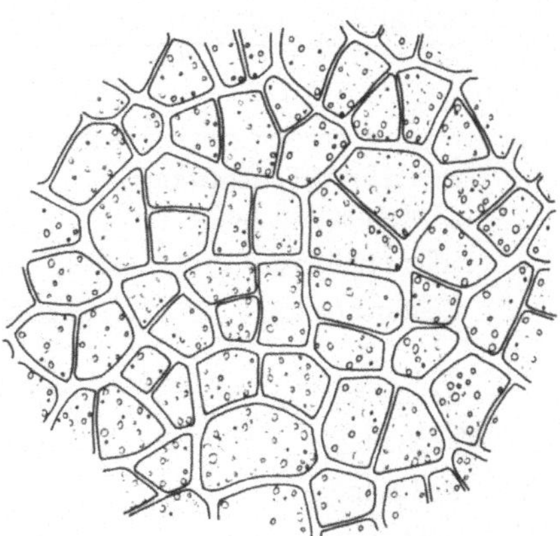

Abb. 7.1.2. Flächenansicht auf die Epidermis des Apfels mit „gefensterten" Epidermiszellen

Abb. 7.1.3. Aufsicht auf die Faserzellschicht des Kernhauses eines Apfels

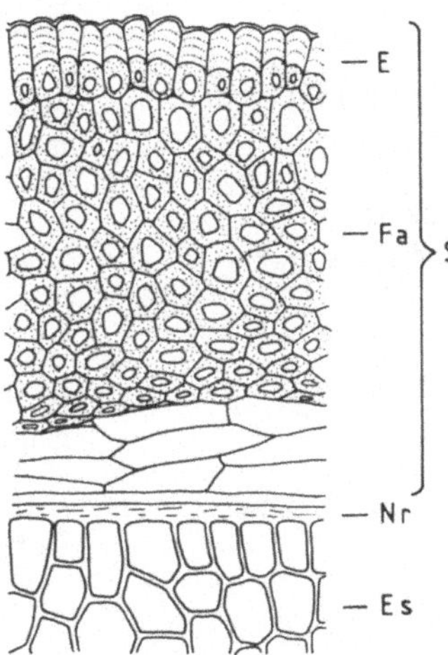

Abb. 7.1.4. Querschnitt durch den Apfelsamen mit gequollenen Epidermiszellen; *E* Epidermis, *Fa* Faserzellen, *Nr* Nucellarrest, *Es* Endosperm, *S* Samenschale

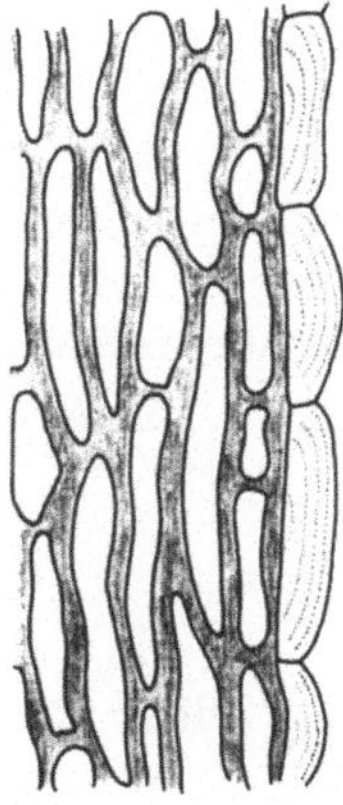

Abb. 7.1.5. Längsschnitt durch die Samenschale; Epidermiszellen (rechts) gequollen

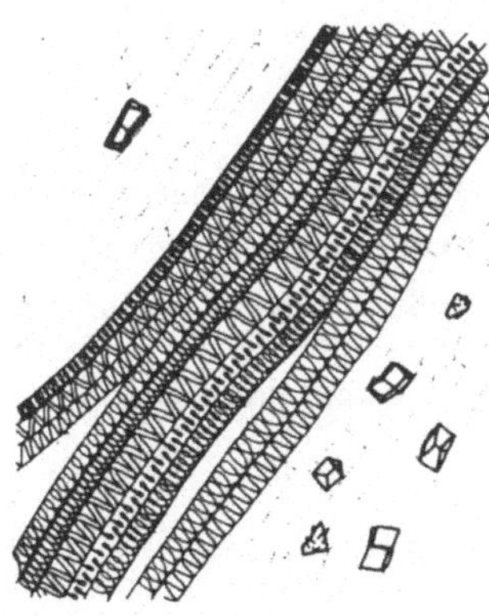

Abb. 7.1.6. Längsschnitt durch ein Gefäßbündel der Apfelfrucht. Im begleitenden Parenchym liegen vereinzelt Kristalle

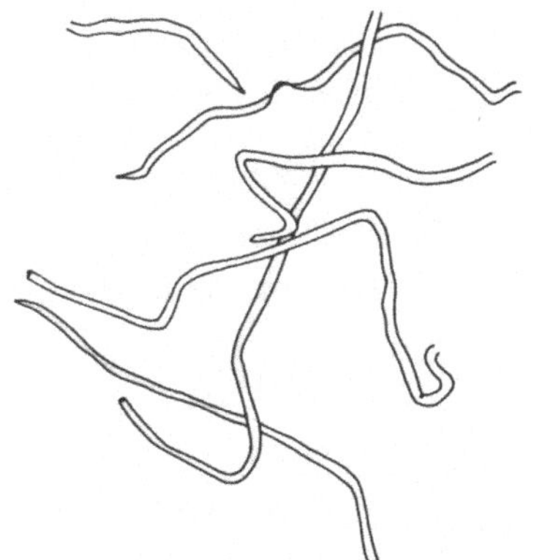

Abb. 7.1.7. Haare vom Stielansatz und Kelch der Apfelfrucht

Tabelle 7.3. Mikroskopisch-diagnostische Merkmale der Orange

	Orange, Apfelsine *Citrus sinensis* (L.) Pers.
Querschnitt/Fruchtwand („Apfelsinenschale")	
äußere Epidermis	
Zellform/-wand	rechteckig, radial gestreckt, Zellwände mäßig verdickt; zahlreiche Spaltöffnungen
Zellinhalt	gelber Farbstoff (Carotinoide)
Ölbehälter	unter der Epidermis liegend
Zellform	groß, rund
Zellinhalt	Öltröpfchen
Hypoderm	
Zellschicht	mehrschichtig
Zellinhalt	gelber Farbstoff (Carotinoide), zahlreiche große, kantige Einzelkristalle
Parenchym (Albedo)	
Zellschicht	mehrschichtiges, lockeres Gewebe
Endokarp	
Zellform/-wand	kleinzellig, dünnwandig
Fruchtfleisch	
Zellform/-wand	großzellig, dünnwandig
Zellinhalt	gelber Farbstoff (Carotinoide)
Querschnitt/Same	(In den Abbildungen auf gegenüberliegender Seite aus Platzgründen nicht dargestellt)
Epidermis	
Zellform	ungleich hohe Palisadenzellen mit z.T. schnabelförmig nach außen herausragenden Enden
Zellwand	innerer Teil dickwandig, getüpfelt, zur Peripherie hin verschleimend
subepidermale Zellen und Keimling	diagnostisch unwichtig
Flächenschnitt/Fruchtwand	
äußere Epidermis	
Zellform	kleinzellig, polygonal; mit runden Spaltöffnungen, innerhalb kreisartig angeordneter Nebenzellen liegend
Ölbehälter	als unterschiedlich große, kugelige Hohlräume auffallend
Parenchym (Albedo)	große, unregelmäßig geformte Zellen mit z.T. knotig verdickten Zellwänden und großen Interzellularen, farblos
Zellinhalt	z.T. kantige Einzelkristalle
Endokarp	
Zellform/-wand	langgestreckte, schmale und dünnwandige Zellen
Flächenschnitt/Samen	(nicht dargestellt, s. oben)
Epidermis	
Zellform	langgestreckt, faserartig
Zellwand	dickwandig mit schmalem Lumen, getüpfelt

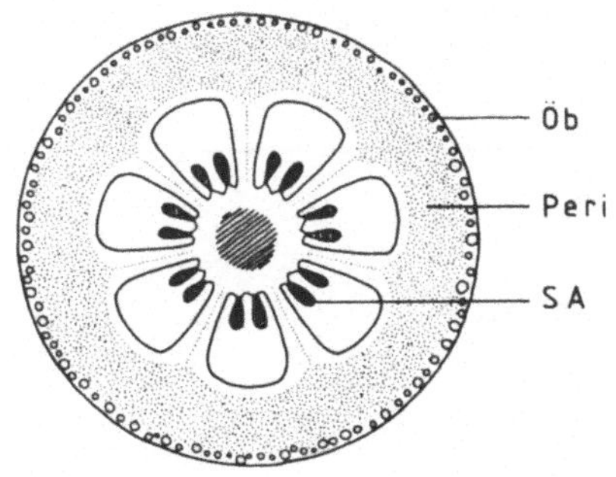

Abb. 7.2.1. Querschnitt durch die Orange (ca. ½ nat. Größe) mit Fruchtwand (Schale), Fruchtfleisch und Samen; *Öb* Ölbehälter, *Peri* Perikarp, *Sa* Same. (Nach Troll 1957)

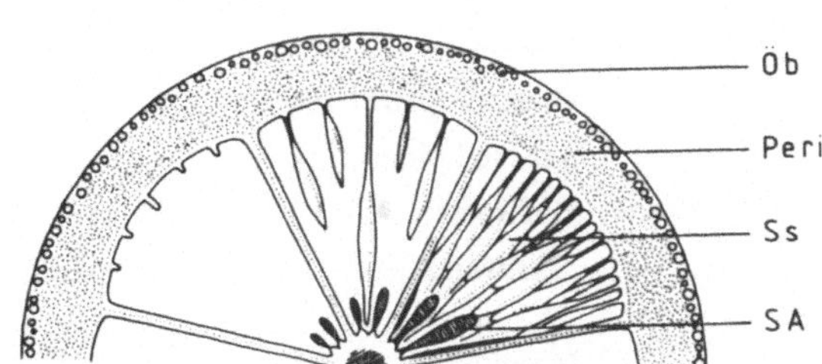

Abb. 7.2.2. Querschnitt durch eine Hälfte der Orange mit Fruchtschale, Fruchtfleisch (Saftschläuchen) und Samen, nat. Größe; *Öb* Ölbehälter, *Peri* Perikarp, *Ss* Saftschläuche, *Sa* Same. (Nach Troll 1957)

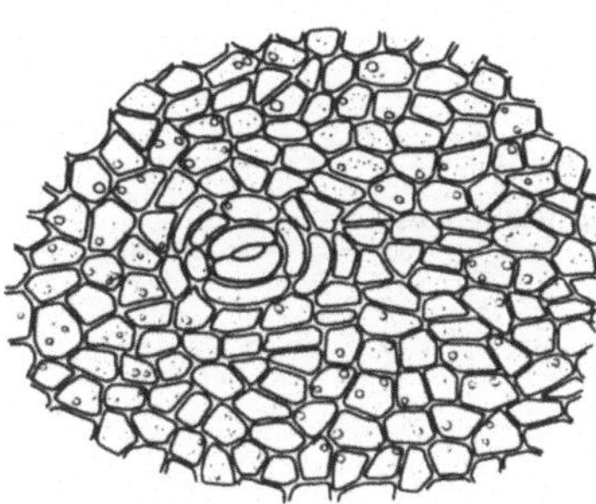

Abb. 7.2.3. Flächenansicht auf die Epidermis einer Orange mit Spaltöffnung

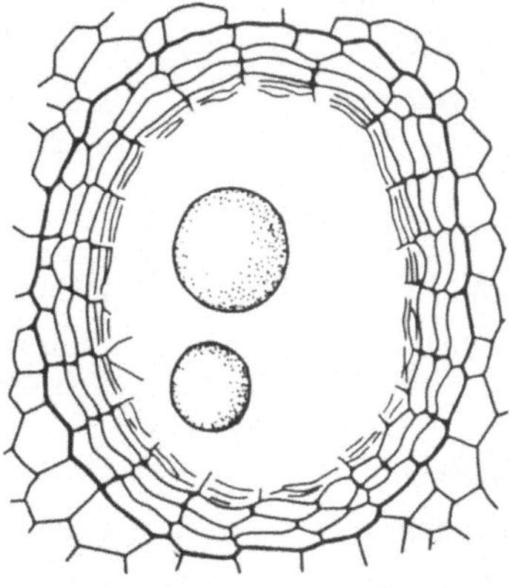

Abb. 7.2.4. Ölbehälter aus der Außenschicht der Orangenschale mit Öltropfen (Vergr. 60fach). (Nach Strasburger 1991)

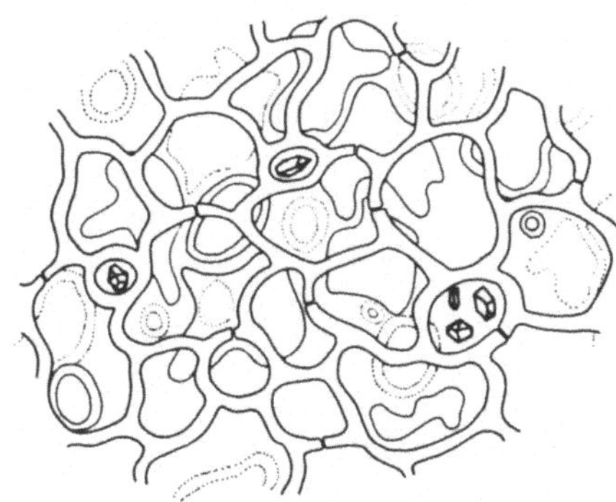

Abb. 7.2.5. Flächenschnitt durch die weiße Schicht der Fruchtwand der Orange (Albedo) mit unregelmäßigen, knotig verdickten Wänden und Kristallen

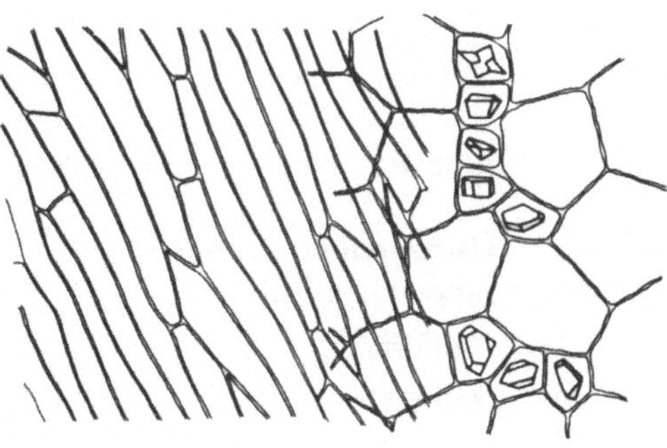

Abb. 7.2.6. Aufsichtsbild auf die langgestreckten Endokarpzellen und darunterliegende parenchymatische Zellen mit Kristallen

Tabelle 7.4. Mikroskopisch-diagnostische Merkmale der Weinbeere

	Weinbeere *Vitis vinifera* L.
Querschnitt/Fruchtwand	
äußere Epidermis	
Zellform	oval, tangential gestreckt
Zellwand	mäßig verdickt
Mesokarp	
Zellform/-wand	groß, dünnwandig
Zellinhalt	verstreut Bündel von zahlreichen Kristallnadeln (Raphiden) (Anzahl der kristallführenden Zellen sortenabhängig)
Querschnitt/Same	
Epidermis	
Zellform/-wand	klein, rundlich, mit verdickter, quellender Außenwand
Hypoderm	
Zellschicht/-wand	mehrschichtig, dünnwandig
Zellinhalt	zahlreich Zellen mit Bündeln von Kristallnadeln
Steinzellen	
Zellschicht	zwei- bis dreischichtig
Zellform/-wand	palisadenartig, dickwandig
Zellinhalt	in vielen Zellen im peripheren Teil je ein Einzelkristall
Gitterzellschicht	
Zellform/-wand	gestreckt, schmal; diagnostisch unwichtig
Endosperm	
Zellwand/-inhalt	derbwandig, mit Aleuronkörnern und kleinen Kristallrosetten
Keimling	diagnostisch unwichtig
Flächenschnitt/Fruchtwand	
äußere Epidermis	
Zellform	polygonal
Zellwand	mäßig verdickte Zellwände, bedeckt von körniger Kutikula
Flächenschnitt/Samen	
Steinzellenschicht	
Zellform/-wand	Sklerenchymplatte aus polygonalen (meist 5- bis 6eckigen) Steinzellen mit stark verdickten, feingetüpfelten Zellwänden und dunklem Lumen
Zellinhalt	zahlreiche kantige Einzelkristalle, das Lumen fast ausfüllend

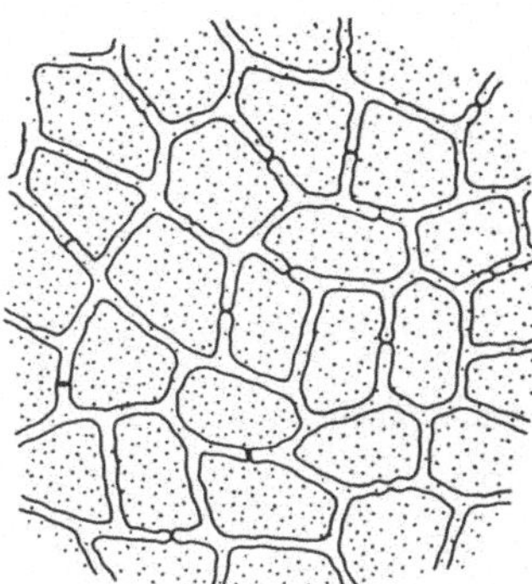

Abb. 7.3.1. Flächenansicht auf die Epidermis der Weinbeere mit körniger Kutikula

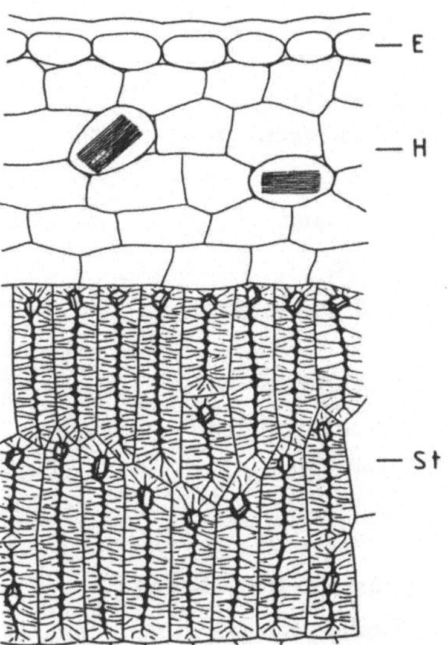

Abb. 7.3.2. Querschnitt durch die äußeren Teile der Samenschale der Weinbeere mit Kristallnadelbündeln in der Hypodermschicht und Einzelkristallen in den Steinzellen. Gitterzellen nicht eingezeichnet; *E* Epidermis, *H* Hypoderm, *St* Steinzellen

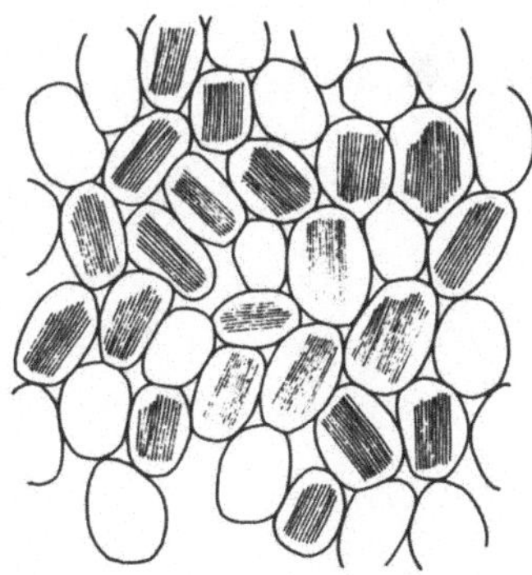

Abb. 7.3.3. Aufsichtsbild auf die Hypodermzellen vom Samen der Weinbeere mit Kristallnadelbündeln

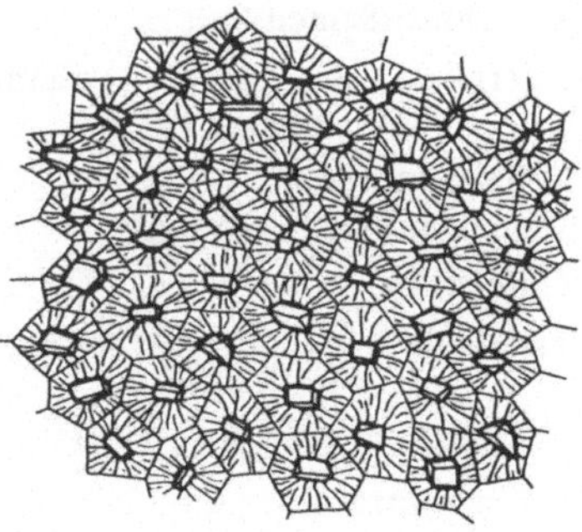

Abb. 7.3.4. Aufsichtsbild auf die Steinzellen eines Weinbeerensamens mit Einzelkristallen

Tabelle 7.5. Mikroskopisch-diagnostische Merkmale der Erdbeerfrucht

	Erdbeere *Fragaria* sp.
Querschnitt der (fleischigen) Erdbeerfrucht	
Epidermis	
Zellwand	dünnwandig mit vereinzelten Spaltöffnungen und Haaren
Haare	vereinzelt, einzellig
Zellwand/-form	dickwandig, lang (über 1 mm) (pol. Licht!)
Fruchtfleisch	
Parenchymzellen	
Zellschicht	vielschichtig
Zellform/-wand	große, dünnwandige Parenchymzellen
Querschnitt/Nüßchen	
Epidermis	
Zellform/-wand	rechteckig, dünnwandig
Parenchymzellen	ein- bis zweischichtig
Zellform	± rechteckig
Sklerenchymzellen (Faserzellen)	
Zellinhalt	in der ersten Zellreihe kleine Einzelkristalle
Zellschicht	
außen	vielschichtig, in Längsrichtung der Frucht verlaufend
innen	wenigschichtig, in Querrichtung der Frucht verlaufend
Querschnitt/Samen	
Epidermis	dünnwandig, streifig verdickt
Flächenschnitt der (fleischigen) Erdbeerfrucht	
Zellform	groß, polygonal
Haare	s. oben
Flächenschnitt/Nüßchen	
Sklerenchymzellen (Faserzellen)	
Zellanordnung	sich kreuzende Faserplatten
Zellinhalt	kleine Einzelkristalle in der obersten Zellschicht (s. oben)
Flächenschnitt/Samen	
Epidermis	
Zellform/-wand	groß, Zellwand mit spiralig verlaufenden Verdickungsleisten (Fingerabdruck-ähnlich)
Griffel	
Form	lang, am Grunde stark verjüngt
Leitbündel	dünnwandig, von reihenartig angeordneten Kristalldrusen begleitet

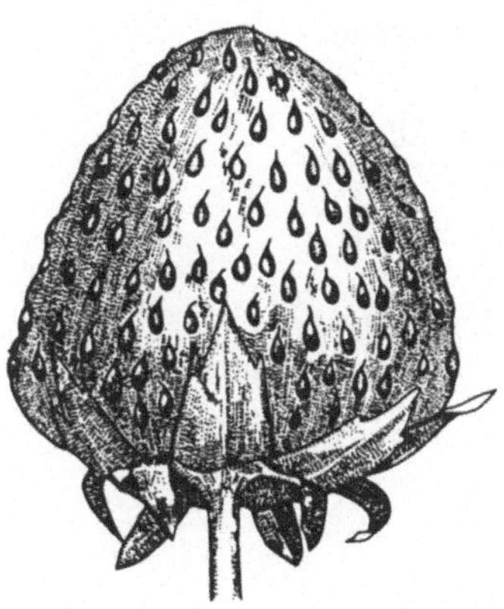

Abb. 7.4.1. Erdbeerfrucht mit zahlreichen Nüßchen und Kelchblättern, nat. Größe. (Nach Rauh 1950)

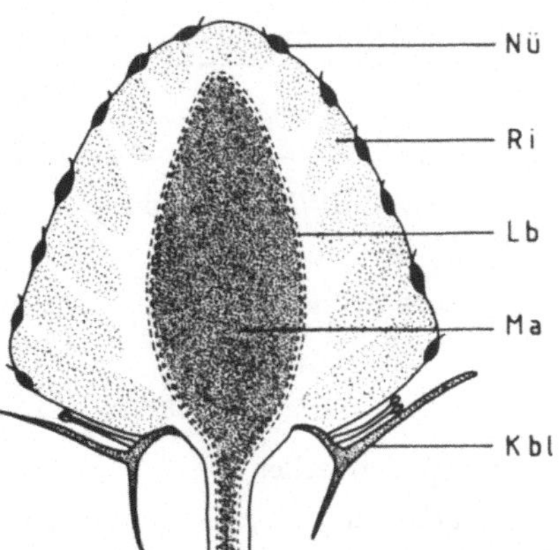

Abb. 7.4.2. Längsschnitt durch die Erdbeerfrucht (Gartenerdbeere), nat. Größe; *Nü* Nüßchen, *Ri* Rinde, *Lb* Leitbündel, *Ma* Mark, *Kbl* Kelchblatt. (Nach Rauh 1950)

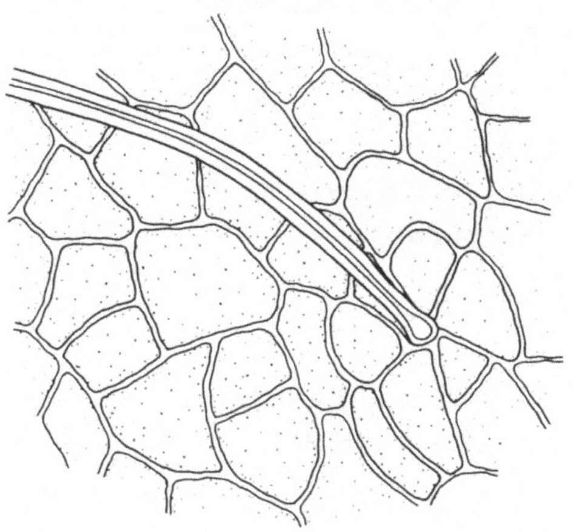

Abb. 7.4.3. Flächenansicht auf die Epidermis der Erdbeere mit Haaransatz

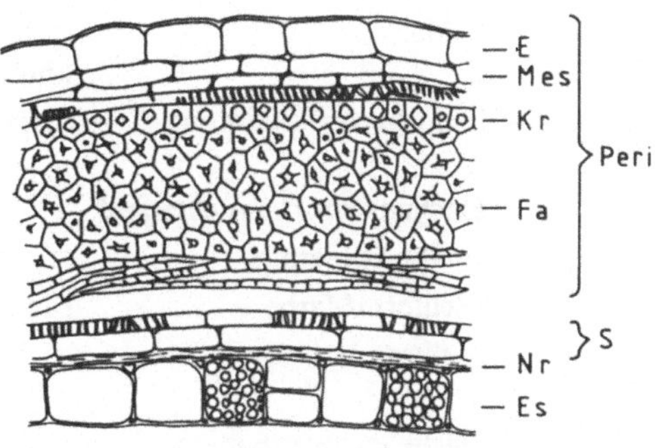

Abb. 7.4.4. Querschnitt durch die Fruchtschale mit Samenschale und Endosperm des Erdbeernüßchens; *E* Epidermis, *Mes* Mesokarp, *Kr* Kristallführende Schicht, *Fa* Faserschicht, *Nr* Nucellarrest, *Es* Endosperm, *Peri* Perikarp, *S* Samenschale. (Aus Moeller-Griebel 1928)

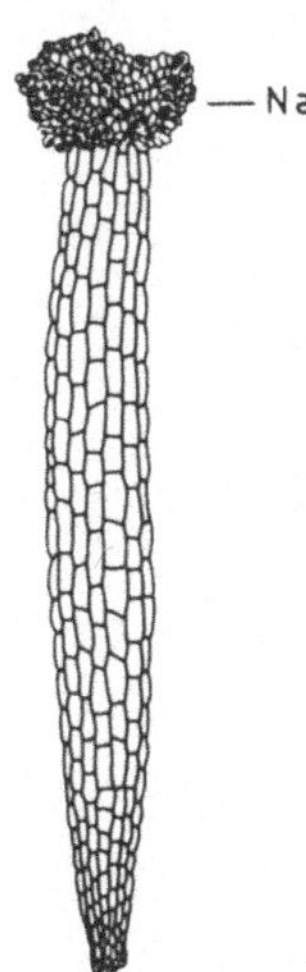

Abb. 7.4.5. Erdbeergriffel (Vergr. ca. 40fach) mit Narbe (*Na*) und Abbruchstelle

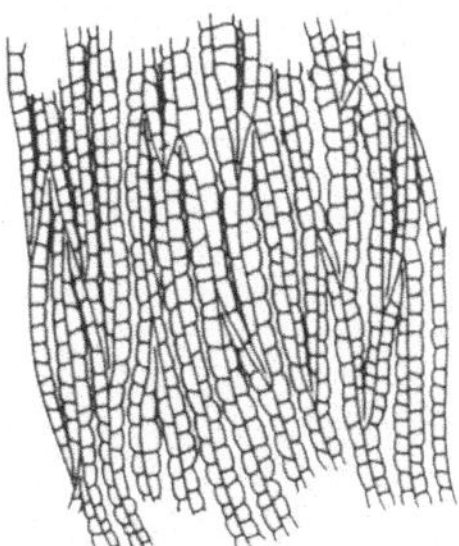

Abb. 7.4.6. Flächenansicht auf die Faserzellschicht des Erdbeernüßchens

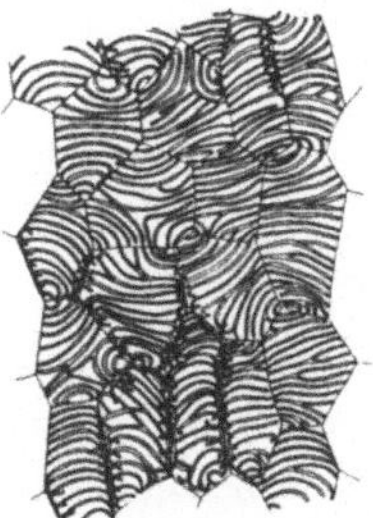

Abb. 7.4.7. Flächenansicht auf die Samenschale des Erdbeernüßchens

Tabelle 7.6. Mikroskopisch-diagnostische Merkmale der Tomate

	Tomate *Lycopersicon esculentum* Mill.
Querschnitt/Fruchtwand	
Äußere Epidermis	
Zellform/-wand	± rundlich mit starker Kutikula, Radialwände mäßig verdickt und getüpfelt, gelblich gefärbt
Hypodermzellen	
Zellform	groß, tangential gestreckt
Zellwand	mäßig verdickt
Mesokarp	
Zellform/-wand	groß, rund, dünnwandig
Zellinhalt	Carotinkörnchen, rundliche Stärkekörner (Anzahl mit zunehmendem Reifegrad abnehmend)
Querschnitt/Same	
Epidermis	zu haarartigen Ausstülpungen umgewandelte, dickwandige Zellen
Endosperm u. Keimling	diagnostisch unwichtig
Flächenschnitt/Fruchtwand	
äußere Epidermis	
Zellform/-farbe	rundlich-polygonal, gelblich gefärbt
Zellwand	leicht verdickt, deutlich getüpfelt
Flächenschnitt/Samen	
Epidermis	stark wellig, mäßig verdickt, deutlich getüpfelt, mit dickwandigen haarartigen Ausstülpungen

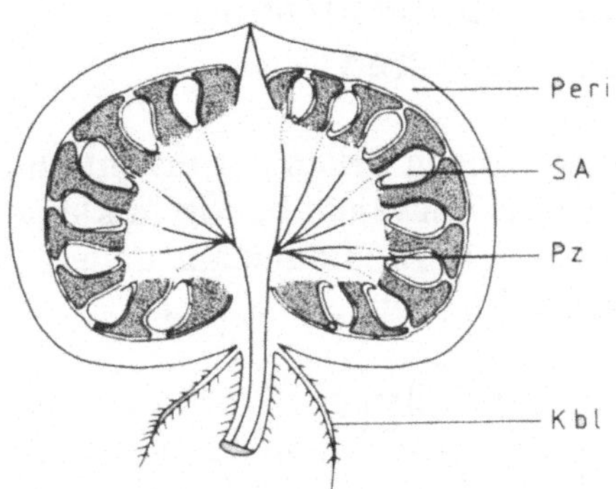

Abb. 7.5.1. Längsschnitt durch die Tomate, ca. ½ nat. Größe; *Peri* Perikarp, *Sa* Samen, *Pz* Plazenta, *Kbl* Kelchblatt. (Nach Rauh 1950)

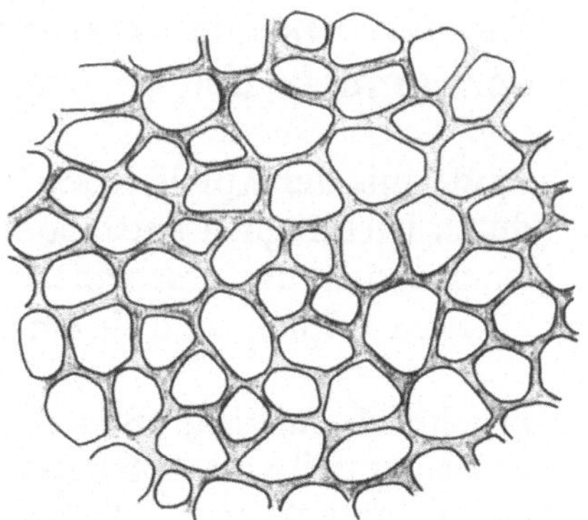

Abb. 7.5.2. Aufsicht auf die Epidermis der Tomatenfrucht

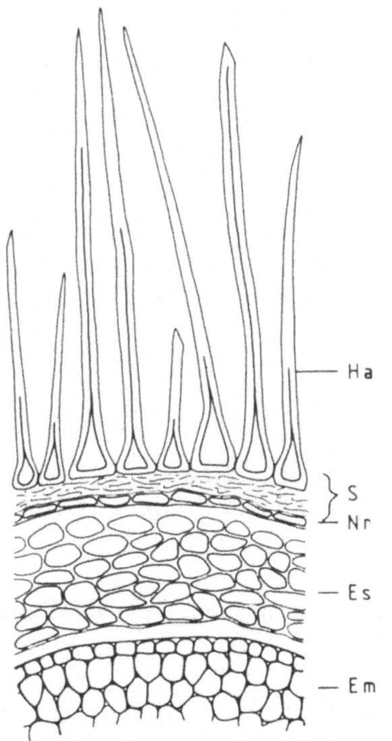

Abb. 7.5.3. Querschnitt durch den Tomatensamen mit Endosperm und Embryo; *Ha* Haare, *S* Samenschale, *Nr* Nucellarrest, *Es* Endosperm, *Em* Embryo

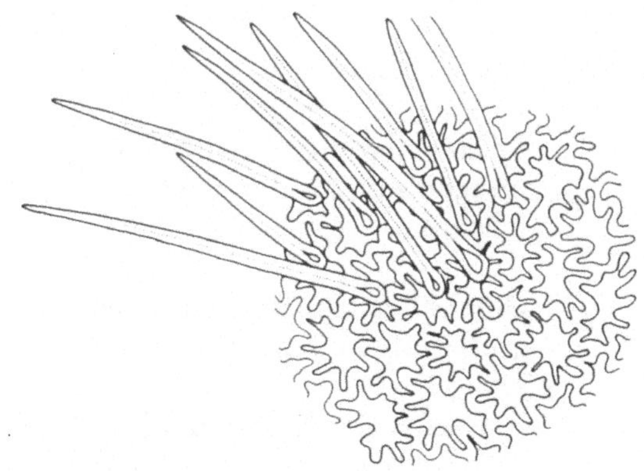

Abb. 7.5.4. Aufsichtsbild auf die Epidermiszellen eines Tomatensamens mit Haaren

7.4 Aus der Praxis der mikroskopischen Untersuchung von Handels- und Verarbeitungsprodukten

Apfel

Epidermis der Apfelfrucht. Die dickwandigen Zellen der Fruchtschale sind durch nachträglich entstandene dünnere Zellwände häufig in kleinere Zellen unterteilt und erscheinen „gefenstert". In Produkten aus ungeschält verarbeiteten Äpfeln sind sie ein diagnostisch wichtiges Merkmal.

Fruchtfleisch. Die großen, dünnwandigen Zellen des Fruchtfleisches bilden den Hauptteil von Apfelmus. Bei unreifen Äpfeln enthalten sie zahlreiche kleine Stärkekörner (Nachweis mit Jod-Kaliumjodidlösung); mit zunehmender Reife verschwinden die Stärkekörner fast ganz.

„Kernhaus"/Faserschicht. Das pergamentartige Kernhaus besteht aus sich kreuzenden Sklerenchymplatten dickwandiger und getüpfelter, langgestreckter Faserzellen. In der Übergangszone von Kernhaus zu Fruchtfleisch beobachtet man zwischen den Faserzellen Kristallkammerfasern mit reihenförmig angeordneten großen Einzelkristallen (siehe unten).

Samenschale. Sie besteht aus Zellverbänden brauner, gestreckter Fasern. Die schichtweise Verschleimung der äußeren Zellwände der Epidermiszellen ist deutlich an den längsgerichteten Abbruchkanten der Samenschale zu erkennen.

Kristalle. Große, viereckige Kristalle (polarisiertes Licht!) stammen aus den Faserzellen des Kernhauses und den ihm anliegenden Schichten. Sie finden sich teilweise auch in den die Leitbündel begleitenden Kristallkammerfasern.

Citrusfrüchte

Fruchtschale

Epidermiszellen/Spaltöffnungen. Kleine, gleichmäßige Zellen und Spaltöffnungen mit runden Schließzellen kennzeichnen die Epidermis von Citrusfrüchten.

Ölbehälter. Die großen, kugeligen Ölbehälter sind auch bei schwacher Vergrößerung in der Fruchtwand zu erkennen.

Kristalle. Große, monokline Kristalle liegen teils einzeln, teils in Gruppen, besonders zahlreich in den subepidermalen Schichten. Sie sind aber auch in den Endokarpzellen und im Fruchtfleisch zu finden.

Albedo. Große, kollenchymatische Zellen mit gewundenen und leicht knotig verdickten Zellwänden der weißen Mesokarpschicht bilden das sog. Albedo des Gewürzhandels. Sie fallen aber auch in Citrustresten auf.

Endokarp. Es kleidet die einzelnen Fruchtfächer aus und besteht aus Zellverbänden schmaler, langgestreckter Zellen. Sie können als häutige Schicht sehr zartwandiger Zellen auftreten, sind aber auch teilweise in mehreren, sich kreuzenden, faserähnlichen Zellverbänden vorhanden, deren Zellwände mäßig verdickt und getüpfelt sind.

Samenschale

Epidermis. Sie besteht aus einer Schicht langgestreckter Fasern (Aufsicht) mit mäßig verdickter Zellwand. Fragmente der Epidermis der Samenschale sind gelegentlich in Trestern zu beobachten.

Weinbeere

Kristallnadeln. Einzelne Zellen des Fruchtfleisches enthalten Bündel von zahlreichen Kristallnadeln (Raphidenbündel), die etwa zwei Drittel der Zelllänge einnehmen. In den Zellen der braunen Hypodermschicht des Samens sind die Raphidenbündel häufig zu finden.

Steinzellen der Samenschale. Die einzelnen Steinzellen der zwei- bis dreischichtigen Steinzellschicht des Samens enthalten häufig je ein fast quadratisches Kristall.

Teile der Samenschale sind ein wesentlicher Bestandteil von Traubenkernkuchen und -extraktionsschroten (siehe Kap. 7.1) und wurden gelegentlich in anderen Ölsaatrückständen als Besatz beobachtet. Aufgrund ihrer Ähnlichkeit mit Rizinus-Samenschalen kann es bei der Untersuchung auf Rizinusbesatz zu Verwechslungen mit der Rizinus-Samenschale kommen. Die unterschiedlichen Strukturen der beiden Samenschalen sind jedoch bei genauer mikroskopischer Untersuchung erkennbar.

Erdbeere

Epidermis/Haare. Die großen Epidermiszellen mit nur wenig verdickten Zellwänden sind in einem Verarbeitungsprodukt (Marmelade) wenig auffallend. Vereinzelt sind bei Fragmenten der Epidermis Spaltöffnungen und Haaransätze vorhanden. Die Haare sind lang, dickwandig und leuchten im polarisierten Licht deutlich auf.

Fruchtfleisch. Große, dünnwandige Zellen eines „typischen“ Fruchtfleisch-Parenchyms ohne weitere charakteristische Merkmale.

Erdbeerfrucht („Nüßchen“). In handelsüblich zubereiteten Erdbeerprodukten (Marmelade u.a.) sind die kleinen Nüßchen häufig unzerkleinert vorhanden und können herausgesucht und gesondert mikroskopiert werden. Sie enthalten häufig noch Reste des Griffels. Diese strangartigen Gebilde aus dünnwandigen Zellen mit sehr zarten Gefäßen kommen auch abgetrennt von den Nüßchen und z.T. zerrissen in Marmelade vor und sind von diagnostischer Bedeutung.

Faserzellen. Diagnostisch wichtig sind auch die mehr oder minder rechtwinklig zueinander gelagerten Faserzellplatten aus der Schale des Erdbeernüßchens. Sie enthalten in ihrer äußersten Zellschicht kleine, eckige Einzelkristalle, die eine sichere Identifizierung ermöglichen (polarisiertes Licht!).

Samenschale. Die Epidermis des Samens besteht aus mäßig großen Zellen, deren Zellwände auffällige spangenartige Verdickungsleisten aufweisen. Diese Zellen erinnern in der Aufsicht an die Linien eines Fingerabdrucks.

Tomate **Fruchtschale/Epidermis.** In Verarbeitungsprodukten reifer Tomatenfrüchte (z.B. Tomatenmark) sind die rundlichen Epidermiszellen mit ihren mäßig verdickten, getüpfelten, gelblichen Zellwänden deutlich erkennbar.

Samenschale/Epidermis. Die stark gewellten Wände der Epidermiszellen der Samenschale haben lange haarähnliche Ausstülpungen, die im polarisierten Licht aufleuchten und ein wichtiges diagnostisches Merkmal darstellen. Bei Aufsichtsbildern geben diese Ausstülpungen den Samenschalenfragmenten ein pelzartiges Aussehen, im Querschnitt ist es bürstenähnlich.

8 Untersuchung pflanzlicher Produkte in der mikroskopischen Diagnostik

8.1 Herstellung eines mikroskopischen Präparates von pflanzlichen Geweben bzw. Organen

Die mikroskopische Untersuchung eines pflanzlichen Produktes (z.B. Gewürzmischung, Mischfutter etc., siehe Kap. 8.2) basiert auf der Kenntnis der mikroskopischen Struktur der Einzelkomponenten. Es wird bei solchen Untersuchungen immer wieder nötig sein, an authentischem Material, d.h. den zur Herstellung des Produktes verwendeten Pflanzen(teilen), Vergleichsuntersuchungen zur Erfassung der Einzelkomponenten durchzuführen (siehe entsprechende Abschnitte „Bau und mikroskopische Diagnostik...").

Schnittführung und Untersuchungsmethoden

Die Erfassung der Struktur eines Gewebes bzw. Organs erfordert meist eine Untersuchung in den drei Hauptschnittrichtungen des betreffenden Gewebes bzw. Organs:

1. **Querschnitt** (quer zur Längsachse),
2. **radialer Längsschnitt** (in Längsrichtung durch das Zentrum),
3. **Tangentialschnitt** (Erfassung der äußeren Flächen, deshalb auch als „Flächenschnitt" bezeichnet).

Bei kugeligen Objekten ohne ausgeprägte Längsachse (viele Samen und Früchte) genügen im allgemeinen anstelle des radialen und tangentialen Längsschnittes mehrere Flächenschnitte von den äußeren bis in die inneren Schichten des Organs.

Die hergestellten Präparate werden hauptsächlich untersucht in:

- Wasser: Das zu untersuchende Gewebe ist weitgehend unverändert, evtl. vorhandene Stärkekörner können identifiziert werden.
- Jod-Kaliumjodidlösung: Nachweis von Stärkekörnern durch Blaufärbung.
- Chloralhydratlösung (erhitzt): Durch Verkleisterung von Stärkekörnern und Zerstörung zahlreicher Inhaltsstoffe sowie Aufhellung und Quellung der Zellwände wird eine Untersuchung der Gewebestrukturen erleichtert; im Durchlicht: Nachweis der unterschiedlichen Zellstrukturen und nicht zerstörter Zellinhalte (z.B. Kristalle, Fetttropfen); im polarisierten Licht: Aufleuchten von Kristallen, Steinzellen und anderen Zellen mit verdickter Zellwand, verschleimenden Zellwänden oder -inhalt.
- Phloroglucin-HCl-Lösung (evtl. leicht erhitzen): Rotfärbung der verholzten Zellwände (Ligninreaktion).

Weitere Präparations- und Nachweismöglichkeiten im Folgenden.

Reagenzien

Die Reagenzien können auch von anderen als den angegebenen Lieferanten bezogen werden. Bei Verwendung sind die entsprechenden Sicherheitsvorschriften zu beachten.

- **Alkohol-Glycerin**
  Gemisch von gleichen Volumina Alkohol (70 %) und Glycerin (wasserfrei).
  Verwendung: Zum Konservieren und Erweichen von pflanzlichem Material, um es besser schneiden zu können.
- **Jod-Kaliumjodidlösung** (Riedel - de Haën)
  Verwendung: Stärkenachweis durch Blaufärbung der Stärkekörner bzw. der verkleisterten Stärke. Durch vorheriges Einlegen in eine Glycerin-Wasser-Mischung verzögert man die Blaufärbung von Stärkekörnern bzw. verkleisterter Stärke und kann so Form und Struktur besser beurteilen.
  Eiweißnachweis durch Gelbfärbung, z.B. von Aleuronkörnern.
- **Bradford-Reagenz** (als „Protein Assay", Bio Rad)
  Verwendung: Eiweißnachweis durch Blaugrünfärbung (auf dem Objektträger ca. 1:4 mit Wasser verdünnen). Der gleichzeitige Nachweis von Eiweiß (Aleuronkörner) und Stärke (Amyloplasten) läßt sich durch eine Mischung von ca. 1 Teil Bradford-Reagenz mit ca. 4 Teilen stark verdünnter Jod-Kaliumjodidlösung auf dem Objektträger demonstrieren.
- **Chloralhydratlösung** (Riedel - de Haën)
  60%ige wäßrige Lösung.
  Verwendung: Wirkt aufhellend und quellend auf Zellwände und Stärkekörner. Im allgemeinen wird das Chloralhydrat-Präparat erhitzt (z.B. Feuerzeugflamme, Spiritusbrenner), wobei die Zellwände und Zellverbände durch Zerstörung einiger Inhaltsstoffe (z.B. Plasma, gewisse Farbstoffe) und Verkleisterung von Stärke sehr viel deutlicher erscheinen. Ein Zusatz von Glycerin an den Deckglasrändern eines Chloralhydrat-Präparates verhindert das Auskristallisieren von Chloralhydrat.
- **Eisen-III-Chloridlösung** (Merck)
  Wäßrige Eisen-III-Chloridlösung, 10%ig (1 g Eisen-III-Chlorid in 10 ml Aqua dest.).
  Verwendung: Nachweis von Gerbstoffen durch Blaugrünfärbung.
- **Glycerin,** wasserfrei (Merck)
  Verwendung: Einschlußmittel für mikroskopische Präparate, um sie rasch und ohne größeren Aufwand für mehrere Tage bzw. Wochen haltbar zu machen und um ein Auskristallisieren von Chloralhydrat zu verhindern. Nach Absaugen des Einschlußmittels (Wasser, Chloralhydratlösung) mit Saugpapier wird Glycerin zum Präparat dazugegeben.
- **Phloroglucin-Salzsäure** (Merck)
  Konz. Salzsäure 1:4 mit Aqua dest. verdünnen, Phloroglucin bis zur Sättigung zugeben.
  Verwendung: Nachweis von Lignin (verholzte Zellwände) durch Rotfärbung.
- **Sudanglycerin** (Sudan III oder Sudan IV, Riedel - de Haën)
  Sudan III oder Sudan IV in heißem Alkohol (96%) bis zur Sättigung lösen, filtrieren, dazu gleiches Volumen wasserfreies Glycerin.
  Verwendung: Nachweis der Kutikula, von Kutin und Suberin enthaltenden Zellwänden und von Fetttropfen durch Gelbrotfärbung.

- **Thioninlösung** (Merck)
  Stammlösung: 0,5 g Thionin in 100 ml Alkohol (50 %) lösen. Zum Färben mit der 20- bis 30fachen Menge Aqua dest. verdünnen.
  Verwendung: Nachweis verschleimender Zellwände oder Zellinhalte durch Violettfärbung.

Geräte

Mikroskop mit Vergrößerungen (Okular × Objektiv): 50fach (8 × 6,3), 80fach (8 × 10), 320fach (8 × 40); Polarisationseinrichtung einschließlich Rotfilter (Quarz Rot 1);
Objektträger: ca. 76 × 26 mm/3 × 1 inch; Deckgläser 20 × 20 mm;
Rasierklingen, Skalpell, Präpariernadel, Saugpapierstreifen, Spiritusbrenner.

8.2 Untersuchung der qualitativen und quantitativen Zusammensetzung von Mischungen stark zerkleinerter, vorwiegend pflanzlicher Produkte (z.B. Nahrungsmittel-, Gewürz-, Futtermittelmischungen)

Häufige Untersuchungen in der mikroskopischen warenkundlichen Praxis sind:

- Untersuchung von pflanzlichen Produkten auf Identität und/oder Reinheit,
- Bestimmung der Zusammensetzung von Produkten (z.B. von Gewürzmischungen),
- Identifizierung bestimmter Komponenten in verschiedenen, meist stark zerkleinerten pflanzlichen Produkten (z.B. giftige *Datura*-Samen in Sojaextraktionsschrot),
- Untersuchung von Mischfuttern auf qualitative und quantitative Zusammensetzung, mit oder ohne Angabe der Zusammensetzung („Deklaration"),
- Untersuchung von Futtermitteln auf eventuell vorhandene Bestandteile, die Krankheiten, Veränderungen im Freßverhalten oder andere Auffälligkeiten bei Nutztieren hervorrufen.

Reagenzien

Für solche Untersuchungen werden zusätzlich zu den unter Kap. 8.1 genannten Reagenzien und Geräten benötigt:

- **Chloroform** (Merck)
  Verwendung: Sedimentieren von Mineralstoffen, Sand, Knochenfragmenten u.a.
- **Wasserstoffperoxyd,** 30%ig (Perhydrol, Merck)
  Verwendung: Starkes Bleichmittel zum Aufhellen von Strukturen (z.B. geröstetes oder verkohltes Material).
- **Ammoniaklösung,** 10%ig (Merck)
  Verwendung: Einige Tropfen Ammoniaklösung beschleunigen den Aufhellungsprozeß mit Wasserstoffperoxyd.

Geräte

- Stereomikroskop (Lupe: 10- bis 40fache Vergrößerung)
- Mörser
- Hornspatel
- Siebsätze/Turmsiebe (stapelbare Siebsätze): Siebsatz, Prüfsieb DIN 4188, Ø ca. 4,5 cm; Maschenweite des Netzes: 0,125 mm, 0,25 mm, 0,5 mm, 1,0 mm; Siebsatz, Prüfsieb DIN 4187, Ø ca. 20 cm; Maschenweite des Rundlochsiebes: 0,5 mm, 1,0 mm, 2,5 mm, 3,15 mm, 4,0 mm, 7,1 mm
- Müllergaze 4-280 mit Siebring (Ø ca. 10 cm) und Glaseinsatz (z.B. in den Siebring passendes Becherglas ohne Boden)
- Trichter
- Papierfilter (Faltenfilter 595 1/2, Ø ca. 240 mm; Schleicher & Schuell)
- Bechergläser (1000 ml und kleiner), Erlenmeyer-Kolben, Reagenzgläser
- Labormühle zum Zerkleinern von Probenmaterial; eine geeignete Labormühle ist die ZM1 der Firma Retsch, mit mehreren Einsätzen, die die Vermahlung auf bestimmte Partikelgrößen erlaubt
- Laborzentrifuge

Tabelle 8.1. Übersichtsdarstellung zur mikroskopisch-diagnostischen Untersuchung am Beispiel einer Futtermittel-Mischung

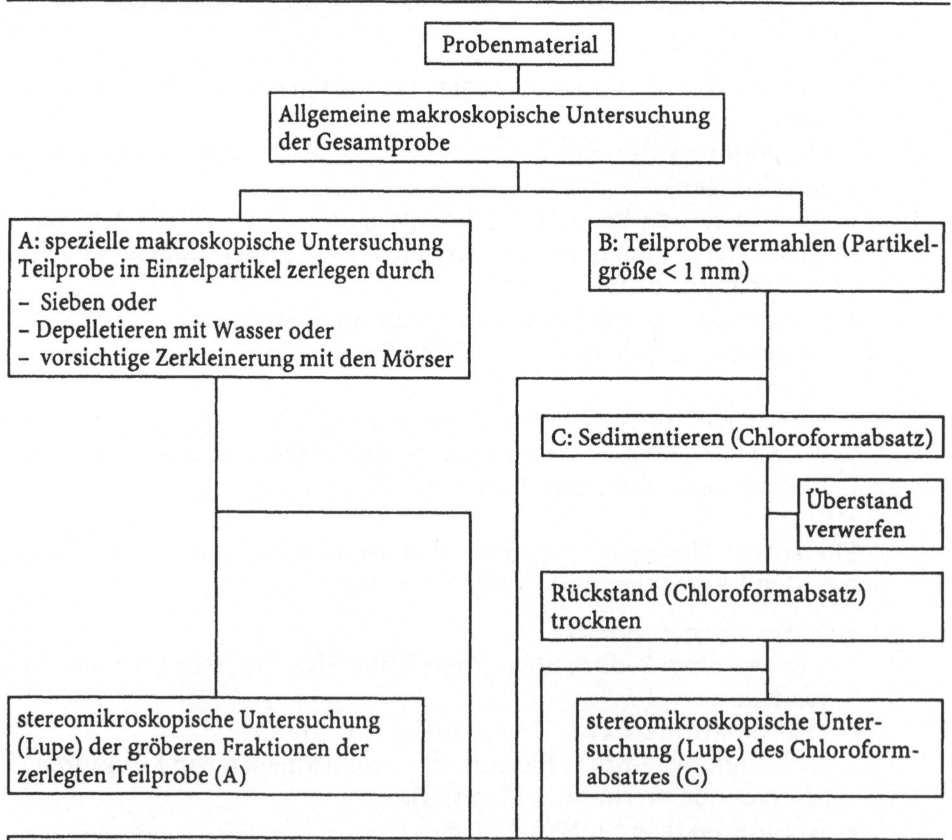

Diagnostische makroskopische und mikroskopische Untersuchung

Den Ablauf der Bestimmung der qualitativen und quantitativen Zusammensetzung eines stark zerkleinerten pflanzlichen Produktes zum Beispiel einer Futtermittelmischung zeigt Tabelle 8.1.

Allgemeine makroskopische Untersuchung der Gesamtprobe

- Feststellung der Homogenität: Wenn die Probe nicht einheitlich ist, diese makroskopisch sortieren (z.B. durch Heraussuchen von eventuell sich in Farbe oder Form unterscheidender Pellets),
- Feststellung des Erhaltungszustands: Ein auffallender Geruch oder Klumpenbildung kann Verderbnis anzeigen (Bakterien- oder Schimmelbefall),
- Feststellung eines Schädlingsbefalls: Er wird angezeigt z.B. durch Käfer, Milben (bzw. Milbenkot) und andere Schädlinge.

Spezielle makroskopische Untersuchung. Eine Teilprobe wird für die Untersuchung in Einzelpartikel zerlegt.

Vorbereitung (je nach Beschaffenheit des Materials):

- Eine Mittelprobe mit entsprechenden Sieben (meist genügen Maschenweiten von 2 mm, 1 mm und 0,5 mm) fraktionieren;
- pelletiertes Material mit etwas Wasser vorsichtig zerfallen lassen;
- leicht geklumptes Material kann durch vorsichtiges Zermörsern zerlegt werden.

Bei großen Unterschieden im Härtegrad verschiedener Bestandteile (z.B. Reisspelzen in Reisfuttermehl) kann eine gute Trennung der Bestandteile auf diese Weise erreicht werden.

Untersuchung unter dem Stereomikroskop (Lupe)

Makroskopische bzw. stereomikroskopische Erkennung von Einzelkomponenten, z.B. zur Unterscheidung verschiedener Getreideprodukte wie Kleie und Schrot, bei denen eine quantitative Beurteilung in Verbindung mit anderen Getreiden ausschließlich auf mikroskopischem Wege schwierig oder unmöglich wäre.

Mikroskopische Untersuchungen (Vorbereitung)

- **Vermahlen** einer repräsentativen Teilprobe auf eine kleine Partikelgröße (< 1 mm) für die Herstellung mikroskopischer Präparate zur Identifizierung von Zellstrukturen (Form, Größe, Zellwanddicke, Zellinhalt oder weiterer mikroskopisch erfaßbarer Unterscheidungsmerkmale)
- **Sedimentieren** (Chloroformabsatz, siehe auch Kap. 8.3) erleichtert die Identifizierung von Knochen, mineralischen Zusatzstoffen (Salze) und Sand durch die vorherige Abtrennung anderer störender Anteile. Aufgrund ihrer höheren spezifischen Dichte als die der pflanzlichen Anteile (bzw. der Anteile an Muskelgewebe u.ä. bei Produkten tierischer Herkunft) läßt sich eine Trennung durch Sedimentieren mit Chloroform (Chloroformabsatz) oder Tetrachlorkohlenstoff erreichen.

Durchführung der mikroskopischen Untersuchung

Die mikroskopische Untersuchung der Probe geschieht unter dem Mikroskop im

- **Wasserpräparat:** Dieses eignet sich für eine Allgemeinbeurteilung. Es läßt die insbesondere für die Identifizierung wichtigen Stärkekörner sowie die Zell- und Gewebestrukturen nahezu unverändert. Kristalline

Substanzen (Kochsalz, Zucker) können aufgelöst werden! Schleimstoffe quellen auf.

- **Jod-Kaliumjodid-Präparat:** Stärkekörner färben sich blau und sind so deutlich sichtbar. Protein (z.B. Aleuronkörner, Muskelfasern, Milchpulver) wird gelb gefärbt. Mit Wasser verdünnte Jod-Kaliumjodidlösung färbt Stärkekörner oder verkleisterte Stärke nur schwach hellblau und ermöglicht eine Zuordnung der einzelnen Stärkekörner. Bei Mischungen, in denen Milchpulver und verkleisterte Stärke vorkommen (z.B. Milchaustauschfuttermittel), kann durch Zusatz von Jod-Kaliumjodidlösung die verkleisterte, häufig unstrukturierte Stärke (blau gefärbt) von Milchpulver (gelblich gefärbt) deutlich unterschieden werden.
- **Chloralhydrat-Präparat (kalt):** Die Zellstrukturen werden, wie beim Wasserpräparat, im wesentlichen erhalten, jedoch etwas aufgehellt und dadurch besser erkennbar.
- **Chloralhydrat-Präparat (erhitzt):** Die Zellwände sind gequollen und aufgehellt, wodurch eine Identifizierung der Gewerbefragmente erleichtert wird. Die Stärkekörner sind verquollen bzw. verkleistert und eignen sich nicht mehr für eine Identifizierung.
  Hinweis: Der entfärbende (aufhellende) Effekt der Chloralhydratlösung kann sich bei Produkten wie Blut- oder Blattmehlen auch negativ auswirken, da bei Aufbewahrung des Präparates die Farben nach einigen Stunden stark ausgebleicht sein können.
- **Glycerinpräparat:** Keine Quellung z.B. von Schleimstoffen, Blutmehl, Muskelfasern, was eine bessere Mengenschätzung dieser Komponenten ermöglicht; kein Auflösen von Substanzen wie Salz, Zucker.

Zusätzlich zur Mikroskopie im Durchlicht sollte im polarisierten Licht mikroskopiert werden. Hierbei werden auf dunklem Hintergrund im wesentlichen nur die doppeltbrechenden Partikel (Kristalle, verdickte Zellwände, teilweise verschleimte Zellwände oder -inhalt) deutlich sichtbar. Bei Stärkekörnern ist das Schichtungszentrum durch das Balkenkreuz erkennbar, und es kann zwischen konzentrisch bzw. exzentrisch aufgebauter Stärke (Weizen- bzw. Kartoffelstärke) unterschieden werden.

Untersuchung des Chloroformabsatzes (getrockneter Rückstand)
Knochenfragmente sind vorzugsweise in kalter Chloralhydratlösung zu mikroskopieren, da die diagnostisch wichtigen Lakunen (Hohlräume in den Knochen) durch den noch vorhandenen Lufteinschluß deutlicher als in erhitzter Chloralhydratlösung erkennbar sind (Schweizer 1931; Vöhringer 1958). Im polarisierten Licht mit Rotfilter (Quarz Rot 1) können mikroskopisch verschiedene Mineralstoffe, u.a. kohlensaurer Kalk (Gelbgrünfärbung) und phosphorsaurer Kalk (Buntfärbung), unterschieden werden. Sandkörner leuchten im polarisierten Licht farbig auf.

Auch Pflanzenteile wie z.B. Steinzellen sind im Chloroformabsatz zu beobachten.

Kochsalz im kristallinen Sediment kann zusätzlich durch den chemischen Nachweis identifiziert werden: Eine kleine Menge des zu untersuchenden Materials wird in ein Reagenzglas (Becherglas o.ä.) mit Silbernitratlösung ($AgNO_3$) gestreut. Das vorhandene Kochsalz reagiert mit dem Silbernitrat zum weiß-flockig ausfallenden Silberchlorid.

Die quantitative Erfassung („Schätzen) von Mengenanteilen in Mischungen

Die Bestimmung des Mengenanteils einzelner Komponenten in einem pflanzlichen Mischprodukt mit Hilfe mikroskopischer Technik erscheint Anfängern sehr schwierig, ist aber in der Praxis der mikroskopischen Diagnostik ein häufig durchgeführter Auftrag.

Da die Quantifizierung mittels der Mikroskopie nicht die Genauigkeit z.B. einer chemischen Analyse aufweist, wird in der mikroskopischen Diagnostik dafür der Begriff des „Schätzens" gebraucht. Eine qualifizierte Schätzung kann wertvolle Angaben für die Beurteilung eines komplexen Pflanzenproduktes liefern (z.B. zolltarifliche Einordnung, veterinärmedizinische Diagnose), insbesondere wenn sie mit der fraktionierten Trennung einzelner Komponenten nach Siebung mit Sieben unterschiedlicher Maschenweite kombiniert wird (siehe unten).

Die Richtigkeit einer Schätzung wird
- von der Beschaffenheit des zu untersuchenden Materials
- und ganz wesentlich von der Erfahrung und Übung des Untersuchenden bestimmt.

Die richtig durchgeführte mikroskopische Schätzung bietet für die tägliche Routine den Vorteil, verläßliche Angaben rasch und bei geringem Geräteeinsatz liefern zu können.

Zum Schätzen sollten möglichst mehrere unterschiedliche mikroskopische Untersuchungen durchgeführt werden. Präparate sollten nicht nur in Wasser- oder Chloralhydratlösung, sondern auch in Glycerin untersucht werden. Ebenso sollten Nachweisreaktionen für z.B. Stärkekörner und verkleisterte Stärke (Jod-Kaliumjodidlösung), Dickungsmittel (Thioninlösung) durchgeführt werden sowie eine Untersuchung im polarisierten Licht und im polarisierten Licht mit Rotfilter.

Die folgenden Beispiele sollen den Ablauf der Untersuchung verdeutlichen:

Beispiel 1. Es soll in einer Mischung von Weizen- und Roggenkleie der jeweilige Anteil durch „Schätzung" bestimmt werden.

Anhand dieses Produktes, bei dem Bestandteile von ähnlicher Größe und spezifischer Dichte und damit von ähnlichem Gewicht vorliegen, soll das Prinzip der Schätzung demonstriert werden:

- Schon bei der orientierenden mikroskopischen Betrachtung eines Präparates wird registriert, ob „viel" oder „wenig" von einem Bestandteil vorhanden ist (z.B. Weizenkleie).
- Durch Zählung der Kleiestücke im Präparat, z.B. in verschiedenen Quadranten des Gesichtsfeldes (Flächengröße der Partikel beachten!), kann eine größere Sicherheit der Schätzung erreicht werden. Stammt jedes zweite Stück von der Weizenkleie, so besteht die Probe zu ca. 50 % (g/g) aus Weizenkleie (wiederholte Bestimmungen an verschiedenen Präparaten!), ist es jedes dritte Stück, so besteht die Probe aus ca. 30 % Weizenkleie usw.

Beispiel 2. Es soll in einer Mischung von Weizenkleie und Sojaextraktionsschrot der jeweilige Anteil bestimmt werden.

Bei gleicher Vorgehensweise wie in Beispiel 1 muß bei der prozentualen Angabe berücksichtigt werden, daß bei diesem Produkt die Partikel von verschiedener Dichte und dadurch von unterschiedlichem Gewicht sind.

Beispiel 3. Es soll in einer Mischung von Weizenkleie und Maniokmehl der jeweilige Anteil bestimmt werden.

Diese Analyse kann dann Schwierigkeiten bereiten, wenn die Untersuchung routingemäßig mit einem Chloralhydratpräparat begonnen wird. Bei einer Untersuchung im erhitzten Chloralhydratpräparat, in dem man praktisch jedes Weizenfragment sieht, ist die Masse des Maniokmehles, d.h. hier die Stärke, durch die Verkleistung nicht mehr sichtbar. Die geringe Anzahl der diagnostisch erfaßbaren Zellfragmente des Maniokmehls könnte zu einer viel zu niedrigen Schätzung für das Maniokmehl verleiten. In solchen Fällen ist durch die Gegenkontrolle mit Hilfe des Wasserpräparates (und evtl. Stärkenachweis mit Jod-Kaliumjodidlösung) eine Korrektur notwendig und eine richtige Mengenbestimmung möglich.

Beispiel 4. Es soll in Gewürzmischungen aus vermahlenem Paprika, Gewürznelken, Blattgewürzen mit vermahlenem Ingwer, Kukurma, Weißem Pfeffer der jeweilige Anteil bestimmt werden.

Hier handelt es sich um ein ähnliches Problem wie in Beispiel 3, wo Mischungen aus stärkefreien und stärkereichen Bestandteilen hergestellt wurden. Auch hier wird eine fehlerhafte Schätzung durch Gegenkontrollen, wie in Beispiel 3 beschrieben, vermieden.

Die folgenden Beispiele sollen Lösungen schwieriger Aufgabenstellungen aufzeigen.

Beispiel 5. In gewissen Fällen ist eine mikroskopische Schätzung der Mengenanteile unmöglich. Wenn in einer Mischung (Teilchengröße ca. 1 mm und geringer) neben vermahlenem Roggen (alle Teile des Roggenkorns vorhanden) Weizenkleie (überwiegend Teile der Frucht- und Samenschale, geringe Menge Stärke) vorliegt, ist eine Zuordnung des größten Teiles der Stärkekörner wegen fehlender Unterschiede und damit eine qualitative Bestimmung der Getreideprodukte (Roggenmehl oder Roggenkleie?, Weizenmehl oder Weizenkleie?) und eine Mengenschätzung nicht möglich.

Liegen die beiden Komponenten in weniger stark zerkleinertem Zustand vor (z.B. in Futtermittelmischungen), können die einzelnen Getreidepartikel meistens mit Hilfe des Stereomikroskopes (Lupe) herausgesucht und zum großen Teil identifiziert werden. In solchen Fällen ist eine ungefähre Mengenschätzung durchaus möglich (siehe Schema eines Untersuchungsganges, Tabelle 8.1).

Beispiel 6. Ein nichtpelletiertes Futtermittel soll neben Getreideschroten und anderen grob zerkleinerten Bestandteilen Milchpulver und Quellstärke enthalten. Um den Schätzfehler möglichst klein zu halten, kann man versuchen, durch Fraktionierung mit Sieben verschiedener Maschenweite und nachfolgender Wägung der Fraktionen einen oder mehrere Bestandteile zu bestimmen.

Die Probe wird durch Siebung mit übereinander gestapelten Sieben verschiedener Maschenweite (Turmsieb) in gröbere und feinere Bestandteile zerlegt. Durch Anreicherung von Partikeln gleicher Größe (z.B. Quellstärke und Milchpulver) in der Fraktion kleiner Maschenweite (unter 1 mm), Wägung der einzelnen Fraktionen sowie mikroskopischer Untersuchung in Präparaten mit verschiedenen Einschlußmitten, evtl. nach Färbung wie in den Beispielen oben beschrieben, lassen sich die Mengenverhältnisse schätzen.

Beispiel 7. Es soll in einem Pizzagewürz der Anteil grobzerkleinerter Kräuter und der feinvermahlenen Pfeffers und anderer Gewürze bestimmt werden.

Auch hier kann nach dem Verfahren in Beispiel 6 ein Bestandteil (grobzerkleinerte Kräuter) vom Rest abgetrennt und durch Wägung quantitativ bestimmt werden. An den gewonnenen Fraktionen können weitere Untersuchungen (siehe obige Beispiele) zur Charakterisierung der verwendeten Produkte durchgeführt werden.

Beispiel 8. Mischungsbestandteile wie Dickungsmittel, Muskelfasern und Blutmehl vergrößern in wäßrigen Lösungen durch Quellung ihre Fläche. Sie verändern das mikroskopische Bild und führen dadurch zu einer falschen Mengenschätzung. Um zu einer richtigen Schätzung zu gelangen, müssen solche Produkte im Glycerinpräparat untersucht werden. Das gleiche gilt für Substanzen, die sich in wäßrigen Lösungen schnell verteilen (z.B. sprühgetrocknete Milchpulver oder Tomatensprühprodukte) und wasserlösliche Bestandteile wie Kochsalz oder Zucker. In pelletierten Futtermitteln können Zusätze dieser Art infolge der Bearbeitung nicht erfaßt bzw. quantitativ nicht bestimmt werden.

Zu bedenken ist außerdem, daß Zusätze wie Melasse, Fischpreßsaft u.a., die „mikroskopisch leer“ sind und nicht erkannt werden können, bei der Schätzung der Mengen zu Fehlern führen können.

Nach Aufstellung einer Liste der Bestandteile, geordnet in absteigender Reihenfolge ihrer Gewichtsanteile, werden die Prozentangaben addiert (Summe sollte 100 % ergeben!).

Die **Genauigkeit der quantitativen Mikroskopie („Schätzen“)** soll an einigen Beispielen gezeigt werden. Sie wurden aus einer großen Anzahl ähnlicher studentischer Examensanalysen (Untersuchungsproben 1–4) bzw. aus Übungsanalysen für angehende technische Assistentinnen (Untersuchungsproben 5–8) ausgewählt.

Die Ergebnisse zeigen, daß die **qualitative Bestimmung** – Erfassung aller vorhandenen Komponenten – von Mikroskopikern (siehe unten) problemlos durchgeführt wird.

Der prozentuale Fehler bei den **quantitativen Bestimmungen** einzelner Komponenten dieser schon komplexen Mischungen liegt bei der Erfassung höherer Konzentrationen bei ca. 30 %, kann aber bei niedrigeren bis auf 100 % ansteigen.

Bei diesen Ergebnissen ist zu beachten, daß es sich bei den Studenten und Auszubildenden um Mikroskopiker handelt, die nach dem mikroskopischen Praktikum während des Studiums zusätzlich nur eine ein- bis zweimonatige intensive Vorbereitung bzw. Einarbeitung absolviert hatten. Man muß davon ausgehen, daß langjährig geübte Mitarbeiter bei den angegebenen Konzentrationen Ergebnisse erzielen, deren prozentualer Fehler 30 % nicht übersteigt. Diese in nur wenigen Stunden (ca. 5 h maximal/Analyse) vorliegenden Ergebnisse sind für die Praxis meist ausreichend und mit keiner anderen Bestimmungsmethode bei derart komplexen Proben in dieser kurzen Untersuchungszeit erzielbar.

Wie das Ergebnis einer Auftragsuntersuchung von Milchpulver auf den Anteil kleiner verkohlter Partikel zeigt (geschätzte Konzentration 1 bis 2 %), kann in diesem Konzentrationsbereich („geringe Mengen“, „Spuren“) auch bei geübten Mikroskopikern der prozentuale Fehler hoch sein (100 %). Im vorliegenden Beispiel war es mit Hilfe eines in der Entwicklung befindlichen

Verfahrens möglich (Bildanalyse, Hahn unveröffentlicht), die Konzentration der verkohlten Partikel im Milchpulver mit 1,2 % zu bestimmen. Wenn auch die Anwendung dieses Verfahrens in der Routine noch gar nicht abzusehen ist, wird deutlich, daß die quantitative Diagnostik als Verfahren der „guten, alten Mikroskopie“ ein deutliches Entwicklungspotential besitzt.

Tabelle 8.2 Mikroskopische Schätzung von Bestandteilen in Mischungen (Mehl-, Gewürz- und Mischfutterproben)

Bestandteil	geschätzt [%]	vorhanden [%]	Bestandteil	geschätzt [%]	vorhanden [%]
	Untersuchungsprobe 1 (Mehl)			Untersuchungsprobe 2 (Mehl)	
Hafer	35	30	Hafer	30	40
Leinsaat	25	20	Sojabohnen	30	30
Gerste	20	30	Kaffeebohnen, ungeröstet	30	30
Datura-Samen	20	20	Weizen	10	10
	Untersuchungsprobe 3 (Gewürz)			Untersuchungsprobe 4 (Gewürz)	
Petersilienblätter	25	20	Zwiebel	30	30
Gewürznelke	20	25	Majorankraut	20	20
Bockshornklee	20	25	Pfeffer, weiß	20	20
Senf, schwarz	15	10	Kümmel	20	10
Kurkuma	10	10	Gewürznelke	10	20
Tragant	10	10			
	Untersuchungsprobe 5 (Mischfutter)			Untersuchungsprobe 6 (Mischfutter)	
Alle Bestandteile als extrahierte Ölsaatrückstände in vermahlener Form (Teilchengröße < 1 mm)					
Senfsamen	25	10	Soja	40	30
Kopra	25	25	Leinsamen	20	30
Soja	15	10	Senfsamen	15	10
Palmkern	15	25	Palmkern	10	10
Erdnuß	10	10	Erdnuß	10	10
Leinsamen	10	20	Kokosnuß	5	10
	Untersuchungsprobe 7 (Mischfutter)			Untersuchungsprobe 8 (Mischfutter)	
Baumwollsamen	40	50	Sonnenblumensaat	40	30
Soja	20	10	Baumwollsamen	20	30
Erdnuß, geschält	20	20	Sesam	20	20
Sonnenblumensaat	10	10	Erdnuß, geschält	15	10
Sesam	10	10	Soja	5	10

8.3 Spezielle Vorbereitungs- und Bestimmungsmethoden

Aufhellen von geröstetem und verkohltem Material

Geröstete, verkohlte oder stark gefärbte Produkte werden in einem Glasgefäß (Erlenmeyer-Kolben, Becherglas) mit Wasserstoffperoxyd und einigen Tropfen Ammoniak übergossen (Abzug). Der sich entwickelnde Sauerstoff bewirkt eine Aufhellung des Materials. Die Reaktion, deren Dauer im Einzelfall zu bestimmen ist, wird gestoppt, indem der Inhalt des Gefäßes mit Wasser verdünnt durch ein Gaze-Sieb (Müllergaze 4-280) gegossen und gründlich mit Wasser durchspült wird. Anschließend werden Präparate in Chloralhydratlösung angefertigt und mikroskopisch untersucht.

Anreichern von Bestandteilen in Marmeladen, Säften usw.

Gewebeteile in Säften, Marmeladen, Gemüsezubereitungen und ähnlichen Produkten werden angereichert, indem eine Menge von ca. 20 g Marmelade oder entsprechendem Produkt in heißem Wasser aufgemischt und durch ein sehr feines Sieb (z.B. Müllergaze) gegossen wird. Es wird so lange mit Wasser nachgewaschen, bis die nichtlöslichen Teile isoliert sind. Dieser Rückstand wird entweder sofort oder getrocknet unter dem Stereomikroskop (Lupe) und/oder dem Mikroskop untersucht.

Zur Anreicherung von Gewebefragmenten in Säften werden diese je nach Beschaffenheit längere oder kürzere Zeit zentrifugiert (Tisch- oder andere Laborzentrifuge). Eingedickte Säfte werden vorher mit Wasser versetzt und gründlich gemischt. Nach Zentrifugation den Überstand vorsichtig dekantieren (eventuell mit Wasserstrahlpumpe absaugen) und das erhaltene Sediment in Wasser- und/oder Chloralhydrat-Präparaten mikroskopieren.

Zur Anreicherung von mineralischen Zusatzstoffen (Salze), Knochenfragmenten u.a. siehe auch „Chloroformabsatz" (Kap. 8.2 und Tabelle 8.7).

Bestimmung von Rizinussamen in Nebenerzeugnissen der Ölgewinnung

Durch mangelhafte Reinigung der Entfettungsmaschinen in den Ölmühlen bei einer vorherigen Verarbeitung von Rizinussamen (*Ricinus communis* L.) können in die nachfolgende Partie einer anderen Ölsaat noch Reste von Rizinus hineingelangen. Rizinussamen enthalten das hochgiftige Ricin (siehe Kap. 3.2). Der Besatz an Rizinus-Samenschalen darf laut Futtermittelverordnung bei Verarbeitung in der Futtermittelindustrie 0,001 % nicht überschreiten (Sülflohn 1994) (siehe Kap. 3.4).

Eine makroskopische bzw. mikroskopische Bestimmung des Rizinussamen-Anteiles ist nur anhand der durablen Samenschalenfragmente möglich (siehe Kap. 3.4; evtl. Referenzmuster zur Beurteilung heranziehen), da das Endospermgewebe und der Keimling der Rizinussamen keine diagnostisch auffallenden Merkmale aufweisen und bei der Entfettung bis zur Unkenntlichkeit zerdrückt werden. Die vorhandenen Rizinus-Samenschalenfragmente werden nach der aufgeführten Methode bestimmt (Tabelle 8.3) und der Gehalt an Rizinussamen schließlich nach Berücksichtigung des Umrechnungsfaktors errechnet.

Tabelle 8.3. Quantitative Bestimmung des Anteils an Rizinus-Samenschalen

1. Je nach Größe der Untersuchungsprobe wird eine repräsentative Probe gezogen und ggf. grob zerkleinert.
2. Eine Einwaage von 2 × 100 g (Doppelanalyse) entnehmen und in je ein Becherglas (1000 ml) füllen.
3. Ca. 500 ml Wasser dazugeben und einweichen (Standzeit z.B. bei sehr harten Pellets bis 12 h). Leinsaatrückstände müssen ihres Schleimgehaltes wegen nach Zerfall der Klumpen oder Pellets mit verdünnter Salzsäure gekocht werden (ca. 3 bis 5 Min.).
4. Anschließend suspendieren und Überstand (leichte Teilchen) dekantieren.
5. Sediment (mit schwereren Rizinusschalen) wiederholt in Wasser suspendieren, um möglichst alle anderen leichteren Teilchen zu eliminieren.
6. Anschließend trocknen (Trockenschrank, ca. 120 °C, 2 bis 4 Stunden).
7. Evtl. vorhandene Klumpen vorsichtig zerdrücken, die Rizinus-Samenschalenfragmente unter dem Stereomikroskop (Lupe) heraussuchen, wiegen und den prozentualen Anteil berechnen.
8. Auswertung: Im Untersuchungsbericht wird der Gehalt an Rizinus-Samenschalen(fragmenten) angegeben. Bei Umrechnung auf den Gehalt an Rizinussamen muß das Ergebnis für Schalen(fragmente) mit dem Faktor 4 multipliziert werden.

Bestimmung des Anteils an *Datura*-Samenschalen

Datura (*D. stramonium* L., *D. ferox* L. u.a.) wächst in den wärmeren Gebieten auch in Sojakulturen. Dies kann zu unerwünschtem Besatz von geernteten Sojasamen mit den giftigen Samen dieser Pflanze führen. Der Besatz an *Datura*-Samen darf laut Futtermittelverordnung einen Höchstgehalt von 0,1 % in Futtermitteln nicht überschreiten (Sülflohn 1994) (siehe auch Kap. 3.3 und 3.4). Die Bestimmung des *Datura*-Besatzes wird über den Nachweis von Samenschalen vorgenommen, da Endospermgewebe und Keimling keine diagnostisch verwertbaren Merkmale haben.

Tabelle 8.4. Quantitative Bestimmung des Anteils an *Datura*-Samenschalen

1. Aus der Gesamtprobe wird eine repräsentative Probe gezogen und mit dem Mörser grob zerkleinert (ca. 5-mm-Partikelgröße).
2. Eine Einwaage von 2 × 10 g entnehmen und in Bechergläsern (500 ml) mit Wasser einweichen bis zum Zerfall der Pelletstücke und Klumpen.
3. Anschließend das Material durch ein sehr feines Sieb (hier: Müllergaze 4-280) geben.
4. Den Rückstand trocknen (ca. 2 bis 3 Stunden bei 100 °C), evtl. vorhandene Klumpen vorsichtig zerdrücken und mit Hilfe von Sieben fraktionieren (2 mm, 1 mm, 0,5 mm).
5. Die einzelnen Fraktionen über 0,5 mm werden unter dem Stereomikroskop (Lupe) untersucht, vorhandene *Datura*-Samenschalen(fragmente) herausgelesen, gewogen und ihr Anteil prozentual berechnet.
6. Auswertung: Im Untersuchungsbericht wird der Gehalt an *Datura*-Samenschalen(fragmenten) angegeben. Bei Umrechnung auf *Datura*-Samen muß das Ergebnis der Samenschalen(fragmente) bei *D. stramonium* mit dem Faktor 2,5, bei *D. ferox* mit 1,8 multipliziert werden.

Bestimmung des Steinschalenanteiles in Palmkernrückständen

Die bei der Ölgewinnung aus Palmsamen (Palmkernen, siehe Kap. 3.3 und 3.4) anfallenden Palmkernrückstände enthalten Steinschalen (Endokarp der Palmfrucht) als Besatz. Sie sind für die Tierernährung wertlos und führen in größerer Menge zu einer Qualitätsminderung der Palmkernrückstände. Vermehrtes Auftreten solcher Partikel macht eine quantitative Erfassung des Steinschalenanteils in derartigen Palmkernrückständen erforderlich.

Tabelle 8.5. Quantitative Bestimmung des Anteils von Steinschalen in Palmkernrückständen

1. Eine Einwaage (2× 10 g) wird in Wasser eingeweicht. Nach Zerfall des klumpigen Materials wird aufgeschlämmt.
2. Der Überstand wird durch ein Filter gegeben (S & S 595 1/2), der Durchlauf verworfen.
3. Rückstand und Filter werden getrocknet (110–120 °C).
4. Rückstand und Filterinhalt werden zusammengegeben und mit Hilfe von Rundlochsieben fraktioniert:
   a) Fraktion 1 (> 2 mm): Es werden die Steinschalen unter dem Stereomikroskop (Lupe) aus der gesamten Fraktion herausgelesen und gewogen.
   b) Fraktion 2 (> 1 mm): Es werden die Steinschalen unter dem Stereomikroskop aus $\frac{1}{10}$ der Fraktion herausgesucht und gewogen (mit 10 multiplizieren).
   c) Fraktion 3 (> 0,5 mm): Es werden die Steinschalen unter dem Stereomikroskop aus $\frac{1}{100}$ der Fraktion herausgesucht und gewogen (mit 100 multiplizieren).
   d) Fraktion 4 (< 0,5 mm): Es wird der Anteil der Steinschalen aufgrund der mikroskopischen Untersuchung im Feinstanteil geschätzt.
5. Auswertung: Die berechneten prozentualen Anteile in den einzelnen Fraktionen werden addiert. Die Summe gibt den prozentualen Anteil von Steinschalen in der Probe an.

Bestimmung des Reisspelzenanteiles in Reisfuttermehlen

Die beim Schälen von Reis in großen Mengen anfallenden Reisspelzen dürfen ihres hohen Silikatgehaltes wegen nicht verfüttert werden und in Reisfuttermehlen und Reiskeimextraktionsprodukten nur in geringer Menge enthalten sein, laut Futtermittelverordnung: Reisfuttermehl extrahiert max. 4 %, Gelbes Reisfuttermehl max. 3 %, Reisfuttermehl kalkhaltig max. 2 %, Weißes Reisfuttermehl max. 1 % (Sülflohn 1994).

Tabelle 8.6. Quantitative Bestimmung des Reisspelzenanteils in Reisfuttermehlen und entsprechenden Produkten

1. Lose Ware verwenden, bei pelletierter Ware wird aus der Gesamtprobe eine entsprechende Mittelprobe gezogen und grob zerkleinert.
2. Die Einwaage (2 × 1 g) wird mit Hilfe von Maschensieben fraktioniert (evtl. vorhandene Klumpen vorsichtig im Mörser zerkleinern):
   a) Fraktion 1 (> 0,5 mm): Es werden die Reisspelzen unter dem Stereomikroskop herausgelesen und gewogen.
   b) Fraktion 2 (> 0,25 mm): Es wird $\frac{1}{10}$ unter dem Stereomikroskop untersucht, die herausgelesenen Spelzen werden gewogen (mit 10 multiplizieren).
   c) Fraktion 3 (> 0,125 mm): Es wird unter dem Mikroskop untersucht, der Anteil der Spelzen wird geschätzt und auf den prozentualen Anteil in der eingewogenen Probe umgerechnet.
   d) Fraktion 4 (< 0,125 mm): Es wird unter dem Mikroskop untersucht, der Anteil der Spelzen geschätzt und auf den prozentualen Anteil in der eingewogenen Probe umgerechnet.
5. Auswertung: Die berechneten prozentualen Anteile in den einzelnen Fraktionen werden addiert. Die Summe gibt den prozentualen Anteil von Reisspelzen in der Probe an.

Sedimentieren von Knochenteilen und Mineralstoffen (Chloroformabsatz)

Für die Beurteilung der vom Tierkörper stammenden Produkte (z.B. Tierkörpermehle, tierische Bestandteile in Futtermitteln) ist eine Untersuchung des Knochenanteiles notwendig. Die Knochen von Fischen unterscheiden sich durch die Form ihrer Lakunen (Hohlräume) von den Knochen warmblütiger Landtiere (Säugetiere und Geflügel). Eine Isolierung der Knochen (und mineralischer Zusatzstoffe) wird mit Hilfe von Chloroform oder Tetrachlorkohlenstoff durchgeführt.

Tabelle 8.7. Durchführung eines Chloroformabsatzes

1. Eine kleine Menge (ca. 2,0 bis 2,5 g) der vermahlenen Probe wird in ein Reagenzglas gegeben.
2. Die Probe wird mit Chloroform aufgefüllt und gut suspendiert (unter dem Abzug!), wobei die spezifisch schwereren Teilchen (Knochenteile u.a.) sich am Boden absetzen, während spezifisch leichtere Teilchen aufschwimmen.
3. Das Chloroform mit den schwebenden Teilchen wird vorsichtig abgegossen (dekantiert).
4. Dieser Vorgang wird mehrfach wiederholt, bis keine Teilchen mehr im Chloroformüberstand vorhanden sind.
5. Das Sediment wird getrocknet, evtl. gewogen (für eine quantitative Bestimmung des Sedimentes) und mikroskopiert.

Literaturverzeichnis

Arens FJ (1992) Die neue Mehltypen-Regelung. AID Verbraucherdienst 37 Heft 10:210–213, Auswertungs- und Informationsdienst für Ernährung, Landw u Forsten (AID) eV, Bonn

Bassler R, Deutschmann F (1963a) Ein Beitrag zur chemischen und mikroskopischen Beurteilung von Maiskeimen und Maiskeimrückständen. Getreide und Mehl 13:92–96

Bassler R, Deutschmann F (1963b) Ein Beitrag zur chemischen und mikroskopischen Beurteilung von Maiskeimen und Maiskeimrückständen. Getreide und Mehl 13:105–107

Bates LS, Barefiels L, Landgraf W, Sample R, Bax B, Jaconis S (1992) Manuel of Microscopic Analysis of Feedstuffs. The American Association of Feed Microscopists, 3rd edn

Belitz HD, Grosch W (1987) Lehrbuch der Lebensmittelchemie, 3. Aufl. Springer, Berlin Heidelberg New York Tokyo

Berger F (1954) Handbuch der Drogenkunde, Bd 4. Herbae. Verlag für Medizinische Wissenschaften, Wilh Maudrich, Wien

Burle L (1961) Le Cacaoyer. T I Maisonneuve et Larose, Paris

Coste R (1955) Les Caféiers et les Cafés dans le Monde, tome premier: Les Caféiers. Larose, Paris

Czaja AT (1967) Mikroskopische Untersuchung der Stärkemehle und Müllerei-Erzeugnisse. In: Schormüller J (Gesamtredaktion) Kohlenhydratreiche Lebensmittel Bd V/1. Teil. Springer, Berlin Heidelberg New York, S 195–292

Czaja AT (1969) Die Mikroskopie der Stärkekörner. In: Ulmann M (Hrsg) Handbuch der Stärke in Einzeldarstellungen, Bd VI: Das Stärkekorn, Monographie VI/1. Paul Parey, Berlin Hamburg

Deutschmann F (1961) Zur Mikroskopie pflanzlicher Rohstoffe, dargestellt am Beispiel der Samen von *Ceiba pentandra.* Zeitschr Lebensmittel-Unters u Forschg 116:360–364

Deutschmann F (1970a) Neue von Palmen stammende Ölsaatrückstände. Kraftfutter 53: 518–522

Deutschmann F (1970b) Über die Notwendigkeit der mikroskopischen Untersuchung von Futtermitteln, dargestellt am Beispiel der Ölsaatrückstände von *Brassica carinata* A. Braun. Kraftfutter 53:650–652

FAO Production Yearbook (1990) Vol 44. Hrsg Food and Agriculture Organization, Rom

Franke W (1992) Naturpflanzenkunde, 4. Aufl. Thieme, Stuttgart New York

Frohne D, Pfänder HJ (1987) Giftpflanzen, 3. neubearb u erw Aufl. Wissenschaftliche Verlagsgesellschaft, Stuttgart

Gassner G, Hohmann B, Deutschmann F (1989) Mikroskopische Untersuchung pflanzlicher Lebensmittel, 5. Aufl. Fischer, Stuttgart

Gerhardt U (1990) Gewürze in der Lebensmittelindustrie. Behr, Hamburg

Göóck R (1965) Das Buch der Gewürze. Mosaik Verlag, Hamburg

Gistl R (1950) Obstverwertung, Erkennung der Zusammensetzung, Güte und Frischezustandes. Dunker & Humblot, Berlin

Griebel C (1954) Gewürze und gewürzhaltige Gemenge. In: Schormüller J, Melchior H (Hrsg) Grundlagen und Fortschritte der Lebensmitteluntersuchung, Bd II. Hayn's Erben, Berlin

Grösser H (ohne Jahr) Tee für Wissensdurstige, das Fachbuch vom Deutschen Teebüro. Albrechtverlag, Gräfelfing

Hegi G (1935) Illustrierte Flora von Mitteleuropa, Bd I, 2. neubearb Aufl. Lehmann, München

Hertrampf JW (1989a) Die Ölpalme – Lieferant von Futtermitteln. Kraftfutter 72:334–341

Hertrampf JW (1989b) Die Ölpalme – Lieferant von Futtermitteln, Fortsetzung. Kraftfutter 72:388–390

Huss W (1956) Die Anwendung des polarisierten Lichtes in der Futtermittelmikroskopie. Landw Forschung 9:110–127

Karsten G, Weber U, Stahl E (1962) Lehrbuch der Pharmakognosie für Hochschulen. Gustav Fischer Verlag, Stuttgart

Lebensmittelrecht (1994) Textsammlung. C H Beck'sche Verlagsbuchhandlung, München

Lennerts L (1984) Ölschrote, Ölkuchen, pflanzliche Öle und Fette - Herkunft, Gewinnung und Verwendung. Verband Deutscher Oelmühlen, Bonn (Hrsg). Strothe, Hannover
Liebster G (1988) Warenkunde, Obst & Gemüse, Bd 1 Obst. Morion Verlagsproduktion, Düsseldorf
Liener IE (1986) The nutritional significance of naturally occuring toxins in plant foodstuffs. In: Harris JB (ed) Natural Toxins. Clarendon Press, Oxford
Lindner MW (1953) Kakao und Kakaoerzeugnisse. In: Schormüller J, Melchior H (Hrsg) Grundlagen und Fortschritte der Lebensmitteluntersuchung. Hayn's Erben, Stuttgart
Mäckel HG, Deutschmann F (1977) Grundlagen der mikroskopischen Diagnostik pflanzlicher Rohstoffe. In: Freund H (Hrsg) Handbuch der Mikroskopie in der Technik, Bd VIII. Umschau Verlag, Frankfurt, S 113-266
Mansfeld R (1986) Verzeichnis landwirtschaftlicher und gärtnerischer Kulturpflanzen Bd 1-4, 2. neubearb und erw Aufl. Schultze-Motel J (Hrsg) Springer, Berlin Heidelberg New York Tokyo
Melchior H, Kastner H (1974) Gewürze. Parey, Berlin Hamburg
Menke KH, Huss W (1987) Tierernährung und Futtermittelkunde, 3. neubearb Aufl. Ulmer, Stuttgart
Mészáros L, Bihler E (1983) Atlas für die Mikroskopie von Nahrungsgrundstoffen und Futtermitteln, Teil II Stärkereiche Nahrungsgrundstoffe und deren Verarbeitungsprodukte, Grünmehle, Obsttrester, Braunalgen u.a. In: Siegel O (Hrsg) Methodenbuch Bd XI. Neumann-Neudamm, Melsungen Berlin Basel Wien
Mészáros L, Deutschmann F (1975) Atlas für die Mikroskopie von Nahrungsgrundstoffen und Futtermitteln, Teil I Ölsaaten und deren Verarbeitungsrückstände. In: Schmitt L (Hrsg) Methodenbuch Bd XI. Neumann-Neudamm, Melsungen Berlin Basel Wien
Moeller J (1928) Mikroskopie der Nahrungs- und Genußmittel, 3. Aufl neubearb v Griebel C. Springer, Berlin
Mürau HJ (1994) Preisdruck in der Gewürzindustrie. Gordian 7-8:112
Nagel-Held B, Seibel W (1992) Gerste als Rohstoff für Lebensmittel. Getreide, Mehl und Brot 46:323-327
Nehring K (1965) Rückstände bei der Gewinnung pflanzlicher Öle und Fette. In: Becker M, Nehring K (Hrsg) Handbuch der Futtermittel, Bd 2. Parey, Hamburg Berlin
Paap U (1992) Zusammenstellung aus dem Gewürzmuseum Hamburg
Pomeranz Y (1987) Modern Cereal Science and Technology. VCH Publishers Inc
Rauh W (1950) Morphologie der Nutzpflanzen. Quelle & Meyer, Heidelberg
Reiß J (1987) Herstellung von Lebensmitteln durch den Einsatz von Schimmelpilzen. Biologie in unserer Zeit 17:55-63
Rick CM (1978) The Tomato. Scientific American 239:66-76
Schneeweiß V (1993) Maiskeimextrudate - Entwicklung, Zusammensetzung und Einsatzmöglichkeit. Getreide, Mehl und Brot 47:49-52
Schumann K (1891) Rubiaceae. In: Engler A, Prantl K (Hrsg) Die natürlichen Pflanzenfamilien nebst ihren Gattungen und wichtigeren Arten insbesondere den Nutzpflanzen, IV. Teil 4. Abtlg. Engelmann, Leipzig
Schweizer G (1931) Mikroskopische Bilder der wichtigsten Futtermittel tierischer Herkunft. Eugen Ulmer, Stuttgart
Siegel RK, Collings PR, Diaz JL (1977) On the Use of *Tagetes lucida* and *Nicotiana rustica* as a Huichol Smoking Mixture: the Aztec "Yahutli" with Suggestive Hallucinogenic Effects. Economic Botany 31:16-23
Souci SW, Fachmann W, Kraut H (1989) Die Zusammensetzung der Lebensmittel, Nährwert-Tabellen 1989/1990, 4. Aufl. Deutsche Forschungsanstalt für Lebensmittelchemie (Hrsg) Wissenschaftliche Verlagsgesellschaft, Stuttgart
Staesche K (1970) Gewürze. In: Handbuch der Lebensmittelchemie VI. Springer, Berlin Heidelberg New York, S 426-600
Strasburger E (1991) Lehrbuch der Botanik, 33. Aufl neubearb v Sitte P, Ziegler H, Ehrendorfer F, Bresinsky A. Fischer, Stuttgart Jena New York
Sülflohn K (1994) Das geltende Futtermittelrecht mit Typenliste für Einzel- und Mischfutter. ASR-Verlag, Rheinbach
Teuber M, Geis A, Krusch U, Lembke J, Moebus O (1987) Biotechnologische Verfahren zur Herstellung von Lebensmitteln und Futtermitteln. In: Präve P, Faust U, Sittig W, Sukatsch DA (Hrsg) Handbuch der Biotechnologie, 3. neubearb Aufl. Oldenbourg, München Wien
Thoms H, Brandt W (Hrsg) (1929) Handbuch der praktischen und wissenschaftlichen Pharmazie, Bd V: Botanik und Drogenkunde. Urban & Schwarzenberg, Berlin Wien
Troll W (1957) Praktische Einführung in die Pflanzenmorphologie. VEB Gustav Fischer Verlag, Jena

Vaughan JG (1956) The seed coat structure of *Brassica integrifolia* (West) O.E. Schulz var. *carinata* (A. Br.). Phytomorphology, Vol 6, Nos 3,4, December 1956, p 363–367

Vaughan JG (1970) The structure and utilization of oil seeds. Chapman and Hall Ltd, London

Vöhringer H (1958) Die mikroskopische Untersuchung von Fischmehlen auf Echtheit und Reinheit. Dissertation, Institut für Tierernährungslehre der Landw Hochschule Hohenheim

Weber U (1951) *Cuminum cymium* L., der Kreuzkümmel. Die Pharmazie 6:22–27

Winton AL, Winton K (1932) The structure and composition of foods, Vol I, cereals, starch, oil seeds nuts, oils, forage plants. John Wiley, New York, Chapman & Hall, London

Winton AL, Winton K (1935) The structure and composition of foods, Vol II, vegetables, legumes, fruits. John Wiley, New York, Chapman & Hall, London

Winton AL, Winton K (1939) The structure and composition of foods, Vol IV, sugar, sirup, honey, tea, coffee, cocoa, spices, extract, yeast, baking powder. John Wiley, New York, Chapman & Hall, London

Wurzinger J (1985) Kaffee, Tee, Kakao. AID Verbraucherdienst, Auswertungs- und Informationsdienst für Ernährung, Landwirtschaft und Forsten eV, Bonn

Sachverzeichnis